LES LIPOSOMES
EN BIOLOGIE CELLULAIRE
ET PHARMACOLOGIE

Dans la même collection

Hépatocytes isolés et en culture
A. Guillouzo et C. Guguen-Guillouzo
1986, 426 pages

À paraître

Rétrovirus et oncogènes
M. Crépin

LES LIPOSOMES EN BIOLOGIE CELLULAIRE ET PHARMACOLOGIE

Patrick Machy
Lee Leserman

Recherches en — Research in — est une collection d'ouvrages publiés simultanément en versions française et anglaise

Les liposomes en biologie cellulaire et pharmacologie est publié en langue anglaise sous le titre : *Liposomes in cell biology and pharmacology*

British Library Cataloguing in Publication Data
Machy, Patrick
   Liposomes in cell biology
   and pharmacology   (Research in; 2).
   1. Liposomes
   I. Title II. Leserman, Lee III. Series
   574.87'34   QH601

   ISBN (John Libbey & Co. Ltd) 0 86196 107 2
   ISBN (INSERM) 2 85598 327 4

Éditions INSERM
101, rue de Tolbiac, 75654 Paris Cedex 13, France. (1) 45 84 14 41
ISBN 2 85598 328 2

John Libbey & Company Ltd
80/84 Bondway, London SW8 1SF, England (01) 582 5266
John Libbey Eurotext Ltd
6, rue Blanche, 92120 Montrouge, France. (1) 47 35 85 52
ISBN 0 86196 108 0

© 1987. INSERM/John Libbey Eurotext Ltd.
Toute reproduction, même partielle, de cet ouvrage est interdite. Une copie ou reproduction par quelque procédé que ce soit, photographie, microfilm, bande magnétique, disque ou autre, constitue une contrefaçon passible des peines prévues par la loi du 11 mars 1957 sur la protection des droits d'auteurs.

Imprimé en France

Imprimerie Marcel Bon - 70000 Vesoul
Dépôt légal n° 3245 - Octobre 1987

Préface

Les liposomes suscitent depuis plusieurs années un intérêt considérable en pharmacologie. Ces vésicules artificielles de phospholipides peuvent retenir, encapsulées, des centaines voire des milliers de molécules au sein de leur phase aqueuse ou lipidique. Conceptuellement, il devient donc possible d'utiliser les liposomes comme transporteurs potentiels pouvant augmenter les effets biologiques des substances emprisonnées qui, alors isolées du milieu extérieur, se trouvent protégées d'une dégradation éventuelle, tout en minimisant les effets secondaires indésirables pour l'organisme. Ces propriétés peuvent être mises à profit à des fins thérapeutiques dans le domaine de la santé publique ; elles peuvent aussi être exploitées pour réaliser des études plus fondamentales en biologie cellulaire.

Dans cet ouvrage nous avons condensé les différentes approches potentielles développées, à ce jour, en thérapeutique et en biologie cellulaire, en essayant d'en dégager les avantages et les inconvénients. Dans notre laboratoire, nos efforts ont porté principalement sur le « pilotage » spécifique des liposomes par des anticorps monoclonaux vers des cellules cibles. Le lecteur trouvera donc non seulement une bibliographie consacrée au travail réalisé par notre groupe mais aussi, celle concernant les approches d'autres équipes de recherche.

Cet ouvrage de synthèse n'aurait pu voir le jour sans l'aide efficace d'un personnel concerné très dévoué que nous assurons de notre profonde gratitude. Nous remercions le Docteur Jacques Barbet pour ses perceptions scientifiques, son enthousiasme et ses multiples collaborations inestimables, le Docteur Alemseged Truneh qui a participé avec acharnement à un grand nombre d'expériences dont il a été le maître d'œuvre, le Docteur Denise Aragnol et Geneviève Victorero pour leur aide et efficacité indiscutables au laboratoire, nos collègues du Centre d'immunologie INSERM-CNRS de Marseille-Luminy sans qui le travail de notre groupe de recherche n'aurait pu être réalisé et des laboratoires Smith Kline and French qui nous ont aidé à compléter nos travaux. Nous remercions aussi les Docteurs et Professeurs, Hélène Cailla, Max Fehlman, Michel Fougereau, Pierre Golstein, François Kourilsky et Jean-Bernard Le Pecq qui ont stimulé, par leurs commentaires hautement appréciés, la réalisation de cet ouvrage. De même, nous remercions Madame Suzy Mouchet, responsable des Éditions INSERM et Monsieur le Professeur Matuchansky, conseiller scientifique des Éditions INSERM pour leurs encouragements et leur efficacité irréprochable. Enfin, nous serions impardonnables de ne pas porter une attention particulière à Mesdames Fernande Amblard, Colette Bellegarde, Marilyse Issa, Suzanne Mary et Véronique Préau pour leurs très remarquables efficacités appréciées au cours de la préparation de ce livre.

Patrick Machy, Docteur es Sciences
Lee Leserman, M.D., Ph. D,

INSERM U.136
Centre d'Immunologie INSERM-CNRS de Marseille Luminy
BP 906, 13288 Marseille Cedex 9

Sommaire

Introduction XI

1. Composition, propriétés et préparation des liposomes 1

Définition des liposomes 2
Propriétés physicochimiques des liposomes 2
Préparation des liposomes 6
   Grands liposomes 7
      Vésicules multilamellaires 7
      Grandes vésicules unilamellaires 8
         Vaporisation d'éther 8
         Fusion par le calcium 9
         Évaporation du solvant en phase réverse 11
   Petites vésicules unilamellaires 12
      Sonication 12
      Élimination de détergents 14
      Injection d'éthanol 15
      Extrusion à l'aide d'une presse de French 15
   Autres méthodes 16
      Méthode micellaire 16
      Technique de double émulsion 16
      Formation de liposomes en faible force ionique 16
      Sonication au-dessous de la température de transition de phase
      des phospholipides 17
      Formation de liposomes à partir d'une seule chaîne amphiphile .. 17
      Formation de liposomes à partir d'analogues synthétiques
      photopolymérisables de la phosphatidylcholine 18

**2. « Pilotage » de drogues et de molécules biologiques :
approches thérapeutiques** 27

Introduction 28
Transporteurs macromoléculaires 32
   Anticorps 32
   Autres protéines 36

Transporteurs cellulaires	38
Érythrocytes	38
Autres cellules	39
Liposomes	40
Administration intraveineuse	43
Effets de la taille et de la charge des liposomes sur leur élimination de la circulation sanguine	43
Stabilité des liposomes dans la circulation	43
Distribution tissulaire des liposomes et de leur contenu	44
Effet du blocage du système réticuloendothélial sur l'élimination des liposomes de la circulation et sur leur distribution tissulaire	46
Importance des injections intraveineuses en thérapeutique	47
Apport d'enzymes	47
Traitement de quelques maladies du système réticuloendothélial	49
Traitement des infections fungiques et bactériennes	50
Chimiothérapie anti-cancéreuse	50
Administration intrapéritonéale	55
Administration sous-cutanée	58
Administration par voie orale	59
Administration intramusculaire	62
Autres modes d'administration : administrations locales	63
Injection intraarticulaire	63
Administration par injection ou inhalation dans les poumons	64
Administration intradermique	64
Injection intracérébrale	64
Conclusions	65
Autres approches	66
Effet adjuvant et immunogénicité des liposomes	66
Les liposomes en génie génétique	67

3. Interactions entre cellules et liposomes ... 97

Introduction	98
Interactions aspécifiques entre cellules et liposomes in vitro	99
Interactions spécifiques entre cellules et liposomes in vitro et in vivo	105
Les lectines : molécules de reconnaissance	105
Les protéines virales exposées sur la surface des liposomes	113
Les immunoglobulines : médiateurs pour la fixation des liposomes sur une cellule cible	114

        Agrégation des immunoglobulines :
        médiation par le récepteur Fc 114
        Utilisation des immunoglobulines spécifiques
        d'un antigène déterminé 116
    Les anticorps monoclonaux : couplage covalent aux liposomes 122

Conclusions et perspectives 155

Index 175

Introduction

De nombreux sujets de recherche fondamentale ou appliquée doivent très souvent faire appel à des modèles expérimentaux fiables et aisés à manipuler pour tenter de répondre à plusieurs questions. Ainsi, les connaissances actuelles sur les fonctions des membranes biologiques dérivent, pour une grande part, d'études réalisées à partir des systèmes d'interaction lipide-eau qui aboutissent à la formation spontanée de myéline et de structures lamellaires. Sur ce sujet Bernard Teitel écrivait en 1947 :
« Beaucoup de phénomènes biologiques sont notamment explicables par l'existence de telles membranes lipidiques continues ou non. Il en est ainsi pour la narcose, l'hémolyse ou la coloration vitale des cellules. L'on pourrait peut-être avoir dans les formations bulleuses de savons développées dans la masse du solvant un modèle de membranes lipidiques biologiques abordable à l'expérimentation. Leur étude au micromanipulateur pourrait peut-être apporter quelques données expérimentales sur leurs propriétés physiques et sur leur rôle dans la diffusion des divers ions ou molécules. » [44].

Ce n'est qu'à partir des années 1960 que les possibilités d'études des propriétés de ces structures, formées dès que l'on place des lipides en solution aqueuse, font naître un grand enthousiasme dans la communauté scientifique. Le terme de liposomes apparaît alors, lorsque Bangham et Horne [2] démontrent par des études en microscopie électronique que ces structures sont closes.

Les propriétés physicochimiques des liposomes telles que la fluidité [4, 11, 40-43], la transition de phase [10, 26, 30] et les changements morphologiques vers d'autres structures mésomorphiques [4, 34, 35] n'ont cessé d'être caractérisées. Les liposomes permettent ainsi de mimer la complexité des biomembranes. Dans un premier temps, ils sont employés pour reconstituer des molécules membranaires responsables d'une activité biologique (enzymes, récepteurs, transporteurs, etc.). Ces liposomes sont donc considérés comme des outils de choix pour identifier, purifier des molécules ainsi que caractériser leur fonction [1, 7, 9, 12, 18, 19, 24, 31, 36-39, 46, 47]. Dans le même ordre d'idées, les liposomes servent de modèles pour étudier le mode d'action de certaines molécules telles que des anesthésiques [6, 28] ou des « cytolysines » [8] par exemple, sur la membrane lipidique.

Mais à la même époque Bangham et coll. [3-5] démontrent que ces vésicules sphériques peuvent contenir encapsulés des ions et des petites molécules hydrosolubles, les protégeant ainsi du milieu extérieur. Dès lors, les liposomes n'ont cessé d'être évoqués comme des agents thérapeutiques potentiels, dans lesquels on peut inclure des médicaments, des toxines, des enzymes, des protéines à activité biologique ou encore des acides nucléiques [14-17, 20-23, 29, 32, 33].

L'extension des applications envisagées pour les liposomes nécessite la possibilité de pouvoir les diriger sélectivement vers un type cellulaire particulier. Cette perspective dérive d'idées émises il y a bien longtemps. Déjà, avant 1906, Paul Ehrlich imaginait les effets potentiels de ce qu'il appelait alors des « balles magiques ». Celles-ci pourraient être constituées d'une partie porteuse, qu'il décrivait sous le nom d'« haptophore », pour être capables de s'attacher à la surface de l'objectif désigné, quelle que soit la substance chimiothérapique. Ces agents qui portent l'haptophore adéquat se fixent sur la cible comme il l'avait prévu, un peu à la façon des anticorps, et de ce fait méritent leur nom de « balles magiques » [13]. Mais l'arsphénamine qu'il utilisait avec succès pour traiter des maladies vénériennes et qui a les caractéristiques d'une « balle magique » n'est en fait qu'un composé à toxicité différentielle ; ses effets sur la cible diffèrent suffisamment de ceux qu'il exerce sur d'autres tissus pour obtenir une activité prophylactique sans effets secondaires désastreux. Il serait d'un grand intérêt de développer des substances dont l'action pourrait être restreinte à un tissu pathologique donné. Cependant, la plupart des composés chimiothérapeutiques inventés jusqu'à présent, même ceux dont la conception est fondée sur l'une des propriétés biochimiques des cellules cibles, ont une spécificité d'activité plutôt qu'une spécificité d'objectif.

Au cours de ces vingt-cinq dernières années, le regain de la notion d'une immunothérapie spécifique enrichit énormément les concepts thérapeutiques. Cette notion dont l'existence est issue du mécanisme d'immunosurveillance, conduit à mettre en œuvre, dans la pratique clinique, toute une série d'agents immunostimulants pour augmenter la réponse immunitaire, anti-cancéreuse notamment. Mais de nombreux traitements n'agissent pas sur les réactions immunitaires proprement dites et ne stimulent que les macrophages du système réticuloendothélial et les monocytes circulants, dont l'action cytotoxique non spécifique n'est que transitoire et incomplète. D'autre part, on a pu obtenir, à partir d'autres espèces, des anticorps possédant quelques spécificités vis-à-vis de certaines populations cellulaires malignes. En 1958, Mathé et coll. ont été les premiers à publier un travail dans lequel ils décrivent certains effets obtenus avec un agent cytotoxique conjugué à une molécule d'anticorps [27].

Durant les quinze dernières années sont apparues plusieurs solutions dans la réalisation des « balles magiques » ; certaines présentent des chances raisonnables de succès. D'une manière générale et schématique, ces structures comprennent deux composants : une molécule porteuse (haptophore selon Ehrlich) et une partie active. La molécule porteuse doit évidemment être conçue pour avoir une certaine capacité de liaison spécifique à la cible, mais cette dernière condition n'est pas impérative. Il peut se faire que la liaison soit aspécifique, l'essentiel étant que les phénomènes qui en résultent, tels que transformations ou modifications membranaires, soient spécifiques. On peut imaginer toute sorte de transporteurs tels que des anticorps, des hormones, des peptides à activité hormonale, des lectines, des glycoprotéines, des lipoprotéines, des glycolipides ou autres molécules pour lesquelles certaines cellules possèdent des récepteurs. D'autre part, on peut imaginer que la partie active soit un médicament, une drogue, un antibiotique, une enzyme, une toxine végétale ou bactérienne, associée à la molécule porteuse. En étant moins restrictif, l'utilisation de ces nouveaux agents thérapeutiques pourrait être envisagée pour le traitement non seulement des maladies cancéreuses, parasitaires, bactériennes ou virales, mais aussi des syndromes héréditaires tels que des déficiences génétiques. La liste des composés constituant la partie active peut alors comprendre d'autres molécules telles que des acides nucléiques.

Enfin, la possibilité d'encapsuler les parties actives dans des liposomes, eux-mêmes associés à des molécules porteuses, permet de protéger ces parties actives d'une dégradation éventuelle, de ne pas avoir à les modifier chimiquement et donc de minimiser leur inactivation lors d'un couplage direct, de pouvoir utiliser des composés qui ne peuvent être couplés à une molécule porteuse, ou encore, d'en optimiser les effets potentiels en raison de la capacité des liposomes à retenir encapsulées des centaines, voire des milliers de molécules.

La versatilité des liposomes ainsi que la grande diversité de matériel qu'ils peuvent contenir en grande quantité, leur toxicité a priori nulle, leur biodégradabilité et leur utilisation possible comme vecteurs de drogues (agents antitumoraux ou anti-parasitaires), de molécules à activité biologique (hormones, lymphokines, médiateurs intracellulaires, acides nucléiques), font qu'ils ont été beaucoup plus étudiés que les autres types de transporteurs macromoléculaires synthétiques (microsphères, nanocapsules ou polymères synthétiques). En effet, les liposomes peuvent protéger leur contenu, encapsulé lors de leur formation, contre toute agression extérieure telle qu'une digestion enzymatique. De plus, grâce à l'imperméabilité de leur membrane lipidique, ils peuvent empêcher la dilution dans les fluides biologiques et l'élimination de ces produits. Ces différentes propriétés permettent d'envisager les liposomes comme des structures potentielles pouvant augmenter spécifiquement les effets des substances emprisonnées. Ces liposomes suscitent donc un vif intérêt en pharmacologie et plus récemment en biologie cellulaire, comme sondes des processus physiologiques. Cependant, ces vésicules lipidiques n'ont des interactions spécifiques qu'avec les cellules de type phagocytaire. La question qui se pose alors est de savoir comment les « piloter » sélectivement vers la cible choisie.

Les modèles initiaux permettant de montrer une interaction spécifique des liposomes avec des cellules, dérivent des travaux de Uemura et Kinsky qui rendent compte de la base moléculaire de l'action du complément [45]. Dans ce système expérimental, les auteurs montrent que grâce à l'utilisation d'un dérivé lipidique contenant un haptène entrant dans la constitution des liposomes, il est possible en utilisant un anticorps de lapin anti-haptène, de lyser ces liposomes. Dès lors, l'émulation suscitée autour des possibilités de pouvoir « armer » les liposomes, oriente de nombreuses équipes vers le développement de techniques permettant d'accrocher des ligands sur la surface de ces vésicules, de façon à les rendre spécifiques vis-à-vis d'une structure déterminée. Le développement des méthodes de production d'anticorps monoclonaux [25] permet d'envisager, de manière extrêmement précise, la définition et la distribution tissulaire des marqueurs de différenciation. Les anticorps monoclonaux sont donc à ce jour, les meilleurs candidats pour conférer une spécificité aux liposomes.

Dans cet ouvrage, nous tenterons de répondre aux questions fondamentales suivantes :

comment accrocher des anticorps monoclonaux sur la surface des liposomes afin de leur apporter une spécificité ?
les liposomes ainsi « pilotés » peuvent-ils interagir sélectivement avec leur cible ?
l'interaction cellules-liposomes conduit-elle à l'internalisation des liposomes et de leur contenu dans la cellule cible ?
par quel mécanisme se fait cette internalisation ?

Nous décrirons tout d'abord comment et de quoi sont constitués les liposomes ainsi que leurs propriétés physicochimiques. Ensuite nous développerons les possibilités d'applications des liposomes en thérapeutique comparativement à d'autres systèmes potentiellement intéressants. Nous rendrons compte enfin, des différentes tentatives de couplage de ligands sur ces liposomes avant de discuter nos travaux qui, jusqu'à présent, nous ont permis :
• de coupler de façon covalente des anticorps monoclonaux ou la protéine A sur la surface externe des liposomes ;
• d'analyser les interactions spécifiques de ces liposomes avec leur cible cellulaire in vitro ;
• de montrer que la fixation des liposomes est proportionnelle à la densité des déterminants membranaires cibles ;
• de constater que cette fixation n'aboutit pas nécessairement à l'internalisation des liposomes ;
• de conclure que l'internalisation des liposomes et de leur contenu par la cellule se fait très probablement par endocytose médiée par le déterminant membranaire et que cette endocytose semble être une propriété de la molécule cible ainsi que de la cellule qui l'exprime ;
• d'utiliser ces liposomes pour sélectionner des sous-populations cellulaires sur la base du phénotype exprimé.

Ces résultats prometteurs permettent de considérer les liposomes et leur couplage covalent à des ligands spécifiques d'un déterminant membranaire comme un outil de choix pour étudier, en biologie cellulaire, l'endocytose d'une molécule cible de surface. Pour des applications thérapeutiques, il est en outre nécessaire de savoir si le déterminant visé peut être internalisé afin que les liposomes, comme tout autre système de transport d'ailleurs, puissent être drainés à l'intérieur de la cellule pour y délivrer leur contenu. Cette dernière condition doit être remplie, si l'on veut pouvoir modifier ou éliminer un type cellulaire particulier aussi bien in vitro qu'in vivo. De même, il est important de connaître le devenir des liposomes dans la cellule une fois qu'ils ont été internalisés par celle-ci ; il est en effet souhaitable que le contenu des liposomes ne soit pas dégradé à l'intérieur des lysosomes afin que les composés encapsulés puissent conserver leur activité biologique. Tous ces différents points sont intimement liés les uns aux autres ; ils dépendent principalement du récepteur membranaire vers lequel sont dirigés les liposomes. L'étude du trafic intracellulaire des récepteurs membranaires est donc l'un des phénomènes principaux à considérer en priorité.

Nos travaux permettent néanmoins de conclure que les liposomes offrent une possibilité élégante d'acheminer de manière spécifique un matériel biologique dans une cellule déterminée. Cela est d'autant plus intéressant lorsque ce matériel n'est pas ordinairement capté par la cellule ou incorporé à des concentrations suffisantes pour pouvoir moduler une fonction. D'autre part, en biologie cellulaire, l'isolement de mutants spontanés ou induits qui sont d'un intérêt incontesté pour caractériser certaines fonctions cellulaires, ne se fait généralement pas sans quelques problèmes techniques. Là aussi, les liposomes peuvent se révéler très utiles pour sélectionner des sous-populations cellulaires, même si celles-ci ne sont présentes qu'en très faible proportion.

Cette méthodologie est performante et elle a prouvé son énorme potentiel in vitro. Cependant, il nous a fallu quelque temps avant de commencer à maîtriser et par là moduler, les paramètres physicochimiques et biologiques qui lui sont inévitablement associés. Le pas vers « l'inconnu » de l'in vivo reste à faire ; dans ce domaine, des résultats encourageants ont déjà été obtenus et l'imagination de l'expérimentateur n'est certainement plus limitante.

References

1 Anderson, R. A., Lovrien, R. E.: Glycoprotein is linked by band 4.1 protein to the human erythrocyte membrane skeleton. *Nature* 1984, **307**: 655–658.
2 Bangham, A. D., Horne, R. W.: Negative staining of phospholipids and their structural modification by surface–active agents as observed in the electron microscope. *J. Mol. Biol.* 1964, **8**: 660–668.
3 Bangham, A. D., Standish, M. M., Miller, N.: Cation permeability of phospholipid model membranes: effects of narcotics. *Nature* 1965, **208**: 1295–1297.
4 Bangham, A. D., Standish, M. M. Watkins, J. C.: Diffusion of univalent ions across the lamellae of swollen phospholipids. *J. Mol. Biol.* 1965, **13**: 238–252.
5 Bangham, A. D., Standish, M. M., Weissmann, G.: The action of steroids and streptolysin S on the permeability of phospholipid structures to cations. *J. Mol. Biol.* 1965, **13**: 253–259.
6 Barchfeld, G. L., Deamer, D. W.: The effect of general anesthetics on the proton and potassium permeabilities of liposomes. *Biochim. Biophys. Acta* 1985, **819**: 161–169.
7 Benz, R., Ishii, J., Nakae, T.: Determination of ion permeability through the channels made of porins from the outer membrane of *Salmonella typhimurium* in lipid bilayer membranes. *J. Membr. Biol.* 1980, **56**: 19–29.
8 Blumenthal, R., Millard, P. J., Henkart, M. P., Reynolds, C. W., Henkart, P. A.: Liposomes as targets for granule cytolysin from cytotoxic large granular lymphocyte tumors. *Proc. Natl. Acad. Sci. USA* 1984, **81**: 5551–5555.
9 Boquet, P., Duflot, E.: Tetanus toxin fragment forms channels in lipid vesicles at low pH. *Proc. Natl. Acad. Sci. USA* 1982, **79**: 7614–7618.
10 Chapman, D.: Phase transitions and fluidity characteristics of lipids and cell membranes. *Q. Rev. Biophys.* 1975, **8**: 185–235.
11 Chapman, D., Byrne, P., Shipley, G. G.: The physical properties of phospholipids. I. Solid state and mesomorphic properties of some 2,3 diacyl-DL phosphatidyl ethanolamines. *Proc. R. Soc. London* 1966, **290A**: 115–120.
12 Curman, B., Klareskog, L., Peterson, P. A.: On the mode of incorporation of human transplantation antigens into lipid vesicles. *J. Biol. Chem.* 1980, **255**: 7820–7826.
13 Ehrlich, P.: Collected studies on immunology. New York: John Wiley. Vol. *II*, 1906, pp. 442–447.
14 Finkelstein, M. C., Weissmann, G.: The introduction of enzymes into cells by means of liposomes. *J. Lipid. Res.* 1978, **19**: 289–303.
15 Finkelstein, M. C. Weissmann, G.: Enzyme replacement via liposomes. Variations in lipid composition determine liposomal integrity in biological fluids. *Biochim. Biophys. Acta.* 1979, **587**: 202–216.
16 Fraley, R., Papahadjopoulos, D.: New generations of liposomes. The engineering of an efficient vehicle for intracellular delivery of nucleic acids. *Trends in Biochem. Sci.* 1981, **6**: 77–80.
17 Fraley, R., Subramani, S., Berg, P., Papahadjopoulos, D.: Introduction of liposome-encapsulated SV40 DNA into cells. *J. Biol. Chem.* 1980, **255**: 10431–10435.

18 Gerlier, D., Bakouche, D., Dore, J. F.: Liposomes as a tool to study the role of membrane presentation in the immunogenicity of a MuLV-related tumor antigen. *J. Immunol.* 1983, **131**: 485–490.
19 Goldin, S. M., Rhoden, V.: Reconstitution and transport specificity fractionation of the human erythrocyte glucose transport system. A new approach for identification and isolation of membrane transport proteins. *J. Biol. Chem.* 1978, **253**: 2575–2583.
20 Gregoriadis, G.: The carrier potential of liposomes in biology and medicine. *New Engl. J. Med.* 1976, **295**: 704–710, 765–770.
21 Gregoriadis, G.: Targeting of drugs. *Nature*, 1977, **265**: 407–411.
22 Gregoriadis, G., Leathwood, P. D., Ryman, B. E.: Enzyme entrapment in liposomes. *FEBS Lett.* 1971, **14**: 95–99.
23 Gregoriadis, G., Senior, J., Trouet, A. (Eds.): *Targeting of Drugs*. Nato Advanced Study Institutes series. Series A, Life Sciencies. Vol. *47* 1982.
24 Kasahara, M., Hinckle, P. C.: Reconstitution and purification of the D-glucose transporter from human erythrocytes. *J. Biol. Chem.* 1977, **252**: 7384–7390.
25 Kohler, G., Milstein, C.: Continuous cultures of fused cells secreting antibody of predefined specificity. *Nature* 1975, **256**: 495–497.
26 Lee, A. G.: Lipid phase transitions and phase diagrams. I. Lipid phase transitions/II. Mixtures involving lipids. *Biochim. Biophys. Acta*. 1975, **472**: 237–281, 285–344.
27 Mathé, G., Loc, T. B., Bernard, J.: Essai sur la leucémie 1210 de la souris d'une combinaison par diazotation d'améthoptérine et de γ-globulines de hamsters porteurs de cette leucémie par hétérogreffe. *C.R. Acad. Sci. Paris* 1958, **246**: 1626–1628.
28 Mayer, L. D., Bally, M. B., Hope, M. J., Cullis, P. R.: Uptake of dibucaine into large unilamellar vesicles in response to a membrane potential. *J. Biol. Chem.* 1985, **260**: 802–808.
29 McIntosh, D. P., Heath, T. D.: Liposome-mediated delivery of ribosome inactivating proteins to cells *in vitro*. *Biochim. Biophys. Acta*. 1982, **690**: 224–230.
30 Melchior, D. L., Steim, J. M.: Thermotropic transitions in biomembranes. *Ann. Rev. Biophys. Bioeng.* 1976, **5**: 205–238.
31 Mitchell, P., Mogle, J.: Alternative hypotheses of proton ejection in cytochrome oxidase vesicles. Transmembrane proton pumping or redox-linked deprotonation of phospholipid-cytochrome C complex(es). *FEBS Lett.* 1983, **151**: 167–178.
32 Nicolau, C., Le Pape, A., Soriano, P., Fargette, F., Juhel, M. F.: In vivo expression of rat insulin after intravenous administration of the liposome-entrapped gene for rat insulin I. *Proc. Natl. Acad. Sci. USA* 1983, **80**: 1068–1072.
33 Papahadjopoulos, D. (Ed): *Liposomes and their Uses in Biology and Medicine*. Ann. N.Y. Acad. Sci., Vol. 308, 1978.
34 Papahadjopoulos, D., Vail, W. J., Newton, G., Nir, S., Jacobson, K., Poste, G., Lazo, R.: Studies on membrane fusion. III. The role of calcium-induced phase changes. *Biochim. Biophys. Acta*. 1977, **465**: 579–598.
35 Papahadjopoulos, D., Vail, W. J., Pangborn, W. A., Poste, G.: Studies on membrane fusion. II. Induction of fusion in pure phospholipid membranes by calcium ions and other divalent metals. *Biochim. Biophys. Acta*. 1976, **448**: 265–283.
36 Popot, J.-L.: Etude fonctionnelle de protéines membranaires intégrales purifiées et réintégrées dans des vésicules lipidiques: le cas du récepteur cholinergique. Dans *Méthodologie des Liposomes*, Leserman, L. D. et Barbet, J. Eds, Paris: Editions INSERM. Vol. *107*: 1982, pp. 93–124.
37 Popot, J.-L., Cartaud, J., Changeux, J.-P.: Reconstitution of a functional acetylcholine receptor. Incorporation into artificial lipid vesicles and pharmacology of the agonist-controlled permeability changes. *Eur. J. Biochem.* 1981, **118**: 203–214.
38 Racker, E., Knowles, A. F., Eytan, E.: Resolution and reconstitution of ion-transport systems. *Ann. N.Y. Acad. Sci.* 1975, **264**: 17–33.
39 Rivnay, B., Metzger, H.: Use of the airfuge for analysis and preparation of receptors incorporated into liposomes: studies with the receptor for immunoglobulin E. *Anal. Biochem.* 1983, **130**: 514–520.
40 Shinitzky, M., Barenholz, Y.: Dynamics of the hydrocarbon layer in liposomes of lecithin and sphingomyelin containing dicethylphosphate. *J. Biol. Chem.* 1974, **249**: 2652–2658.
41 Shinitzky, M., Barenholz, Y.: Fluidity parameters of lipid regions determined by fluorescence polarization. *Biochem. Biophys. Acta*. 1978, **515**: 367–394.
42 Shinitzky, M., Inbar, M.: Difference in microviscosity induced by different cholesterol levels in the

surface membrane lipid layer of normal lymphocytes and malignant lymphoma cells. *J. Mol. Biol.* 1974, **85**: 603–615.
43. Shinitzky, M., Inbar, M.: Microviscosity parameters and protein mobility in biological membranes. *Biochim. Biophys. Acta.* 1976, **433**: 133–149.
44 Teitel, B. A.: Note sur les figures myéliniques et leur interprétation physiocochimiques. *Arch. Roum. Pathol. Exp.* 1947, **14**, 53–62.
45 Uemura, K., Kinsky, S. C.: Active vs passive sensitization of liposomes toward antibody and complement by dinitrophenylated derivatives of phosphatidylethanolamine. *Biochemistry*, 1972, **11**: 4085–4094.
46 Viniegra, S., Franco, J., Cortes, E.: Incorporation of bovine thyroid peroxidase in liposomes. *Int. J. Biochem.* 1984, **16**: 1167–1170.
47 Wiener, J. R., Pal, R. Barenholz, Y., Wagner, R. R.: Influence of the peripheral matrix protein of Vesicular Stomatitis virus on the membrane dynamics of mixed phospholipid vesicles: fluorescence studies. *Biochemistry* 1983. **22**: 2162–2170.

1

Composition, propriétés et préparation des liposomes

Définition des liposomes	2
Propriétés physicochimiques des liposomes	2
Préparation des liposomes	6
Grands liposomes	7
Vésicules multilamellaires	7
Grandes vésicules unilamellaires	8
Vaporisation d'éther	8
Fusion par le calcium	9
Évaporation du solvant en phase réverse	11
Petites vésicules unilamellaires	12
Sonication	12
Élimination de détergents	14
Injection d'éthanol	15
Extrusion à l'aide d'une presse de French	15
Autres méthodes	16
Méthode micellaire	16
Technique de double émulsion	16
Formation de liposomes en faible force ionique	16
Sonication au-dessous de la température de transition de phase (Tc) des phospholipides	17
Formation de liposomes à partir d'une seule chaîne amphiphile	17
Formation de liposomes à partir d'analogues synthétiques photopolymérisables de la phosphatidylcholine	18
Références	18

Résumé

Les liposomes sont des vésicules artificielles synthétisées au laboratoire à partir d'une variété de composés amphiphiles tels que des phospholipides qui s'organisent en bicouches en solution aqueuse, formant ainsi la membrane lipidique des liposomes. Le cholestérol permet de stabiliser la structure membranaire de ces bicouches lipidiques. Différentes méthodes sont utilisées pour obtenir des liposomes. Par exemple, l'agitation mécanique de phospholipides hydratés conduit à la formation de grands liposomes multilamellaires (MLV) qui par sonication ou par extrusion à l'aide d'une presse de French, peuvent être transformés en petits liposomes unilamellaires (SUV). L'injection d'éthanol ou l'élimination de détergent, par dialyse ou chromatographie par filtration sur gel, permet aussi d'obtenir des SUV. D'autres techniques telles que l'évaporation en phase réverse, la vaporisation d'éther ou la fusion par le calcium, conduisent à la formation de grands liposomes unilamellaires (LUV). Par ultracentrifugation ou par filtration sur gel, des populations de liposomes de taille homogène peuvent être sélectionnées. On peut aussi réduire la taille des liposomes (MLV et LUV) par filtration à travers des membranes de polycarbonate calibrées. Toutes ces techniques et leurs variantes permettent, en général, d'obtenir des préparations stables de liposomes qui pourront retenir encapsulés des composés hydrosolubles et qui pourront se conserver indéfiniment à 4 °C ou congelés à − 180 °C après stérilisation.

Définition des liposomes

Les liposomes décrits originellement par Bangham et Horne [7], suite à des travaux de microscopie électronique effectués sur une suspension de phospholipides isolés et purifiés, d'origine cellulaire, sont des vésicules préparées en laboratoire. Ces vésicules se forment spontanément en bicouches lamellaires superposées les unes aux autres en renfermant un espace aqueux (Fig. 1-1). Les structures ainsi formées ou liposomes sont le résultat de l'arrangement de molécules amphiphiles dans un excès de solution aqueuse. Les parties hydrophiles des molécules de phospholipides sont orientées de part et d'autre du feuillet bimoléculaire, toujours en contact avec la solution aqueuse. Les chaînes acylées hydrophobes, dérivant des acides gras qui entrent dans la constitution des phospholipides, forment une couche continue et close d'hydrocarbures. L'hydrophobicité de ces membranes lipidiques est responsable de l'imperméabilité relative mais sélective des liposomes aux ions et aux molécules hydrophiles [9-11, 49, 50, 121].

Les liposomes peuvent être préparés à partir de toute une variété de lipides d'origine naturelle ou synthétique ou encore à partir d'un mélange de lipides ; les phospholipides sont les lipides les plus couramment employés. Cependant, des vésicules peuvent être aussi préparées à partir d'une seule chaîne amphipathique [46, 55] ou à partir de lysophosphatides en présence d'une quantité équimolaire de cholestérol [77] ou encore à partir de dicétylphosphate [95]. Le tableau I résume quelques-uns des phospholipides les plus couramment utilisés dans la préparation des liposomes.

Propriétés physicochimiques des liposomes

L'état physique de la bicouche lipidique représente une importante propriété des liposomes. Les vésicules composées uniquement de phospholipides, maintenues à une température inférieure à la température de transition de

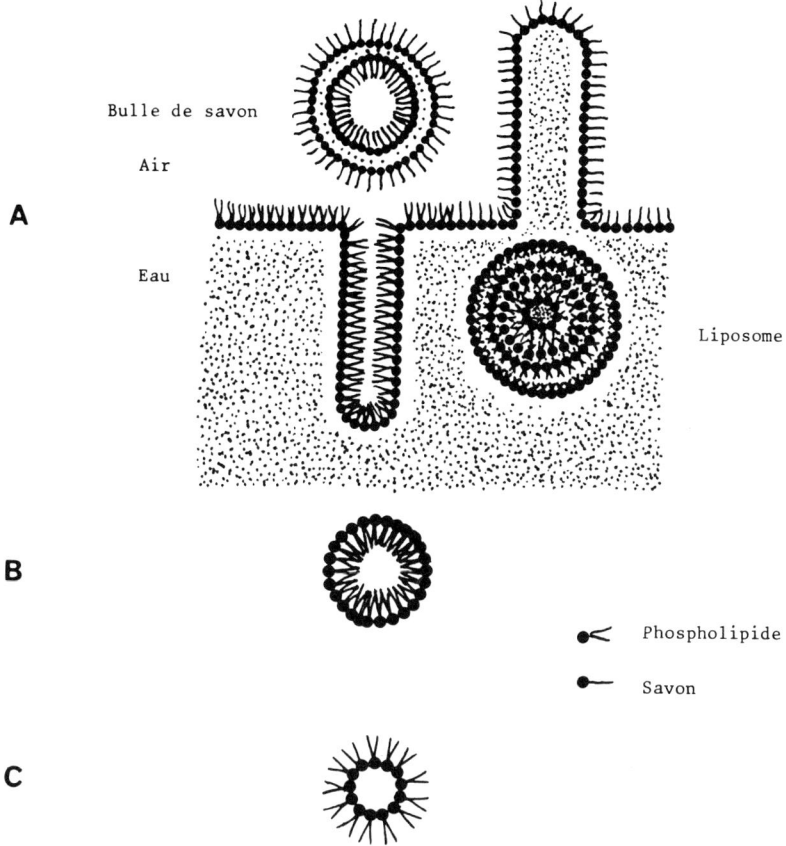

Fig. 1-1 Représentation schématique des molécules amphiphatiques dans l'eau, dans l'air et à l'interface des deux. A : en excès de solution aqueuse, on a la formation de liposomes. B : en excès de phospholipides, on a la formation de micelles. C : en excès de solvant organique, on a la formation de micelles inversées.

phase (Tc) de ces phospholipides sont considérées « solides » (état gel, dans lequel les chaînes acylées ont un aspect rigide) (Fig. 1-2). A l'inverse, si la température du milieu ambiant est supérieure à Tc, ces liposomes sont considérés « fluides » (état cristal liquide, dans lequel les chaînes acylées ont une certaine liberté de mouvement) [24, 33, 84, 92]. Cette température de transition de phase est fonction de la longueur des chaînes acylées. Ainsi, un phospholipide à l'état pur, composé de deux mêmes chaînes acylées, aura une Tc plus élevée de 14-17 °C à chaque fois que ces chaînes acylées seront plus grandes de deux unités méthylène (tableau 1-I). Si un phospholipide contient deux chaînes acylées saturées dont l'une diffère de l'autre par deux résidus méthylène, l'isomère qui a sa plus longue chaîne en position sn-1 du glycérol a une Tc plus faible [75]. La présence d'acides gras insaturés, ainsi que des branchements annexes de molécules volumineuses telles que des cycles cyclopropanes, produisent une décroissance considérable de Tc. D'autres

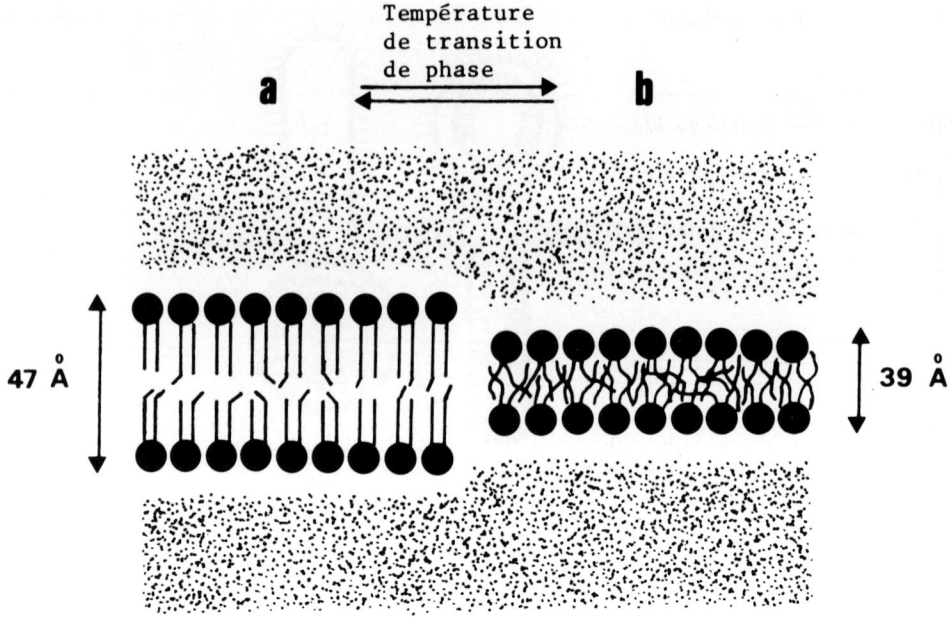

Fig. 1-2 Représentation schématique de la structure de deux états d'une couche de phospholipides.
a : phase gel (solide). b : phase cristal liquide (fluide). ● : résidus polaires. ⌇⌇ ⌇⌇ : chaînes acylées hydrophobes d'hydrocarbures (acides gras).

facteurs intrinsèques tels que la polarité des lipides ou extrinsèques tels que l'adsorption d'ions ou de protéines environnantes peuvent aussi intervenir dans la valeur de Tc [152].

Les phospholipides acides comme la phosphatidylsérine, le phosphatidylglycérol, le dicétylphosphate ou les acides phosphatidiques qui confèrent une charge négative aux liposomes peuvent avoir une influence considérable sur Tc. Ainsi, la valeur de Tc des phospholipides acides peut être modulée par des interactions avec des cations divalents. Par exemple, les ions calcium et magnésium à des concentrations physiologiques (0,1-10 mM) peuvent augmenter la température de transition [58, 67, 114, 151].

D'autre part, le pH intervient. L'addition d'un ion hydrogène élève Tc de 17 °C pour le dipalmitoyl phosphatidylglycérol [42, 155] et de 6-8 °C pour le dimyristoyl acide phosphatidique et le dipalmitoyl acide phosphatidique [67, 146].

De même, le degré d'hydratation des groupes polaires des molécules de phospholipides intervient sur la valeur de Tc [23].

Pour la préparation des liposomes, il est nécessaire de tenir compte de la température de transition de phase des phospholipides utilisés. En effet, il convient d'hydrater des lipides, préalablement séchés, avec une solution aqueuse ayant une température supérieure à la Tc des lipides, pour pouvoir les détacher des parois sur lesquelles ils ont été séchés. La possibilité de préparer des liposomes ayant une Tc définie représente un important paramètre dans l'utilisation des liposomes en chimiothérapie. Il est clair que la perméabilité

Tableau 1-I. Propriétés des phospholipides utilisés dans les liposomes

Type lipidique	Abréviation	Charge[a]	Température de transition de phase Tc (°C)[b]	Références
Unique type de chaîne acylée : lipides neutres				
L Dioléoyl phosphatidylcholine (C 18:1)	DOPC	0	−22	82
Dilauryloyl phosphatidylcholine (C 12:0)	DLPC	0	−1,8	"
Dimyristoyl phosphatidylcholine (C 14:0)	DMPC	0	23	"
Dipalmitoyl phosphatidylcholine (C 16:0)	DPPC	0	41	"
Distéaroyl phosphatidylcholine (C 18:0)	DSPC	0	58	"
C Diisostéaroyl phosphatidylcholine	DIPC	0	—	107
Dimyristoyl phosphatidyléthanolamine	DMPE	0[c]	48	108
Dipalmitoyl phosphatidyléthanolamine	DPPE	0[c]	60	150
Dipalmitoyl sphingomyéline	DPSM	0	41	22
Distéaroyl sphingomyéline	DSSM	0	57	39
Mélange de chaînes acylées : lipides neutres				
1-Myristoyl-2-palmitoyl phosphatidylcholine (C 14:0,16:0)	MPPC	0	27	75
1-Palmitoyl-2-myristol phosphatidylcholine (C 16:0,14:0)	PMPC	0	35	"
1-Stéaroyl-2-palmitoyl phosphatidylcholine (C 18:0,16:0)	SPPC	0	47[d]	"
1-Palmitoyl-2-stéaroyl phosphatidylcholine (C 16:0,18:0)	PSPC	0	44[d]	"
Phosphatidylcholine d'œuf	eggPC	0	−15 à −7	82
Sphingomyéline de cerveau de bœuf	BSM	0	32	138
Lipides chargés				
Phospholipides conférant une charge négative aux liposomes				
Dilauryloyl phosphatidylglycérol	DLPG	−1	4	42
Dimyristoyl phosphatidylglycérol	DMPG	−1	23	112
Dipalmitoyl phosphatidylglycérol	DPPG	−1	41	67
Distéaroyl phosphatidylglycérol	DSPG	−1	55	108
Dioléoyl phosphatidylglycérol	DOPG	−1	−18	42
Dimyristoyl acide phosphatidique	DMPA	−1[e]	51	67
Dimyristoyl acide phosphatidique	DMPA	−2[f]	45	108
Dipalmitoyl acide phosphatidique	DPPA	−1[g]	67	"
Dipalmitoyl acide phosphatidique	DPPA	−2[h]	58	"
Dipalmitoyl phosphatidylsérine	DPPS	−1	51	85
Phosphatidylsérine de cerveau de bœuf	PS	négative[i]	6 à 8	67
Dicétylphosphate	DCP	−1	—	107
Phosphatidyl inositol	PI	−1	—	17
Phospholipides conférant une charge positive aux liposomes				
Stéarylamine	SA	+1	—	107

a, charge électrique à pH 7,0. b, valeurs déterminées par microcalorimétrie différentielle programmée sur des vésicules multilamellaires. Les mesures réalisées sur des petits liposomes unilamellaires donnent des chiffres de 4 à 5 °C plus faibles que ceux indiqués dans le tableau. c, titrés partiellement à pH 7,0 [8]. d, ces phospholipides ne sont pas en fait à l'état pur. Les mesures sont faites sur un mélange des deux dérivés. PSPC à l'état pur devrait probablement avoir une Tc plus faible et SPPC une Tc plus élevée [75]. e, mesure à pH 6,0. f, mesure à pH 9,0. g, mesure à pH 6,5. h, mesure à pH 9,1. i, charge négative non clairement définie. L, lécithines ; C, céphalines.

des liposomes au soluté encapsulé est relativement faible lorsque la température ambiante est inférieure à Tc. Par contre, aux approches de Tc, la membrane des liposomes devient très perméable aux ions [19, 32, 109] et une tendance à la solubilisation de la bicouche peut être observée par l'insertion de diverses molécules, en particulier de lipoprotéines de haute densité (HDL, très avides en phospholipides, notamment en phosphatidylcholine) [25, 68, 80, 128, 140, 156, 159]. Ces considérations font qu'après une injection de liposomes in vivo, il peut y avoir une rapide élimination de ceux-ci [133, 135]. Néanmoins, ce phénomène peut être exploité pour délivrer des drogues dans un tissu donné au moyen d'une hyperthermie locale [157, 158, 165].

D'autre part, le cholestérol joue un rôle fondamental dans la stabilité des liposomes. C'est un composé important des membranes biologiques des cellules eucaryotes. Des études réalisées sur des liposomes contenant du cholestérol ont permis de mettre en évidence les relations existant entre les propriétés physicochimiques, dues aux interactions cholestérol-phospholipides, et le rôle physiologique éventuel du cholestérol dans les membranes cellulaires. De nombreux travaux ont montré en détail les effets du cholestérol sur les propriétés des membranes phospholipidiques tels que l'élimination de la transition de phase avec un rapport de 33 moles % de cholestérol, la condensation de la surface occupée par les molécules de phospholipides, l'inhibition du mouvement des chaînes acylées, l'augmentation de la largeur de la bicouche pour des phospholipides à « courtes » chaînes acylées (jusqu'à C16 et inversement à partir de C18) ou encore, l'augmentation de l'orientation perpendiculaire des chaînes acylées [69, 103, 143]. Au-dessous de la température de transition (état solide) le cholestérol a un effet faiblement fluidifiant. Par contre, au-dessus de cette température (état fluide), il diminue la fluidité. Il en résulte une importante réduction de la perméabilité des liposomes aux ions et aux petites molécules polaires lorsqu'on atteint cette température de transition [3, 33, 80, 103, 128, 143]. De plus, le cholestérol réduit les possibilités qu'ont certaines protéines (HDL) à pénétrer dans la bicouche lipidique, créant ainsi une augmentation de leur stabilité in vitro en présence de plasma [28] et in vivo après une injection intraveineuse [53, 133, 134, 136]. On peut noter aussi que sans savoir exactement comment le cholestérol interagit avec les phospholipides pour moduler tous ces paramètres [143], il augmente le diamètre des liposomes d'environ 30 % pour des petits liposomes unilamellaires lorsqu'il est introduit à une concentration de 50 moles % par rapport aux phospholipides. Par contre, dans un rapport molaire de 20 %, il n'a pas d'effet sur la taille des liposomes [44, 70].

Préparation des liposomes

Il est évident que suivant l'utilisaton ultérieure des liposomes, des types différents et donc des préparations différentes de liposomes doivent être préférentiellement utilisés. Les diverses compositions lipidiques, la taille ainsi que la charge électrique des liposomes, peuvent influer considérablement sur la distribution et l'élimination des liposomes in vivo, par exemple [41, 52, 74, 120]. Il est possible de distinguer deux types majeurs de liposomes : les grands

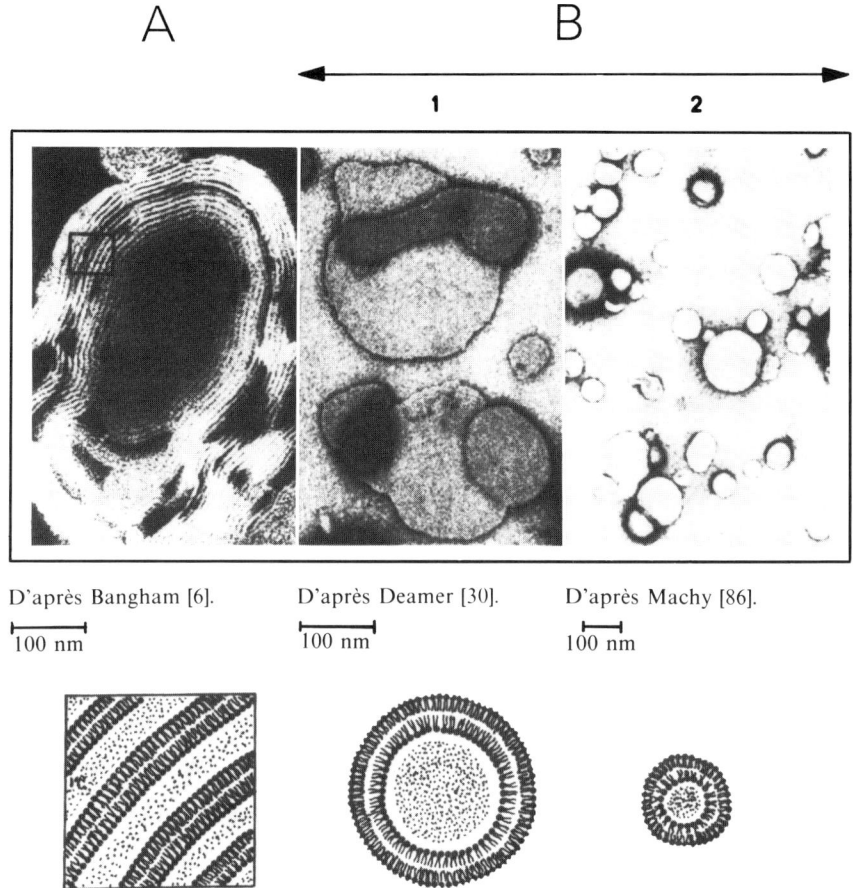

Fig. 1-3 Photographies de microscopie électronique et représentation schématique des divers types de liposomes. A, liposomes multilamellaires (MLV pour « multilamellar vesicles »). B, liposomes unilamellaires : 1) grands liposomes unilamellaires (LUV pour « large unilamellar vesicles ») ; 2) petits liposomes unilamellaires (SUV pour « small unilamellar vesicles »).

liposomes multi ou unilamellaires, d'un diamètre compris entre 0,4 et 5 µm et 0,2 et 2 µm respectivement et les petits liposomes unilamellaires de 0,02 à 0,08 µm de diamètre (Fig. 1-3).

Grands liposomes

Vésicules multilamellaires (MLV) Les MLV ont été décrites pour la première fois par Bangham et coll. [10]. La méthode alors employée n'a pas changé et reste la plus simple des préparations de liposomes. Cette technique consiste à agiter mécaniquement la suspension aqueuse, contenant les solutés à encapsuler, introduite sur le film lipidique séché par évaporation du solvant organique. La solution aqueuse doit avoir une température supérieure à la température de transition de phase (Tc) gel-cristal liquide caractéristique des phospholipides utilisés ou supérieure à la Tc du phospholipide majoritaire d'un mélange (voir pages 3 et 17). Le temps d'hydratation et les conditions d'agitation sont des paramètres importants pour obtenir une encapsulation maximale de matériel. Ainsi, une hydratation de 20 heures avec une agitation douce, permet d'encapsuler 50 % de soluté en plus par rapport à une hydratation de 2 heures dans les mêmes conditions de concentration et de composition lipidique [104].

Si le temps d'hydratation est réduit à 30 minutes mais que l'on applique une agitation vigoureuse, le volume encapsulé sera plus faible et les vésicules auront un diamètre plus petit [104]. En dehors des considérations faites sur la taille des MLV ainsi que du nombre de bicouches lipidiques qui en résulte [131], le volume interlamellaire et donc le volume total encapsulé par chaque liposome peuvent être augmentés [8]. Ceci est réalisé en incorporant 10 à 20 moles % de lipides chargés électriquement. Une agitation vigoureuse, une sonication brève ou la filtration sur membrane de polycarbonate [104] permet d'obtenir des vésicules plus petites et une préparation plus uniforme en taille.

La réduction en taille par sonication dépend du temps et de la fréquence de sonication (voir page 12). Il est donc difficile de standardiser cette technique. Par contre, les techniques de filtration sont très simples et donnent des liposomes de taille homogène [104]. Le volume aqueux encapsulé par ces MLV varie de 1 à 4 litres par mole de phospholipide. Dans des conditions appropriées, les MLV peuvent retenir encapsulés des inhibiteurs de protéases [43], des polynucléotides [81], des protéines de taille variable [2], des fragments d'ADN de haut poids moléculaire [61], des enzymes ainsi que des molécules de petits poids moléculaires [49].

En résumé, les MLV sont des vésicules convenables pour encapsuler une grande variété de substances et peuvent être préparées à partir d'un large éventail de phospholipides. De tous les autres modes de préparation des liposomes, celui permettant d'obtenir les MLV est le plus simple. De plus, grâce aux techniques de calibrage, des populations homogènes de liposomes peuvent être sélectionnées. Le désavantage majeur de ces liposomes est qu'ils ont un faible pouvoir d'encapsulation, qui est de plusieurs fois inférieur aux grands liposomes unilamellaires. Néanmoins, ils ont été employés dans plusieurs traitements thérapeutiques avec succès (voir chapitre 2). Plus récemment, une technique simple basée sur la déshydratation/réhydratation de vésicules préformées a été décrite. Les liposomes multilamellaires obtenus (DRV pour « dehydration/rehydration vesicles ») peuvent encapsuler de 20 à 70 % de la phase aqueuse contenant des petites molécules, des protéines ou de l'ADN [76].

Grandes vésicules unilamellaires (LUV)   Les grandes vésicules unilamellaires, formées d'une ou d'un petit nombre de bicouches lipidiques (vésicules oligolamellaires), sont obtenues à partir de plusieurs techniques.

Vaporisation d'éther   Les techniques basées sur l'injection de phospholipides, solubilisés par des solvants organiques autres que l'éthanol, dans une phase aqueuse, suivie d'une évaporation du solvant ont été réalisées par plusieurs équipes, mais ont toujours donné des MLV [26, 117]. Depuis peu, la technique de vaporisation d'éther introduite par Deamer et Bangham [31], qui élimine les difficultés rencontrées avec les précédentes méthodes, a été affinée dans plusieurs laboratoires [31, 129]. Les phospholipides sont dissous dans du diéthyléther ou dans un mélange diéthyléther-méthanol et sont injectés dans une solution aqueuse, contenant le soluté à encapsuler, chauffée à 55-65 °C ou à 30 °C sous pression réduite. Les LUV sont formées par évaporation du solvant organique. Quand cette préparation est filtrée sur des filtres Millipore de 1,2 µm, la taille des LUV se situe entre 150 et 250 nm. Dans ces conditions, la concentration lipidique dans le solvant organique n'affecte pas la taille des liposomes qui en résultent. 2 ml de solution de phospholipides, à une concentration de 2 µmoles/ml, sont injectés à une vitesse de 0,2 ml par minute dans 4 ml de solution aqueuse, chauffée à 50-60 °C. Une modification de cette technique a été rapportée dans laquelle le diéthyléther est remplacé par de l'éther de pétrole [129]. Le volume de la solution lipidique (2 µmoles/ml) est alors de 30 ml. Des protéines [30], de l'ARN [105] et de l'ADN [97] ont été encapsulés par cette technique. Par contre, l'encapsulation d'inhibiteurs de protéases réduit considérablement le volume d'encapsulation des liposomes [129].

La technique de vaporisation d'éther peut s'appliquer à un mélange de lipides et produit toujours des LUV. Cependant, l'utilisation de solvants organiques ainsi que le chauffage nécessaire à l'évaporation du solvant, peuvent dénaturer certaines macromolécules ou inactiver des composés solubles. Avec cette méthode, les liposomes électriquement neutres tendent à s'agréger [143], la distribution de taille est plutôt hétérogène et l'efficacité d'encapsulation est faible. Néanmoins, le volume encapsulé par mole de lipide est élevé et se situe entre 8 et 17 l/mole [30].

Fusion par le calcium   Une méthode unique pour préparer des LUV à partir de phospholipides acides a été décrite [111,113-116]. Cette méthode consiste à ajouter du calcium à une solution de petits liposomes unilamellaires préformés. On obtient ainsi, par fusion, de larges cylindres dont les structures multilamellaires sont repliées dans une configuration en spirale. L'addition d'acide éthylènediaminetétraacétique (EDTA) à cette préparation produit de grandes vésicules sphériques unilamellaires. Toute une variété de phospholipides acides tels que les acides phosphatidiques, le phosphatidylglycérol, la phosphatidylsérine ou encore les cardiolipides, purs ou associés avec du cholestérol, peuvent être employés [111, 114-116, 148]. Cependant, le plus utilisé est la phosphatidylsérine du cerveau de bœuf.

La préparation de ces LUV commence avec des petits liposomes unilamellaires, préformés à partir de phosphatidylsérine. Ces liposomes sont alors mélangés à du calcium, qui peut être apporté par dialyse ou par addition de chlorure de calcium [113]. Dans un cas comme dans l'autre, les liposomes fusionnent en structures cylindriques formant un floculat blanc qui précipite et qui peut être récupéré par centrifugation. Une fois obtenues, ces structures cylindriques peuvent être conservées indéfiniment à 4 °C ou à −20 °C, sous atmosphère d'azote. Pour former les LUV, le précipité est resuspendu dans un minimum de volume aqueux contenant le soluté à encapsuler puis le sel tétrasodique de l'EDTA est ajouté jusqu'à l'obtention d'une suspension dispersée. Le pH de la solution, alors acide, est rétabli voisin de la neutralité par de l'hydroxyde de sodium [143].

Ces LUV peuvent être centrifugées à 48 000 xg pendant 20 minutes pour éliminer, par lavage, le matériel non encapsulé, ou filtrées par chromatographie sur gel ou encore ultracentrifugées sur gradient de Ficoll (5-20 %) [160]. Des protéines de la taille de la ferritine [113], des picornavirus tels que les poliovirus [145, 160], l'ARN de ces virus [161], des ARN messagers [34] et de l'ADN [89] ont pu être encapsulés dans ces vésicules. L'efficacité d'encapsulation pour de telles macromolécules se situe autour de 10 %. Pour de petites molécules telles que le sucrose, près de 15 % de matériel peuvent être incorporés avec 20 µmoles de phosphatidylsérine en structures cylindriques et 1 ml de tampon. Pour ces LUV, le volume encapsulé est de 7 l/mole de phospholipide. Les vésicules ont une taille hétérogène dont la distribution se situe entre 0,2 et 1 µm, avec cependant une forte majorité de vésicules ayant un diamètre correspondant aux plus faibles valeurs.

Une modification de cette méthode a permis d'utiliser non seulement des petits liposomes unilamellaires chargés négativement, mais aussi des liposomes chargés positivement par l'inclusion de stéarylamine [164]. Cette technique fait intervenir deux types de liposomes. Des liposomes composés de phosphatidylsérine (1 µmole) sont mélangés à des liposomes composés de stéarylamine, de phosphatidylcholine et de cholestérol (1/7/2 ; 1,7 µmoles). Le chlorure de calcium est ajouté pour former des agrégats hybrides de vésicules qui précipitent et qui sont récupérés par centrifugation. Ce précipité est mélangé à un volume faible de solution contenant de l'ARN avant de rajouter l'EDTA pour former les LUV. L'introduction de stéarylamine (chargée positivement) dans la préparation a été envisagée pour favoriser une interaction électrostatique entre les acides nucléiques (chargés négativement) et les complexes lipidiques agrégés. Une encapsulation de 7 à 11 % d'ARN messager et 5 à 7 % d'ARN ribosomal a pu être réalisée [164]. Le volume encapsulé par mole de phospholipide est similaire à celui obtenu avec la technique originale.

L'avantage majeur de cette méthode de formation des LUV est qu'elle permet d'encapsuler des macromolécules dans d'exceptionnelles conditions. Les vésicules qui en résultent sont en majorité unilamellaires mais elles présentent cependant une hétérogénéité de taille. En revanche, cette méthode ne peut être employée que pour des phospholidiques acides ou pour un mélange contenant une prépondérance de phospholipides acides. D'autre part, lorsque les liposomes sont formés en partie de glycosphingolipides, la fusion des liposomes avec le calcium est moins efficace qu'avec des liposomes constitués uniquement de phospholipides [35]. Cependant, une fusion peut être obtenue en présence de lectines (« soybean agglutinin » et « wheat germ agglutinin ») [35].

Par contre, Blumenthal [20] et Hong [62] et coll. rapportent que la clathrine, une protéine qui s'intègre dans la bicouche lipidique [139], permet de faire fusionner à pH acide des SUV composées uniquement de phospholipides non chargés (phosphatidylcholine) pour donner des LUV. Grâce à cette méthode, la nature des phospholipides à utiliser n'est donc plus limitante. Notons enfin que des liposomes sensibles au pH acide (liposomes constitués d'acide oléique et de phosphatidyléthanolamine) peuvent fusionner entre eux pour donner des vésicules plus grandes, en présence de protons [36].

Évaporation du solvant en phase réverse   Les LUV peuvent également être préparées à partir d'une émulsion de phase aqueuse dans un excès de phase organique, contenant les phospholipides, suivie d'une évaporation du solvant sous pression réduite [142]. Les vésicules obtenues par cette technique, appelées alors REV pour « reverse phase evaporation vesicles » peuvent encapsuler un pourcentage élevé de la phase aqueuse et ont un grand volume d'encapsulation par unité de phospholipide. Les lipides sont dissous dans un solvant organique tels que le diéthyléther, le diisopropyléther ou un mélange de solvants organiques comme par exemple le diisopropyléther/chloroforme (1:1) ou des fluorocarbures à bas point de fusion. Le matériel aqueux est directement rajouté à la phase organique dans un rapport de 1:3 lorsque le solvant est du diéthyléther, ou de 1:6 lorsque le solvant est composé de diisopropyléther/chloroforme. La préparation est alors brièvement soniquée pour obtenir une émulsion homogène. Cette phase de l'opération est considérée comme très importante [143, 144].

Une mauvaise émulsion est souvent à l'origine d'un faible pourcentage d'encapsulation et de la formation de MLV plutôt que de LUV. Le solvant organique est éliminé en deux étapes : évaporation à 200-400 mmHg, jusqu'à ce que l'émulsion devienne un gel, puis évaporation à 700 mmHg, jusqu'à l'obtention d'une dispersion homogène de liposomes. Lorsque la phase gel est atteinte, il est conseillé de retirer de l'appareil (rotavapor chauffé au-dessus de la température de transition de phase du phospholipide majoritaire) le tube contenant la préparation, pour rajouter de la solution aqueuse afin de casser cette phase gel par agitation mécanique vigoureuse avant d'évaporer de nouveau le solvant. L'addition de la solution aqueuse (faible volume) ne réduit pas beaucoup le pourcentage d'encapsulation. Après l'obtention de la dispersion homogène de liposomes, il est préférable d'éliminer les traces résiduelles de solvants par dialyse ou par chromatographie. De plus, cette étape qui permet d'éliminer les molécules de soluté non encapsulées, empêche l'agrégation des liposomes fraîchement préparés. Il est à noter que si le rapport surface/volume de la préparation est trop grand pendant l'évaporation, le solvant organique sera éliminé trop rapidement avec une fraction non négligeable de la phase aqueuse, aboutissant finalement à la formation de MLV ou à l'extrême, au séchage des lipides sur les parois du tube. Une encapsulation maximale de la phase aqueuse, de l'ordre de 65 %, peut être obtenue avec une faible force ionique (0.01M NaCl). Le taux d'encapsulation décroît à 20 % avec une solution 0.5M NaCl [142]. Cette méthode permet d'encapsuler des macromolécules telles que la ferritine, l'ARN 25S, l'ADN du virus SV-40 [45], l'ADN Lambda ou l'ADN recombinant eucaryote [98], avec la même efficacité que les petites molécules telles que le sucrose. Ces vésicules peuvent être séparées du matériel non encapsulé par gradient de densité [45, 59].

La taille des liposomes, ainsi obtenus, dépend du pourcentage de cholestérol introduit dans la préparation. Dans un rapport cholestérol/phospholipides égal à 1, les vésicules ont un diamètre moyen de 0,45 µm, avec des limites de 0,17 à 0,8 µm. Les liposomes formés à partir de la même suspension lipidique, sans cholestérol, ont une taille de 0,18 μm de diamètre, variant de 0,1 à 0,26 μm [141]. Afin de réduire la présence de peroxydes qui pourraient engendrer une dégradation des phospholipides, une dénaturation du matériel à encapsuler ou encore une formation de lysophosphatides lors de la conservation de ces liposomes à 4 °C (Szoka, observation non publiée), il est souhaitable de laver les solvants avec le bisulfite de sodium ou de les distiller avant leur utilisation. En plus de sa grande efficacité d'encapsulation de la phase aqueuse (20 à 65 %), cette méthode a l'avantage de former des LUV ou des liposomes oligolamellaires ayant un volume d'encapsulation comparable à celui obtenu avec la vaporisation d'éther (voir page 8). L'efficacité de la méthode n'est pas affectée par la présence de protéines solubles et les liposomes peuvent être préparés à partir d'une grande variété de phospholipides. Les inconvénients majeurs de cette technique sont l'exposition du matériel à encapsuler à des solvants organiques et la sonication pouvant dénaturer les protéines sensibles ou les gros fragments d'ADN. Une technique analogue a été décrite dans laquelle en particulier, le stade de sonication a été remplacé pour former l'émulsion [87, 88]. L'hétérogénéité de taille, obtenue quels que soient les phospholipides utilisés, peut être réduite par filtration sur des membranes de polycarbonate [106, 141].

Cette méthode a été utilisée pour la reconstitution des protéines membranaires [29]. La rhodopsine, qui est extraite à l'aide d'un solvant organique, peut être incorporée efficacement dans les LUV. 75 % des vésicules ont un diamètre supérieur à 0,5 μm, 40 %, un diamètre supérieur à 1 μm, et plus de 90 % des vésicules sont unilamellaires. Les propriétés spectrales de la rhodopsine incorporée dans la membrane des liposomes sont similaires à celles des photorécepteurs et la régénérescence de la rhodopsine peut être chimiquement réobtenue [29]. Plus de 80 % de la rhodopsine sont retrouvés associés aux liposomes. Le succès de la reconstitution des protéines membranaires dépend de la nature du solvant apolaire et du rapport du volume du solvant au volume de la phase aqueuse [29]. La grande taille de ces liposomes et leur capacité à incorporer des protéines dans leur bicouche en font d'excellents systèmes de reconstitution de transporteurs ou autres molécules membranaires.

Petites vésicules unilamellaires (SUV)

De par leur taille, les petits liposomes ne peuvent être formés que d'une ou, au plus, de deux bicouches lipidiques. Ils peuvent être obtenus à partir de plusieurs techniques dont les principales sont résumées ci-dessous.

Sonication La méthode classique de sonication d'une dispersion de phospholipides, aboutissant à une suspension optiquement claire de particules d'un poids approximatif de 2×10^6 daltons, fut initialement introduite par Saunders [127] et Abramson et coll. [1]. Par la suite Papahadjopoulos et Miller [110] démontrent que ces structures formées par sonication sont des microvésicules d'un diamètre moyen de 500 Å, renfermant un certain volume de milieu aqueux et composées d'une seule bicouche de phospholipides. Les propriétés hydrodynamiques de ces liposomes ont été rigoureusement caractérisées par

Huang [64, 65] qui confirme que ces structures sont sphériques avec un rayon minimum de 20 nm. L'utilisation des techniques hydrodynamiques pour déterminer la taille, la forme, la surface et le poids moléculaire des SUV [90] a permis de confirmer les valeurs obtenues par chromatographie sur gel qui sépare les SUV des MLV contaminantes [64], ou encore celles obtenues par des analyses de résonance magnétique nucléaire [18, 130, 149], de dispersion de la lumière [132, 137, 162] ou de calorimétrie différentielle [27, 163].

Brièvement résumée, une préparation classique de MLV est soniquée soit à l'aide d'un sonicateur à bain [8, 71, 117], soit avec une sonde sous atmosphère inerte (azote ou argon) [57, 64].

La sonication par sonde, couramment employée, permet par la fréquence des ultra-sons, de « casser » vigoureusement les MLV pour donner des SUV. Cependant, cette méthode a le désavantage de contaminer les préparations par le métal de la sonde. De plus, il est nécessaire de s'assurer de la propreté de cette sonde avant son utilisation, afin de ne pas introduire d'éventuels contaminants qui engendreraient une dégradation des phospholipides [57]. La sonication par bain permet d'éliminer ces risques. Lorsqu'on utilise cette technique, il faut contrôler soigneusement : 1) la position du tube — qui est fermé et qui contient la dispersion de MLV — dans le bain de sonication et 2) le temps nécessaire pour obtenir des liposomes d'un diamètre minimal [15, 143].

Pour la préparation des SUV à partir de phospholipides définis et sans cholestérol, il est essentiel de s'assurer que la sonication puisse se faire à une température supérieure à la température de transition de phase (Tc) du lipide majoritaire et que la préparation, ainsi obtenue, soit maintenue pendant au moins 30 minutes à cette température pour former des liposomes stables [83]. Une sonication à une température inférieure à Tc produit des structures lamellaires qui renferment des anomalies membranaires, aboutissant à une perméabilisation aux ions encapsulés ou engendrant une fusion entre vésicules quand la température avoisine Tc [83] (voir page 17). La taille des SUV obtenues par sonication varie de 215 à 500 Å ; elle dépend de la composition en phospholipides, du temps de sonication et de la concentration en cholestérol [64, 70]. Du fait de leur courbure très prononcée, ces SUV ont un pourcentage élevé de phospholipides dans leur monocouche lipidique externe (60 à 70 %), comparé à leur monocouche interne (30 à 40 %). Cette caractéristique peut provoquer une distribution assymétrique des phospholipides lorsqu'un mélange lipidique est utilisé. Ainsi, l'utilisation des SUV pour des études de relation entre la composition lipidique et les propriétés fonctionnelles des membranes biologiques, doit tenir compte de tels réarrangements assymétriques. Le volume encapsulé, par mole de phospholipides, est très limité et se situe entre 0,2 et 1,5 l/mole suivant la composition lipidique des SUV. L'introduction de cholestérol et de lipides chargés électriquement augmentent le volume encapsulé [70]. Le volume des SUV limite aussi l'encapsulation de macromolécules. Les molécules ayant un poids moléculaire supérieur à 40 000 daltons ne peuvent être encapsulées correctement [2]. Ces SUV présentent l'avantage d'être séparées facilement des MLV contaminantes, permettant ainsi d'obtenir une population de liposomes homogène en taille [12, 14, 64, 87, 88, 99, 125]. Les principaux désavantages des SUV sont leur faible pouvoir d'encapsulation qui varie de 0,1 à 1 % suivant les concentrations lipidiques utilisées, leur volume encapsulé limité par mole de lipide et la distribution assymétrique des différents lipides entre les deux monocouches externe et interne.

Élimination de détergents Cette méthode, très employée pour former des SUV, est basée sur l'élimination du détergent à partir d'une solution détergent-phospholipides. Elle est largement utilisée dans les reconstitutions de protéines membranaires [48, 56, 122]. Introduite par Kagawa et Racker [73], cette technique démontre que l'élimination de cholate ou de déoxycholate par dialyse à partir d'un mélange de lipides et de protéines, solubilisés par le détergent, aboutit à la formation de vésicules ayant incorporé les protéines. Des méthodes plus récentes telles que la centrifugation [154], la filtration sur gel [21, 38] ou la dialyse rapide contrôlée [93, 126, 166], permettent aussi d'éliminer le détergent. Une population homogène de liposomes unilamellaires, d'un diamètre moyen de 30 nm, est obtenue en filtrant sur gel un mélange composé de phospholipides d'œuf et de cholate de sodium dans un rapport molaire de 1:2. Le cholate de sodium est retenu sur la colonne alors que les vésicules lipidiques formées sont exclues du gel [21]. De plus grands liposomes de 1 000 Å de diamètre sont obtenus quand le rapport phospholipides/détergent est de 2:1 [38]. De même, des vésicules unilamellaires de plus grand diamètre (environ 1 000 Å) peuvent être formées en ajoutant le détergent à des SUV préformées ou en soniquant les phospholipides en présence de détergent. Celui-ci est ensuite éliminé par filtration sur une colonne de Sephadex G-25.

Les SUV formées par élimination de détergent peuvent encapsuler de petites protéines et des substances de faible poids moléculaire telles que le glucose. Avec une concentration de 50 µmoles de lipide/ml, 12 % de la phase aqueuse peuvent être encapsulés [38].

Cependant, l'encapsulation d'ions tels que le sodium n'est pas aussi efficace, indiquant que la fuite de l'ion précède l'élimination du détergent. Ces liposomes sont stables pendant au moins un mois à 4 °C sous atmosphère d'azote et contiennent moins d'une molécule de déoxycholate pour 1 000 molécules de phospholipides. Cette méthode est applicable à différents types de phospholipides mais n'est pas souhaitable pour des phospholipides acides seuls. Elle a prouvé son efficacité pour la reconstitution des protéines membranaires dans des liposomes unilamellaires d'une taille intermédiaire uniforme.

Une autre méthode prometteuse pour des études de reconstitutions membranaires, décrite par Gerritsen et coll. [47], consiste également à obtenir des vésicules à partir d'un mélange détergent-phospholipides. Cette méthode est basée sur la propriété qu'ont les billes SM-2 d'adsorber, entre autres détergents ioniques ou non, le triton X-100 ou l'octylglucoside, sélectivement et rapidement [63, 94]. La taille de ces liposomes, l'effet de la composition lipidique et de la température, le rapport détergent/phospholipides ainsi que la quantité de détergent qui reste associé aux vésicules n'ont pas été clairement définis. Il semble néanmoins que dans certaines conditions, les liposomes obtenus par cette technique soient des LUV plutôt que des SUV [118].

Cette technique semble applicable à un grand nombre de protéines membranaires solubilisables par les détergents ; elle prévient aussi l'agrégation des protéines qui survient lorsque le triton, par exemple, est éliminé trop lentement par les techniques classiques de dialyse [60]. Il faut cependant noter que certaines protéines, en particulier virales, s'agrègent quand le détergent est éliminé trop rapidement [37].

Injection d'éthanol La technique d'injection d'éthanol décrite par Batzri et Korn [16] est une méthode alternative pour la préparation des SUV ; elle permet d'éviter les problèmes rencontrés avec la sonication et les détergents. Les lipides dissous dans l'éthanol sont rapidement injectés dans la solution aqueuse où les SUV se forment spontanément. Cette méthode est rapide, simple et douce ; son inconvénient majeur réside dans la dilution importante des liposomes obtenus qui aboutit à une efficacité d'encapsulation faible de la phase aqueuse. Néanmoins, ces liposomes peuvent être concentrés par ultracentrifugation sous pression d'azote ou par filtration sous vide. Les liposomes obtenus de cette manière ont un volume interne encapsulé similaire à celui des liposomes obtenus par sonication (environ 0,5 l par mole de lipide). Des modifications de cette technique permettent d'obtenir des préparations de liposomes de taille variable suivant la concentration lipidique utilisée [79]. Pour de faibles concentrations de lipides (3 mM), des vésicules de 30 nm de diamètre sont obtenues alors qu'avec de plus fortes concentrations (36 mM), des vésicules de 110 nm de diamètre sont formées. La taille et l'homogénéité des vésicules peuvent être modulées en incorporant de l'éthanol dans la phase aqueuse, par la rapidité de l'injection de la solution d'éthanol dans cette phase et par la vigueur de l'agitation de celle-ci [79]. Ces liposomes peuvent encapsuler des protéines présentes dans la phase aqueuse, mais l'efficacité d'encapsulation dépend de la taille de ces protéines [2]. Des protéines de poids moléculaire inférieur à 30 000 daltons peuvent être encapsulées de façon similaire à de petites molécules telles que le sucrose. Par contre, la β-galactosidase (130 000 daltons) ne s'encapsule qu'à 20 % de la valeur obtenue avec le sucrose [2].

Extrusion à l'aide d'une presse de French La taille des MLV en suspension peut être réduite par extrusion sous forte pression à l'aide d'une presse de French [13, 54]. L'extrusion à l'aide de la presse se fait à 4 °C sous pression déterminée ; un seul passage aboutit à l'obtention d'une population hétérogène de vésicules dont environ 60 % ont un diamètre compris entre 250 et 500 Å, les 30 % plus grosses contenant encore des MLV. De multiples passages sur la presse permettent de réduire progressivement l'hétérogénéité et après quatre passages successifs, 94 % des vésicules ont un diamètre compris entre 315 et 525 Å [13]. Ces liposomes sont quelquefois plus grands que ceux obtenus par sonication. Cette technique simple, reproductible et non destructive, peut s'appliquer à toute une variété de phospholipides [13]. Elle permet d'obtenir des volumes importants de liposomes. De plus, avec de fortes concentrations lipidiques, l'encapsulation de la phase aqueuse est relativement efficace.

Autres méthodes

Méthode micellaire   Des SUV peuvent être préparées à partir de micelles inversées (Fig. 1), en solvant organique, par ultracentrifugation à travers une interface aqueuse [147]. Lorsque les micelles passent dans la phase aqueuse, une seconde couche lipidique vient compléter la première couche des micelles inversées, pour former ainsi la bicouche classique des liposomes. Dans le but de développer une force suffisante pour réduire les tensions entre les deux phases liquides, les micelles doivent contenir une solution saline dense (chlorure de césium 1 M). Si ces liposomes présentent l'avantage considérable d'obtenir des vésicules dont la composition en lipides est assymétrique, ils sont cependant très difficiles à obtenir [143, 144].

Technique de double émulsion   Dans cette technique, les phospholipides dans du détergent (Span-80) sont utilisés pour stabiliser une émulsion réalisée à partir d'eau dans l'hexane [91, U.K. Brevet n° 2001929 A]. L'hexane est partiellement éliminé par évaporation sous pression réduite. Quand la suspension est encore fluide, une seconde émulsion est obtenue par addition de 5 à 10 mM de détergent. Ce détergent est ensuite éliminé avec l'excès d'hexane, par dialyse. Les SUV obtenues contiennent une forte proportion de détergent mais elles ont la propriété de retenir encapsulé du glucose pendant une longue période [91].

Une seconde technique de double émulsion comporte une première émulsion réalisée dans un faible volume d'eau avec des phospholipides en large excès, permettant d'obtenir des micelles inversées de 20 nm de diamètre [91]. Cette préparation est émulsionnée une seconde fois avec un grand volume de solution aqueuse. Le solvant est ensuite éliminé par évaporation. Cette méthode permet d'obtenir des SUV d'environ 50 nm de diamètre ayant un pourcentage d'encapsulation de 20 à 80 % de la phase aqueuse. Aucune autre propriété de ces liposomes (stabilité des phospholipides et de leur contenu) n'a été décrite.

Formation de liposomes en faible force ionique   Des films fins de phospholipides hydratés par des solutions de très faible force ionique forment de très grandes vésicules unilamellaires ou oligolamellaires [123]. Ces liposomes ont été utilisés pour des études de perméabilité aux chocs osmotiques [124]. Ils sont préparés à partir de phospholipides, séchés sur une large surface, réhydratés avec de l'eau distillée ou une solution de sucrose 0,25 M. Les vésicules d'un diamètre atteignant 300 µm peuvent renfermer des billes de latex de 20 µm [4] ; elles sont stables pendant plusieurs semaines en solution saturée en azote. Ces liposomes ont été utilisés pour la reconstitution de l'ATPase calcium-magnésium dépendante [96] et pour la mesure de la diffusion latérale d'analogues fluorescents de phospholipides par analyse de la réapparition de la fluorescence en un point précis de la membrane lipidique, après destruction des molécules fluorescentes par une illumination intense de courte durée (laser, « fluorescence photobleaching ») [40]. Notons par ailleurs que d'autres techniques basées sur la congélation-décongélation de liposomes en présence de métaux alcalins sous forme de sels de chlorure [100] ou de trichloracétate de sodium, de guanidine-HCl, d'urée, de thiocyanate ou de nitrate sous forme de sels de potassium [101] suivie d'une dialyse ou encore par élimination de détergent solubilisé dans du méthanol [102], permettent aussi d'obtenir des liposomes « géants » (GUV pour « giant unilamellar vesicles ») d'un diamètre compris entre 10 et 100 µm. Le principal avantage de ces liposomes réside dans leur taille énorme permettant des mesures sur une seule bicouche lipidique. Cependant, les conditions requises pour leur préparation, leur fragilité et leur taille, défavorisent leur utilisation à des fins thérapeutiques.

Sonication au-dessous de la température de transition de phase (Tc) des phospholipides Des liposomes unilamellaires peuvent être préparés, à partir d'une suspension de MLV, par sonication à une température inférieure à la Tc des phospholipides. Dans ces conditions, des défaillances de la structure au niveau de la bicouche lipidique sont observées [5].

Ces anomalies peuvent être éliminées en incubant les liposomes à une température supérieure à Tc. Il en résulte alors une fusion des SUV entre elles, aboutissant à des LUV stables [83]. Cette méthode ne peut être appliquée qu'à des phospholipides non chargés électriquement et ayant une Tc élevée tels que la dimyristoyl phosphatidylcholine, la dipalmitoyl phosphatidylcholine ou la distéaroyl phosphatidylcholine (tableau I) [143]. Les vésicules obtenues sont hétérogènes en taille et certaines d'entre elles peuvent atteindre 1 µm de diamètre. Dans des conditions optimales, ces liposomes incorporent 15 à 20 % de sucrose et ont un volume d'encapsulation de 10 l/mole de phospholipide (Szoka, observations non publiées). C'est une méthode simple qui permet d'éviter la sonication des composés à encapsuler et qui permet d'obtenir des grandes vésicules unilamellaires stables ; son principal désavantage étant une composition en phospholipides limitée.

Une autre technique basée sur une congélation rapide, suivie d'une décongélation de SUV aboutit à la formation de grands liposomes ayant une bonne capacité d'encapsulation. Cette méthode est efficace quelle que soit la charge électrique des liposomes mais n'est possible qu'avec un mélange de phosphatidylcholine [119]. De plus, cette technique n'a pas été expérimentée en présence de cholestérol.

Formation de liposomes à partir d'une seule chaîne amphiphile Des vésicules lipidiques peuvent être préparées à partir d'une seule chaîne amphiphile [46, 55]. Leur taille hétérogène, variant de 1 à 100 µm, dépend du mode de préparation et de la nature des lipides utilisés [55]. Les liposomes préparés à partir de dodécanol/dodécylsulfate de sodium (7:3) ont des structures lamellaires stables, capables de retenir encapsulés les solutés pendant plusieurs semaines. De grandes vésicules peuvent aussi être obtenues à partir d'octadécylsulfate ou d'octadécylphosphate. Pour beaucoup de ces liposomes, une transition rapide de la bicouche vers d'autres formes structurales peut intervenir en changeant la température, le pH ou encore la force ionique. De telles propriétés pourraient être mises à profit dans certains traitements thérapeutiques dans lesquels l'augmentation de la perméabilité des liposomes au changement de l'environnement local serait souhaitable.

Formation de liposomes à partir d'analogues synthétiques photopolymérisables de la phosphatidylcholine Juliano et coll. [72] ont caractérisé des MLV formées à partir d'analogues photopolymérisables de la phosphatidylcholine. Ces liposomes polymérisent quand ils sont soumis à une radiation ultraviolette. Ils diffèrent des vésicules lipidiques conventionnelles par leur stabilité aux perturbations mécaniques et chimiques. En effet, les MLV photopolymérisées gardent leur intégrité lorsqu'on les soumet à une sonication violente, ou qu'on les incube en présence de protéines sériques (HDL), de détergents ou de solvants organiques, conditions qui induisent des changements physiques importants pour des vésicules classiques. Par exemple, le dodécyl sulfate de sodium provoque la fuite des solutés hydrosolubles encapsulés dans ces liposomes mais les molécules lipophiles leur restent associées, même dans les situations où les MLV conventionnelles sont entièrement solubilisées. L'utilisation d'analogues phospholipidiques polymérisables à la lumière permet donc d'obtenir des liposomes beaucoup plus stables que les autres types de liposomes. Cela peut représenter un avantage à considérer pour des objectifs thérapeutiques in vivo et pour des études de reconstitution protéique in vitro [153].

Cette liste de méthodes est loin d'être exhaustive en raison des multiples modifications qui sont sans cesse apportées à chacune d'entre elles [51, 78, 104]. Elles permettent d'obtenir des préparations de MLV, LUV et SUV généralement stables. Ces liposomes peuvent être indéfiniment conservés stérilement dans des conditions précises à 4 °C ou congelés à −180 °C [88].

A l'exception de ceux obtenus par élimination de détergent, les liposomes peuvent retenir encapsulées des molécules hydrosolubles. En effet, même dans de très faibles concentrations de détergents, insérés dans la membrane des liposomes sans que pour autant leur bicouche soit détruite ou leur intégrité affectée, les liposomes deviennent, à plus ou moins long terme, perméables aux solutés qu'ils ont emprisonnés lors de leur formation [66].

References

1 Abramson, M. B., Katzman, R., Gregor, H. P.: Aqueous dispersions of phosphatidylserine. *J. Biol. Chem.*, 1964, **239**: 70–76.
2 Adrian, G., Huang, L.: Entrapment of proteins in phosphatidylcholine vesicles. *Biochemistry*, 1979, **18**: 5610–5614.
3 Allen, T. M.: A study of phospholipid interaction between high density lipoproteins and small unilamellar vesicles. *Biochim. Biphys. Acta*, 1981, **640**: 385–397.
4 Antanavage, J., Chien, T. F., Ching, Y. D., Dunlap, L., Mueller, P., Rudy, M.: Formation and properties of cell-size single bilayer vesicles. *Biophys. J.*, 1978, **21**: 122A.
5 Bakouche, O., Gerlier, D.: Physical separation of the aqueous phase and lipoidal lamellae from multilamellar liposomes: an analytical and preparative procedure. *Anal. Biochem.*, 1983, **130**: 379–384.
6 Bangham, A. D.: Introduction. In *Liposomes: from physical structure to therapeutic applications*, Knight, C. G. Ed. Amsterdam, New York: Elsevier/North Holland, 1981, Vol. 7: pp. 1–17.
7 Bangham, A. D., Horne, R. W.: Negative staining of phospholipids and their structural modification by surface-active agents as observed in the electron microscope. *J. Mol. Biol.*, 1964, **8**: 660–668.

8 Bangham, A. D., Hill, M. W., Miller, N. G. A.: Preparation and use of liposomes as models of biological membranes. In *Methods in Membrane Biology*, Korn, E. D. Ed. New York: Plenum Press, 1974, Vol. I: pp. 1–68.
9 Bangham, A. D., Standish, M. M., Miller, N.: Cation permeability of phospholipid model membranes: effects of narcotics. *Nature*, 1965, **208**: 1295–1297.
10 Bangham, A. D., Standish, M. M., Watkins, J. C.: Diffusion of univalent ions across the lamellae of swollen phospholipids. *J. Mol. Biol.*, 1965, **13**: 238–252.
11 Bangham, A. D., Standish, M. M., Weissmann, G.: The action of steroids and streptolysin.S on the permeability of phospholipid structures to cations. *J. Mol. Biol.*, 1965, **13**: 253–259.
12 Barbet, J., Machy, P., Leserman, L. D.: Monoclonal antibody covalently coupled to liposomes: specific targeting to cells. *J. Supramol. Struct. Cell. Biochem.*, 1981, **16**: 243–258.
13 Barenholz, Y., Amselem, S., Lichtenberg, D.: A new method for preparation of phospholipid vesicles (liposomes). French press. *FEBS Lett.*, 1979, **99**: 210–214.
14 Barenholz, Y., Gibbes, B. J., Litman, J., Goll, J., Thompson, T. E., Carlson, F. D.: A simple method for the preparation of homogeneous phospholipid vesicles. *Biochemistry*, 1977, **16**: 2806–2810.
15 Barrow, D. A., Lentz, B. R.: Large vesicle contamination in small, unilamellar vesicles. *Biochim. Biophys. Acta*, 1980, **597**: 92–99.
16 Batzri, S., and Korn, E. D.: Single bilayer liposomes prepared without sonication. *Biochim. Biophys. Acta*, 1973, **298**: 1015–1019.
17 Berden, J. A., Barber, N. W., Radda, G. K.: NMR studies on phospholipid bilayers. Some factors affecting lipid distribution. *Biochim. Biophys. Acta*, 1975, **375**: 186–208.
18 Bergelson, L. D.: Synthesis of new fluorescent labeled phosphatidylcholines. *Methods Membr. Biol.*, 1979, **9**: 275–335.
19 Block, M. C., van der Neut-Kok, E. C., van Deenen, L. L., De Gier, J.: The effect of chain length and lipid phase transitions on the selective permeability properties of liposomes. *Biochim. Biophys. Acta*, 1975, **406**: 187–196.
20 Blumenthal, R., Henkart, M., Steer, C. J.: Clathrin-induced pH-dependent fusion of phosphatidylcholine vesicles. *J. Biol. Chem.*, 1983, **258**: 3409–3415.
21 Brunner, J., Skrabal, P., Hauser, H.: Single bilayer vesicles prepared without sonication. Physico-chemical properties. *Biochim. Biophys. Acta*, 1976, **455**: 322–331.
22 Calhoun, W. I., Shipley, G. G.: Sphingomyelin-lecithin bilayers and their interaction with cholesterol. *Biochemistry*, 1979, **18**: 1717–1722.
23 Cevc, G., Marsh, D.: Hydration of noncharged lipid bilayer membranes. Theory and experiments with phosphatidylethanolamines. *Biophys. J.*, 1985, **47**: 21–31.
24 Chapman, D.: Phase transitions and fluidity characteristics of lipids and cell membranes. *Q. Rev. Biophys.*, 1975, **8**: 185–235.
25 Chobanian, J. V., Tall, A. R., Brecher, P. I.: Interaction between unilamellar egg yolk lecithin vesicles and human high-density lipoproteins. *Biochemistry*, 1979, **18**: 180–187.
26 Chowhan, Z. U., Yotsuyanagi, T., Higuchi, W. I.: Model transport studies utilizing lecithin spherules. I. Critical evaluations of several physical models in the determination of the permeability coefficient for glucose. *Biochim. Biophys. Acta*, 1972, **266**: 320–342.
27 Curatolo, W., Yau, A. O., Small, D. M., Sears, B.: Lectin-induced agglutination of phospholipid/glycolipid vesicles. *Biochemistry*, 1978, **17**: 5740–5744.
28 Damen, J., Regts, J., Scherphof, G.: Transfer and exchange of phospholipid between small unilamellar liposomes and rat plasma high-density lipoproteins: dependence on cholesterol content and phospholipid composition. *Biochim. Biphys. Acta*, 1981, **665**: 538–545.
29 Darszon, A., Vandenberg, C. A., Ellisman, M. H., Montal, M.: Incorporation of membrane proteins into large single bilayer vesicles. Application to rhodopsin. *J. Cell. Biol.*, 1979, **81**: 446–452.
30 Deamer, D. W.: Preparation and properties of ether-injection liposomes. *Ann. NY Acad. Sci.*, 1978, **308**: 250–258.
31 Deamer, D., Bangham, A. D.: Large volume liposomes by an ether vaporization method. *Biochim. Biophys. Acta*, 1976, **443**: 629–634.
32 De Gier, J., Blok, M. C., Van Dijck, P. W., Mombers, C., Verkley, A. J., van der Neut-Kok, E. C., van Deenen, L. L.: Relations between liposomes and biomembranes. *Ann NY Acad. Sci.*, 1978, **308**: 85–100.

33 Demel, R. A., De Kruijff, B.: The function of sterols in membranes. *Biochim. Biophys. Acta*, 1976, **457**: 109–115.
34 Dimitriadis, G. J.: Entrapment of ribonucleic acids in liposomes. *FEBS Lett.*, 1978, **86**: 289–293.
35 Düzgünes, N., Hoekstra, D., Hong, K., Papahadjopoulos, D.: Lectins facilitate calcium-induced fusion of phospholipid vesicles containing glycosphingolipids. *FEBS Lett.*, 1984, **173**: 80–84.
36 Düzgünes, N., Straubinger, R. M., Baldwin, P. A., Friend, D. S., Papahadjopoulos, D.: Proton-induced fusion of oleic acid-phosphatidylethanolamine liposomes. *Biochemistry*, 1985, **24**: 3091–3098.
37 Eidelman, O., Schlegel, R., Tralka, T. S., Blumenthal, K.: pH-dependent-fusion induced by Vesicular Stomatitis Virus glycoprotein reconstituted into phospholipid vesicles. *J. Biol. Chem.*, 1984, **259**: 4622–4628.
38 Enoch, H. G., Strittmatter, P.: Formation and properties of 1000-Å-diameter, single-bilayer phospholipid vesicles. *Proc. Natl. Acad. Sci. USA*, 1979, **76**: 145–149.
39 Estep, T. N., Calhoun, W. I., Barenholz, Y., Biltonen, R. L., Shipley, G. G., Thompson T. E.: Evidence for a metastable conformation of N-stearoyl sphingomyelin. *Biophys. J.*, 1979, **25**: A172.
40 Fahey, P. F., Webb, W. W.: Lateral diffusion in phospholipid bilayer membranes and multilamellar liquid crystals. *Biochemistry*, 1978, **17**: 3046–3053.
41 Fidler, I. J., Hart, I. R., Raz, A., Fogler, W. E., Kirsh, R., Poste, G.: Activation of tumoricidal properties in macrophages by liposome-encapculated lymphokines: in vivo studies. In *Liposomes and Immunobiology*, Tom, B. H. and Six, H. R. Eds. New York, Amsterdam: Elsevier/North Holland, 1980, pp. 109–118.
42 Findlay, E. J., Barton, P. G.: Phase behavior of synthetic phosphatidylglycerols and binary mixtures with phosphatidylcholines in the presence and absence of calcium ions. *Biochemistry*, 1978, **17**: 2400–2405.
43 Finkelstein, M. C., Maniscalco, J., Weissmann, G.: Entrapment of soybean trypsin inhibitor and α1-anti-trypsin by multilamellar liposomes. *Anal. Biochem.*, 1978, **89**: 400–407.
44 Forge, A., Knowles, P. F., Marsh, D.: Morphology of egg phosphatidylcholine-cholesterol single-bilayer vesicles, studied by freeze-tech electron microscopy. *J. Membr. Biol.*, 1978, **41**: 249–263.
45 Fraley, R., Subramani, S., Berg, P., Papahadjopoulos, D.: Introduction of liposome-encapsulated SV40 DNA into cells. *J. Biol. Chem.*, 1980, **255**: 10431–10435.
46 Gebicki, J. M., Hicks, M.: Usafomes are stable particles surrounded by unsaturated fatty acid membranes. *Nature*, 1973, **243**: 232–234.
47 Gerritsen, W. J., Verkleij, A. J., Zwall, R. F., van Deenen, L. L. M.: Freeze-fracture appearance and disposition of band 3 protein from the human erythrocyte membrane in lipid vesicles. *Eur. J. Biochem.*, 1978, **85**: 255–261.
48 Goldin, S. M.: Active transport of sodium and potassium ions by the sodium and potassium ion-activated adenosine triphosphate from renal medulla. *J. Biol. Chem.*, 1977, **252**: 5630–5642.
49 Gregoriadis, G.: The carrier potential of liposomes in biology and medicine. *New Engl. J. Med.*, 1976, **295**: 704–710, 765–770.
50 Gregoriadis, G.: Targeting of drugs. *Nature*, 1977, **265**: 407–411.
51 Gregoriadis, G. (Ed.): *Liposome Technology*. CRC Press Inc., 1984, Vol. I, II, III.
52 Gregoriadis, G., Meehan, A., Mah, M. M.: Interaction of antibody-bearing small unilamellar liposomes with target free antigen in vitro and in vivo. Some influencing factors. *Biochem. J.*, 1981, **200**: 203–210.
53 Gregoriadis, G., Senior, J.: The phospholipid component of small unilamellar liposomes controls the rate of clearance of entrapped solutes from the circulation. *FEBS Lett.*, 1980, **119**: 43–46.
54 Hamilton, R. L., Goerke, J., Guo, L. S. S., Williams, M. C., Havel, R. J.: Unilamellar liposomes made with the French pressure cell: a simple preparative and semi-quantitative technique. *J. Lipid Res.*, 1980, **21**: 981–992.
55 Hargreaves, W. R., Deamer, D. W.: Liposomes from ionic, single-chain amphiphiles. *Biochemistry*, 1978, **17**: 3759–3768.
56 Harris, D. T., McDonald, H. R., Cerottini, J.-C.: Direct transfer of antigen specific cytolytic activity to non cytolytic cells upon fusion with liposomes derived from cytolytic T cell clones. *J. Exp. Med.*, 1984, **159**: 261–275.
57 Hauser, H.: The effect of ultrasonic irradiation on the chemical structure of egg lecithin. *Biochem. Biophys. Res. Commun.*, 1971, **45**: 1049–1055.

58 Hauser, H., Shipley, G. G.: Interactions of monovalent cations with phosphatidylserine bilayer membranes. *Biochemistry*, 1983, **22**: 2171–2178.
59 Heath, T. D., Robertson, D., Birbeck, M. S. C., Davies, A. J. S.: Covalent attachment of horseradish peroxidase to the outer surface of liposomes. *Biochim. Biophys. Acta.*, 1980, **599**: 42–62.
60 Helenius, A., Simons, K.: Solubilization of membranes by detergents. *Biochim. Biophys. Acta*, 1975, **415**: 29–79.
61 Hoffman, R. M., Margolis, L. B., Bergelson, L. D.: Binding and entrapment of high molecular weights DNA by lecithin liposomes. *FEBS Lett.*, 1978, **93**: 365–368.
62 Hong, K., Yoshimura, T., Papahadjopoulos, D.: Interaction of clathrin with liposomes: pH-dependent fusion of phospholipid membranes induced by clathrin. *FEBS Lett.*, 1985, **191**: 17–23.
63 Horigome, T., Sugano, H.: A rapid method for removal of detergents from protein solution. *Anal. Biochem.*, 1983, **130**: 393–396.
64 Huang, C. H.: Studies on phosphatidylcholine vesicles. Formation and physical characteristics. *Biochemistry*, 1969, **8**: 344–352.
65 Huang, C. H., Charlton, J. P.: Studies on phosphatidylcholine vesicles. *J. Biol. Chem.*, 1971, **246**: 2555–2560.
66 Hunt, G. R. A.: A comparison of Triton X-100 and the bile salt taurocholate as micellar ioniphores or fusogens in phospholipid vesicular membranes. *FEBS Lett.*, 1980, **119**: 132–136.
67 Jacobson, K., Papahadjopoulos, D.: Phase transitions and phase separations in phospholipid membranes induced by changes in temperature, pH, and concentration of bivalent cations. *Biochemistry*, 1975, **14**: 152–161.
68 Jacobson, K., Papahadjopoulos, D.: Effect of a phase transition on the binding of 1-anilino-8-naphtalenesulfonate to phospholipid membranes. *Biophys. J.*, 1976, **16**: 549–560.
69 Jain, M. K.: Role of cholesterol in biomembranes and related systems. *Curr. Top. Membr. Transp.*, 1975, **6**: 1–57.
70 Johnson, S. M.: The effect of charge and cholesterol on the size and thickness of sonicated phospholipid vesicles. *Biochim. Biophys. Acta*, 1973, **307**: 27–41.
71 Johnson, S. M., Bangham, A. D., Hill, M. W., Korn, E. D.: Single bilayer liposomes. *Biochim. Biophys. Acta*, 1971, **233**: 820–826.
72 Juliano, R. L., Hsu, M. J., Regen, S. L., Singh, M.: Photopolymerized phospholipid vesicles. Stability and retention of hydrophilic and hydrophobic marker substances. *Biochim. Biophys. Acta*, 1984, **770**: 109–114.
73 Kagawa, Y., Racker, E.: Partial resolution of the enzymes catalyzing oxidative phosphorylation *J. Biol. Chem.*, 1971, **246**: 5477–5487.
74 Kao, Y. J., Juliano, R. L.: Interactions of liposomes with the reticuloendothelial system. Effects of reticuloendothelial blockade on the clearance of large unilamellar vesicles. *Biochim. Biophys. Acta*, 1981, **677**: 453–461.
75 Keough, K. M., Davis, P. J.: Gel to liquid-crystalline phase transitions in water dispersions of saturated mixed-acid phosphatidylcholines. *Biochemistry*, 1979, **18**: 1453–1459.
76 Kirby, C., Gregoriadis, G.: Dehydration-rehydration vesicles: a simple method for high yield drug entrapment in liposomes. *Biotechnology*, 1984, 979–984, November.
77 Kitagawa, T., Inoue, K., Nojima, S.: Properties of liposomal membranes containing lysolecithin. *J. Biochem.* (Tokyo), 1976, **79**: 1123–1133.
78 Knight, C. G. (Ed): *Liposomes: from Physical Structure to Therapeutic Applications*, Amsterdam, New York: Elsevier/North Holland, 1981, Vol. 7.
79 Kremer, J. M., Esker, M. W., Pathmamanoharan, C., Wiersema, P. H.: Vesicles of variable diameter prepared by a modified injection method. *Biochemistry*, 1977, **16**, 3932–3935.
80 Krupp, L., Chobanian, A. V., Brecher, P. I.: The *in vivo* transformation of phospholipid vesicles to a particle resembling HDL in the rat. *Biochem. Biophys. Res. Commun.*, 1976, **72**: 1251–1258.
81 Kulpa, C. F., Tinghitella, T. J.: Encapsulation of polyuridylic acid in phospholipid vesicles. *Life Sci.*, 1976, **19**: 1879–1888.
82 Ladbrooke, B. D, Chapman, D.: Thermal analysis of lipids, proteins and biological membranes. A review and summary of some recent studies. *Chem. Phys. Lipids.*, 1969, **3**: 304–309.
83 Lawaczeck, R., Kainosho, M., Chan, S. I.: The formation and annealing of structural defects in lipid bilayer vesicles. *Biochim. Biophys. Acta*, 1976, **443**: 313–330.

84 Lee, A. G.: Lipid phase transitions and phase diagrams. I. Lipid phase transitions/II. Mixtures involving lipids. *Biochim. Biophys. Acta.*, 1975, **472**: 237–281, 285–344.
85 Luna, E. J., McConnell, H. M.: Lateral phase separations in binary mixtures of phospholipids having different charges and different crystalline structures. *Biochim. Biophys. Acta*, 1977, **470**: 303–316.
86 Machy, P.: Interactions spécifiques entre cellules lymphoides et liposomes couplés de façon covalente à des anticorps monoclonaux ou à la protéine A. Thèse de Doctorat de 3ème cycle en Immunologie, Université d'Aix-Marseille II, Faculté des Sciences de Luminy, 1982.
87 Machy, P., Leserman, L. D.: Small liposomes are better than large liposomes for specific drug delivery *in vitro*. *Biochem. Biophys. Acta*, 1983, **730**: 313–320.
88 Machy, P., Leserman, L. D.: Freezing of liposomes. In *Liposome Technology*, Gregoriadis, G. Ed., Boca Raton: CRC Press, 1984, Vol. I: pp. 221–233.
89 Mannino, R. J., Allebach, E. S., Strohl, W. A.: Encapsulation of high molecular weight DNA in large unilamellar phospholipid vesicles. *FEBS Lett.*, 1979, **101**: 229–232.
90 Mason, J. T., Huang, C.: Hydrodynamic analysis of egg phosphatidylcholine vesicles. *Ann. NY. Acad. Sci.*, 1978, **308**: 29–49.
91 Matsumoto, S., Kohda, M., Murata, S.: Preparation of lipid vesicles on the basis of a technique for providing w/o/w emulsions. *J. Coll. Interface Sci.*, 1977, **62**: 149–157.
92 Melchior, D. L., Steim, J. M.: Thermotropic transitions in biomembranes. *Ann. Rev. Biophys. Bioeng.*, 1976, **5**: 205–238.
93 Milsmann, M. H., Schwendener, R. A., Weder, H. G.: The preparation of large single bilayer liposomes by a fast and controlled dialysis. *Biochim. Biophys. Acta.*, 1978, **512**: 147–155.
94 Moriyama, R., Nakashima, H., Makino, S., Koga, S.: A study on the separation of reconstituted proteoliposomes and unincorporated membrane proteins by use of hydrophobic affinity gels, with special reference to band 3 from bovine erythrocyte membranes. *Anal. Biochem.*, 1984, **139**: 292–297.
95 Mortara, R. A., Quina, F. H., Chaimovich, H.: Formation of closed vesicles from a simple phosphate diester. Preparation and some properties of dihexadecyl phosphate. *Biochem. Biophys. Res. Commun.*, 1978, **81**: 1080–1086.
96 Murphy, T. J., Shamoo, A. E.: Reconstitution of Ca^{2+} Mg^{2+}-ATPase in giant vesicles, *Biophys. J.*, 1978, **21**: 27A.
97 Nicolau, C.: Transfert de DNA dans les cellules eucaryotes médié par les liposomes. Introduction et expression de gènes dans la cellule hôte. Dans *Méthodologie des Liposomes*, Leserman, L. D. et Barbet, J. Eds, Paris: Editions INSERM, 1982, Vol. 107: pp. 49–63.
98 Nicolau, C., Le Pape, A., Soriano, P., Fargette, F., Juhel, M. F.: *In vivo* expression of rat insulin after intravenous administration of the liposome-entrapped gene for rat insulin I. *Proc. Natl. Acad. Sci. USA*, 1983, **80**: 1068–1072.
99 Nosazi, Y., Lasic, D. D., Tanford, C., Reynolds, J.: Size analysis of phospholipid vesicle preparations. *Science*, 1982, **217**: 366–367.
100 Oku, N., MacDonald, R. C.: Differential effects of alkali metal chlorides on formation of giant liposomes by freezing and thawing and dialysis. *Biochemistry*, 1983, **22**: 855–863.
101 Oku, N., MacDonald, R.: Formation of giant liposomes from lipids in chaotropic ion solutions. *Biochim. Biophys. Acta*, 1983, **734**: 54–61.
102 Oku, N., Scheerer, J. F., MacDonald, R.: Preparation of giant liposomes. *Biochim. Biophys. Acta*, 1982, **692**: 384–388.
103 Oldfield, E., Chapman, D.: Dynamics of lipids in membranes. Heterogeneity and the role of cholesterol. *FEBS Lett.*, 1972, **23**: 285–297.
104 Ostro, M. J. (Ed.): *Liposomes*. New York and Basel: Marcel Dekker Inc., 1983.
105 Ostro, M. J., Giacomoni, D., Dray, S.: Incorporation of high molecular weight RNA into large artificial lipid vesicles. *Biochem. Biophys. Res. Commun.*, 1977, **76**: 836–842.
106 Olson, F., Hunt, C. A. Szoka, F. C., Vaiul, W. J., Papahadjopoulos, D.: Preparation of liposomes of defined size distribution by extrusion through polycarbonate membranes. *Biochim. Biophys. Acta*, 1979, **557**: 9–23.
107 Pagano, R. E., Weinstein, J. N.: Interaction of liposomes with mammalian cells. *Ann. Rev. Biophys. Bioeng.*, 1978, **7**: 435–468.
108 Papahadjopoulos, D.: Introductory remarks. In *Liposomes and their Uses in Biology and Medicine*, Papahadjopoulos, D. Ed., *Ann. N.Y. Acad. Sci.*, 1978, **308**: pp. 1–2.

109 Papahadjopoulos, D., Jacobson, K., Nir, S., Isac, T.: Phase transitions in phospholipid vesicles. Fluorescence polarization and permeability measurements concerning the effect of temperature and cholesterol. *Biochim. Biophys. Acta*, 1973, **311**: 330–348.
110 Papahadjopoulos, D., Miller, N.: Phospholipid model membranes. I. Structural characteristics of hydrated liquid crystals. *Biochim. Biophys. Acta*, 1967, **135**: 624–638.
111 Papahadjopoulos, D., Moscarello, M., Eylar, E. H., Isac, T.: Effects of proteins on thermotropic phase transitions of phospholipid membranes. *Biochim. Biophys. Acta*, 1975, **401**: 317–335.
112 Papahadjopoulos, D., Poste, G. A., Schaeffer, B. E., Vail, W. J.: Membrane fusion and molecular segregation in phospholipid vesicles. *Biochim. Biophys. Acta.*, 1974, **352**: 10–28.
113 Papahadjopoulos, D., Vail, W. J.: Incorporation of macromolecules within large unilamellar vesicles (LUV). *Ann. N.Y. Acad. Sci.*, 1978, **308**: 259–267.
114 Papahadjopoulos, D., Vail, W. J., Jacobson, K., Poste, G.: Choleate lipid cylinders: formation by fusion of unilamellar lipid vesicles. *Biochim. Biophys. Acta*, 1975, **394**: 483–491.
115 Papahadjopoulos, D., Vail, W. J., Newton, G., Nir, S., Jacobson, K., Poste, G., Lazo, R.: Studies on membrane fusion. III. The role of calcium-induced phase changes. *Biochim. Biophys. Acta*, 1977, **465**: 579–598.
116 Papahadjopoulos, D., Vail, W. J., Pangborn, W. A., Poste, G.: Studies on membrane fusion. II. Induction of fusion in pure phospholipid membranes by calcium ions and other divalent metals. *Biochim. Biophys. Acta*, 1976, **448**: 265–283.
117 Papahadjopoulos, D., Watkins, J. C.: Phospholipid model membranes. II. Permeability properties of hydrated liquid crystals. *Biochim. Biophys. Acta*, 1967, **135**: 639–652.
118 Philipott, J., Mutaftschiev, S., Liautard, J. P.: A very mild method allowing the encapsulation of very high amounts of macromolecules into very large (1000 nm) unilamellar liposomes. *Biochim. Biophys. Acta*, 1983, **734**: 137–143.
119 Pick, U.: Liposomes with a large trapping capacity prepared by freezing and thawing of sonicated phospholipid mixtures. *Arch. Biochem. Biophys.*, 1981, **212**: 186–194.
120 Rahman, Y. E., Lau, E. H., Wright, B. J.: Application of liposomes to metal chelation therapy. In *Liposomes and Immunobiology*, Tom, B. H. and Six, H. R. Eds. New York, Amsterdam: Elsevier/North Holland, 1980, pp. 285–299.
121 Rahman, Y. E., Rosenthal, M. W., Cerny, E. A.: Intracellular plutonium: removal by liposome-encapsulated chelating agents. *Science*, 1973, **180**: 300–302.
122 Razin, S.: Reconstitution of biological membranes. *Biochim. Biophys. Acta*, 1972, **265**: 241–296.
123 Reeves, J. P., Dowben, R. M.: Formation and properties of thin-walled phospholipid vesicles. *J. Cell. Physiol.*, 1969, **73**: 49–60.
124 Reeves, J. P., Dowben, R. M.: Water permeability of phospholipid vesicles. *J. Membr. Biol.*, 1970, **3**: 123–141.
125 Reynolds, J. A., Nozaki, Y., Tanford, C.: Gel-exclusion chromatography on S 1000 sephacryl: application to phospholipid vesicles. *Anal. Biochem.*, 1983, **130**: 471–474.
126 Rhoden, V., Goldin, S.: Formation of unilamellar lipid vesicles of controllable dimensions by detergent dialysis. *Biochemistry*, 1979, **18**: 4173–4176.
127 Saunders, L., Perrin, J., Gammack, D. B.: Aqueous dispersion of phospholipids by ultrasonic radiations. *J. Pharm. Pharmacol.*, 1962, **14**: 567–572.
128 Scherphof, G., Roerdink, F., Waite, M., Parks, J.: Disintegration of phosphatidylcholine liposomes in plasma as a result of interaction with high-density lipoproteins. *Biochim. Biophys. Acta*, 1978, **542**: 296–307.
129 Schieren, H., Rudolph, S., Finkelstein, M., Coleman, P., Weissmann, G.: Comparison of large unilamellar vesicles prepared by a petroleum ether vaporization method with multilamellar vesicles: ESR, diffusion and entrapment analyses. *Biochim. Biophys. Acta*, 1978, **542**: 137–153.
130 Schullery, S. E., Schmidt, C. F., Felgner, P., Tillack, T. W., Thompson, T. E.: Fusion of dipalmitoylphosphatidylcholine vesicles. *Biochemistry*, 1980, **19**, 3919–3923.
131 Schwartz, M. A., McConnell, H. M.: Surface areas of lipid membranes. *Biochemistry*, 1978, **17**: 837–840.
132 Selser, J. C., Yeh, Y., Baskin, R. J.: A light-scattering characterization of membrane vesicles. *Biophys. J.*, 1976, **16**: 337–356.
133 Senior, J., Gregoriadis, G.: Stability of small unilamellar liposomes in serum and clearance from the circulation: the effect of the phospholipid and cholesterol components. *Life Sci.*, 1982, **30**: 2123–2136.

134 Senior, J., Gregoriadis, G.: Is half-life of circulating liposomes determined by changes in their permeability? *FEBS Lett.*, 1982, **145**: 109–114.
135 Senior, J., Gregoriadis, G.: Role of lipoproteins in stability and clearance of liposomes administered to mice. *Biochem. Soc. Trans.*, 1984, **12**: 339–340.
136 Senior, J., Gregoridais, G., Mitropoulos, K. A.: Stability and clearance of small unilamellar liposomes. Studies with normal and lipoprotein-deficient mice. *Biochim. Biophys. Acta*, 1983, **760**: 111–118.
137 Seufert, W. D.: Model membranes: spherical shells bounded by one bimolecular layer of phospholipids. *Biophysik*, 1970, **7**: 60–73.
138 Shinitzky, M., Barenholz, Y.: Dynamics of hydrocarbon layer in liposomes of lecithin and sphingomyelin containing dicethylphosphate. *J. Biol. Chem.*, 1974, **249**: 2652–2658.
139 Steer, C. J., Klausner, R. D., Blumenthal, R.: Interaction of liver clathrin coat protein with lipid model membranes. *J. Biol. Chem.*, 1982, **257**: 8533–8540.
140 Swaney, J. B., Chang, B. C.: Thermal dependence of apolipoprotein A-I-phospholipid recombination. *Biochemistry* 1980, **19**: 5637–5644.
141 Szoka, F., Olson, F., Heath, T., Vail, W., Mayhew, E., Papahadjopoulos, D.: Preparation of unilamellar liposomes of intermediate size (0.1–0.2 mumol) by a combination of reverse phase evaporation and extrusion through polycarbonate membranes. *Biochim. Biophys. Acta*, 1980, **601**: 559–571.
142 Szoka, F., Papahadjopoulos, D.: Procedure for preparation of liposomes with large internal aqueous space and high capture by reverse-phase evaporation. *Proc. Natl. Acad. Sci. USA*, 1978, **75**: 4194–4198.
143 Szoka, F., Papahadjopoulos, D.: Comparative properties and methods of preparation of lipid vesicles (liposomes). *Ann. Rev. Biophys. Bioeng.*, 1980, **9**: 467–508.
144 Szoka, F., Papahadjopoulos, D.: Liposomes: preparation and characterization. In *Liposomes: from Physical Structure to Therapeutic Applications*, Knight, C. G. Ed., Amsterdam, New York: Elsevier/North Holland, 1981, Vol. 7: pp. 51–82.
145 Taber, R., Wilson, T., Papahadjopoulos, D.: The encapsulation of picornaviruses by lipid vesicles: physical and biological properties. *Ann. N.Y. Acad. Sci.*, 1978, **308**: 268–274.
146 Trauble, H., Eibl, H. J.: Electrostatic effects on lipid phase transitions: membrane structure and ionic environment. *Proc. Natl. Acad. Sci. USA*, 1974, **71**: 214–219.
147 Trauble, H., Grell, E.: Carriers and specificity in membranes. IV. Model vesicles and membranes. The formation of asymmetrical spherical lecithin vesicles. *Neurosci. Res. Program Bull.*, 1971, **9**: 373–380.
148 Vail, W. J., Stollery, J. G.: Phase changes of cardiolipin vesicles mediated by divalent cations. *Biochim. Biophys. Acta*, 1979, **551**: 74–84.
149 van der Bosch, J., McConnell, H. M.: Fusion of dipalmitoyl phosphatidylcholine vesicle membranes induced by *concanavalin A*. *Proc. Natl. Acad. Sci. USA*, 1975, **72**: 4409–4413.
150 van Dijck, P. W., De Kruijff, B., van Deenen, L. L., De Gier, J., Demel, R. A.: The preference of cholesterol for phosphatidylcholine in mixed phosphatidylcholine-phosphatidylethanolamine bilayers. *Biochim. Biophys. Acta*, 1976, **455**: 576–587.
151 Verkleij, A. J., de Kruijff, B., Vergergaert, P. H. J. Th., Tocanne, J. F., van Deenen, L. L. M.: The influence of pH, Ca^{2+} and protein on the thermotropic behaviour of the negatively charged phospholipid, phosphatidylglycerol. *Biochim. Biophys. Acta*, 1974, **339**: 432–437.
152 Viniegra, S., Franco, J., Cortes, E.: Incorporation of bovine thyroid peroxydase in liposomes. *Int. J. Biochem.*, 1984, **16**: 1167–1170.
153 Wagner, N., Dose, K., Koch, H., Ringsdorf, H.: Incorporation of ATP synthetase into long-term stable liposomes of a polymerizable synthetic sulfolipid. *FEBS Lett.*, 1981, **132**: 313–318.
154 Warren, G. B., Toon, P. A., Birdsall, N. J., Lee, A. G., Metcalfe, J. C.: Reversible lipid titrations of the activity of pure adenosine triphosphate-lipid complexes. *Biochemistry*, 1974, **13**: 5501–5507.
155 Watts, A., Marsch, D., Knowles, P. F.: Characterization of dimirystoylphosphatidylcholine vesicles and their dimensional changes through the phase transition: molecular control of membrane morphology. *Biochemistry* 1978, **17**: 1792–1801.
156 Weinstein, J. N., Klausner, R. D., Innerarity, T., Ralston, E., Blumenthal, R.: Phase transition release, a new approach to the interaction of proteins with lipid vesicles. Application to lipoproteins. *Biochim. Biophys. Acta*, 1981, **647**: 270–284.
157 Weinstein, J. N., Magin, R. L., Cysyk, R. L., Zaharko, D. S.: Treatment of solid L1210 murine

tumors with local hyperthermia and temperature-sensitive liposomes containing methotrexate. *Cancer Res.*, 1979, **40**: 1388–1395.
158 Weinstein, J. N., Magin, R. L., Yatvin, M. B., Zaharko, D. S.: Liposomes and local hyperthermia: selective delivery of methotrexate to heated tumors. *Science*, 1979, **204**: 188–191.
159 Wetterau, J. R., Jonas, A.: Effect of dipalmitoyl phosphatidylcholine vesicle curvature on the reaction with human apolipoprotein A-I. *J. Biol. Chem.*, 1982, **257**: 10961–10966.
160 Wilson, T., Papahadjopoulos, D., Taber, B.: Biological properties of poliovirus encapsulated in lipid vesicles: antibody resistance and infectivity in virus-resistant cells. *Proc. Natl. Acad. Sci. USA*, 1977, **74**: 3471–3475.
161 Wilson, T., Papahadjopoulos, D., Taber, R. The introduction of poliovirus RNA into cells via lipid vesicles (liposomes). *Cell*, 1979, **17**: 77–84.
162 Wong, M., Thompson, T. E.: Aggregation of dipalmitoylphosphatidylcholine vesicles. *Biochemistry*, 1982, **21**: 4133–4139.
163 Wong, M., Anthony, F. H., Tillack, T. W., Thompson, T. E.: Fusion of dipalmitoylphosphatidylcholine vesicles at 4°C. *Biochemistry*, 1982, **21**: 4126–4132.
164 Wreschner, D. H., Gregoriadis, G., Gunner, D. B., Dourmashkin, R. R.: Entrapment of mRNA and rRNA into large monolamellar liposomes derived from hybrid small monolamellar liposomes. *Biochem. Soc. Trans.*, 1978, **6**: 930–933.
165 Yatvin, M. B., Weinstein, J. N., Dennis, W. H., Blumenthal, R.: Design of liposomes for enhanced local release of drugs by hyperthermia. *Science*, 1978, **202**: 1290–1293.
166 Zumbuehl, O., Weder, H. G.: Liposomes of controllable size in the range of 40 to 180 nm by defined dialysis of lipid/detergent mixed micelles. *Biochim. Biophys. Acta*, 1981, **640**: 252–262.

2

« Pilotage » de drogues et de molécules biologiques : approches thérapeutiques

Introduction	28
Transporteurs macromoléculaires	32
Anticorps	32
Autres protéines	36
Transporteurs cellulaires	38
Érythrocytes	38
Autres cellules	39
Liposomes	40
Administration intraveineuse	43
Effets de la taille et de la charge des liposomes sur leur élimination de la circulation sanguine	43
Stabilité des liposomes dans la circulation	43
Distribution tissulaire des liposomes et de leur contenu	44
Effet du blocage du système réticuloendothélial sur l'élimination des liposomes de la circulation et sur leur distribution tissulaire	46
Importance des injections intraveineuses en thérapeutique	47
Apport d'enzymes	47
Traitement de quelques maladies du système réticuloendothélial	49
Traitement des infections fungiques et bactériennes	50
Chimiothérapie anti-cancéreuse	50
Administration intrapéritonéale	55
Administration sous-cutanée	58
Administration par voie orale	59
Administration intramusculaire	62
Autres modes d'administration : administrations locales	63
Injection intraarticulaire	63
Administration par injection ou inhalation dans les poumons	64
Administration intradermique	64
Injection intracérébrale	64
Conclusions	65
Autres approches	66
Effet adjuvant et immunogénicité des liposomes	66
Les liposomes en génie génétique	67
Références	71

Résumé

Pour améliorer l'index thérapeutique des drogues cytotoxiques et des substances biologiques, l'une des approches consiste à modifier la pharmacodynamie de ces composés tout en essayant de minimiser leur éventuel effet toxique. Dans ce but, une grande variété de systèmes transporteurs ou protecteurs macromoléculaires, cellulaires ou synthétiques a été développée. Chaque système a été expérimenté aussi bien in vitro qu'in vivo. Les complexes macromoléculaires tels que des immunotoxines (anticorps couplés à des toxines ou à leur fragment toxique) peuvent apporter des chances raisonnables dans le traitement de certains cas pathologiques, (tumeurs par exemple). Tout ligand spécifique d'un récepteur cellulaire caractéristique d'un tissu donné ouvre les mêmes perspectives. Dans le cas des transporteurs cellulaires, la substance à administrer doit être protégée afin d'éviter son élimination trop rapide par l'organisme. L'utilisation de transporteurs synthétiques tels que les liposomes, qui contrairement aux transporteurs cellulaires sont inertes, apporte une autre solution en thérapeutique. Les liposomes, faciles à obtenir, sont capables de retenir encapsulées des milliers de molécules. De ce fait, ils peuvent potentialiser l'effet des substances emprisonnées lors de leur formation. Les études révèlent que les liposomes sont parfois très efficaces mais que leur efficacité dépend de la voie d'administration, de leur taille et aussi de leur composition lipidique. Cependant, même si les liposomes représentent un avantage potentiel en thérapeutique, leur utilisation s'est trouvée jusqu'à présent limitée car, comme tout complexe macromoléculaire, ils sont éliminés préférentiellement par le foie. Leur association à des ligands leur conférant une spécificité, devrait élargir leur potentiel en thérapeutique.

Introduction

L'un des obstacles majeurs au succès des traitements thérapeutiques réside souvent dans le fait que les drogues utilisées sont peu efficaces in vivo alors qu'elles le sont in vitro. Il est évident qu'entre le site d'administration d'une drogue et son site d'action, il existe de multiples étapes aux niveaux moléculaire, cellulaire et membranaire. D'autre part, certaines drogues ont peu ou pas d'accès direct à leur cible, ou bien sont inactivées ou éliminées avant qu'elles n'aient pu agir. En outre, de nombreux médicaments destinés à tuer des cellules particulières au sein d'un organisme peuvent avoir un rôle néfaste sur les cellules normales (Fig. 2-1A). Ce problème, général en chimiothérapie, est dû essentiellement à la marge restreinte qui sépare les doses efficaces des doses toxiques des drogues utilisées. Comme la plupart des cellules à éliminer, cellules cancéreuses, parasitées ou autres, ne se distinguent pas toujours par des voies métaboliques particulières, il est certainement préférable que ces drogues n'atteignent pas les cellules normales de l'organisme. Pour modifier la pharmacologie d'une drogue, l'une des approches consiste à synthétiser des dérivés de la molécule elle-même. Les immenses progrès, réalisés dans ce domaine, aboutissent généralement à l'obtention d'une infinie variété de molécules dont les performances ne sont pas toujours différentes de celles des molécules initiales. Une orientation spécifique de ces drogues par des systèmes transporteurs qui pourraient les diriger vers leur site d'action et éventuellement les protéger du milieu extérieur, apparaît donc comme une perspective alternative intéressante (Fig. 2-1B). Dans ce but, une panoplie considérable de transporteurs macromoléculaires, cellulaires et synthétiques a été développée (tableau 2-I). Chaque système a été testé chez l'animal et, quelquefois, chez l'homme.

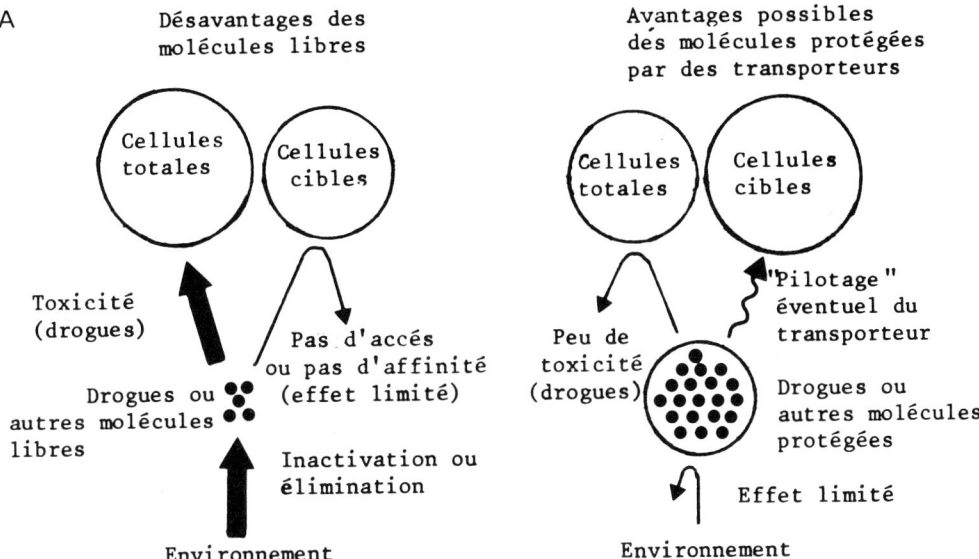

Fig. 2-1 Représentation schématique de la modification de la pharmacodynamie des drogues ou autres molécules par des systèmes transporteurs. A : toxicité de la drogue ou inefficacité par destruction et élimination (gauche). Possibilité de protection dans un transporteur (droite). B : « pilotage » des molécules par des systèmes macromoléculaires, cellulaires ou synthétiques (tels que les liposomes). Transport d'agents exogènes (drogues cytotoxiques ou autres), d'agents endogènes (uridine diphosphate glucuronyltransférase dans le foie) [153]. O, agent endogène ; ●, agent exogène. D'après Grégoriadis [154].

Tableau 2-I Transporteurs de drogues d'intérêt potentiel en médecine

Transporteurs	Cibles ou mode d'action	Références
Transporteurs macromoléculaires		
Anticorps et F(ab')$_2$	Différentes cellules, en particulier tumorales	37, 77, 91, 252-254, 264, 298, 337, 344, 390, 401, 414, 469-471, 498, 542
Complexes immuns (sérum albumine + antisérum anti-albumine)	Cellules tumorales positives pour le récepteur Fc	444
Protéines, enzymes et hormones		
Albumine sérique	Différentes cellules, en particulier phagocytaires et tumorales	22, 26, 27, 115, 116
Asialoglycoprotéines (galactose)	Cellules du parenchyme et sinusoïdales du foie	19, 53, 54, 116-118, 151, 477, 480, 535
Asialoglycophorine	Cellules de Kupffer et endothéliales	201
Glycoprotéines (mannose, glucose, N-acétylglucosamine)	Cellules mononucléaires phagocytaires, cellules spléniques et de la moelle osseuse	426
Trimannosyldilysine (mannose)	Utilisé pour acheminer l'enzyme β-glucocérébrosidase dans des macrophages déficients	85
α-L-iduronidase (mannose-6-phosphate)	Fibroblastes	411
β-hexosaminidase A (différents sucres)	Synaptosomes du cerveau	257
β-D-glucuronidase (mannose-6-phosphate)	Fibroblastes	326
Néoglycoprotéines (fucose)	Macrophages alvéolaires	445
LDL	Fibroblastes. Utilisées pour apporter des enzymes	525
Asialo-LDL	Fibroblastes déficients en récepteur des LDL	108
Polylactose-LDL	Cellules du parenchyme hépatique	20
Lactogène placentaire humain	Cellules exprimant le récepteur	56, 57
Mélanotropine	Cellules de mélanomes	505
Gonadotropine	Cellules tumorales (carcinomes portant le récepteur)	338, 339
Transferrine	Cellules T leucémiques et lymphomes de Burkitt	400
Epidermal growth factor	Fibroblastes	52, 55
Insuline	Fibroblastes	312, 313
Autres peptides hormonaux à rôle trophique	Différentes cellules	413
Concanavaline A	Différentes cellules, en particulier fibroblastes et ascites d'Ehrlich	143, 155, 241, 459, 536
Lectine de *Wistaria floribunda*	Différentes cellules	489, 490

Suite tableau 2-I

Transporteurs	Cibles ou mode d'action	Références
Autres macromolécules		
Cholestérol-tris-galactoside (galactose)	Cellules de Kupffer	503
Monophosphopentamannose	Fibroblastes	541
Polylysine	Cellules de l'ovaire du hamster chinois résistantes à la drogue	443
ADN	Cellules phagocytaires et tumorales	476, 478
Dextranes	Augmentent la demie vie des drogues dans l'organisme. Cibles utilisées : cellules tumorales	18, 30, 31, 155
Agents alkylants	Cellules tumorales	509
Polyéthylène glycol	Augmente la demie vie des drogues dans l'organisme	2
Transporteurs cellulaires		
Leucocytes et neutrophiles	Tissus infectés (inflammation)	155, 304
Plaquettes	Macrophages	3
Asialoérythrocytes (galactose, glucose)	Cellules de Kupffer	176, 425
Érythrocytes	Cellules de Kupffer, cellules spléniques, autres cellules par fusion. Utilisés comme éboueurs de molécules indésirables, pour apporter des drogues, de l'ADN, pour suppléer les déficiences en agents naturels	130, 145, 155, 205, 209, 210, 224, 424
Cellules des îlots de Langerhans pancréatiques	Utilisées pour suppléer au manque d'insuline	15, 155
Macrophages	Utilisés comme cellules tumoricides (après activation par des immunomodulateurs) pour traiter des métastases pulmonaires et ganglionnaires	103
Fibroblastes	Utilisés pour suppléer au manque d'enzymes	78, 142, 155
Pseudovirus (virus Sandaï en particulier)	Différentes cellules (par fusion)	28, 388, 491, 496, 508
Transporteurs synthétiques		
Polymères magnétiques de différents types	Tissus soumis à un champ magnétique	319, 521-523
Microsphères de latex	Lymphocytes et macrophages. Utilisées pour des études en microscopie électronique et pour étudier la phagocytose (microsphères fluorescentes)	314, 457
Microsphères d'acrylique	Cellules phagocytaires	92
Microsphères d'albumine	Cellules phagocytaires, cellules pulmonaires	296

Suite tableau 2-I

Transporteurs	Cibles ou mode d'action	Références
Microsphères de polystyrène	Cellules phagocytaires. Utilisées pour des études en microscopie électronique	268
Microsphères de polyglutaraldéhyde	Cellules phagocytaires, globules rouges humains et de singe, cellules leucémiques	293, 364
Microsphères de polyacroléine	Cellules phagocytaires	292
Nanocapsules de polyalkylcyanoacrylate	Cellules phagocytaires. Utilisées pour acheminer des drogues	40
Polymères de poly (ε-caprolactone) polylactique et d'acide polyglucolique	Utilisés pour acheminer des drogues	155, 368
Liposomes	Cellules phagocytaires, cellules du parenchyme hépatique, autres cellules (avec des liposomes « pilotés »). Utilisés pour délivrer des drogues et autres substances à activités biologiques (liposomes sensibles aux HDL, à la température et au pH). Utilisés comme vaccins	111, 152, 159, 161, 164, 180, 263, 286, 418, 474

Les sucres mis entre parenthèses sont les sucres qui permettent de fixer le transporteur au récepteur cellulaire. LDL = « low-density lipoproteins » ; HDL = « high-density lipoproteins ».

Transporteurs macromoléculaires

Anticorps

Les anticorps peuvent interagir spécifiquement avec des antigènes donnés. Ils ont donc été utilisés par un certain nombre d'équipes dans certains traitements thérapeutiques. Plus récemment, une voie prometteuse a été ouverte avec l'apparition d'anticorps monoclonaux dirigés contre des antigènes associés aux tumeurs, comme par exemple les antigènes CALLA (« Common acute lymphoblastic leukemia antigen ») [406], BLA (antigène lipidique spécifique de Burkitt) [524], 89.A (antigène caractérisé par l'anticorps 89, spécifique de lymphomes) [323], p24 (structure d'un poids moléculaire de 24 000 daltons présente sur les leucémies humaines) [227], p97 (structure d'un poids moléculaire de 97 000 daltons présente sur les mélanomes et autres néoplasmes humains) [534] et A12 (présent sur des lignées lymphobastoïdes et leucémies lymphoblastiques humaines) [49] ou des antigènes de différenciation tels que les antigènes CEA (carcinoembriogenic antigen) [199, 250], CA-19-9 (caractéristique d'adénocarcinomes gastro-intestinaux humains) [199] et CA-125 (caractéristique de carcinomes de l'ovaire) [222], ou encore des antigènes parasitaires ou viraux. Ces anticorps peuvent alors être utilisés dans certains cas, notamment quand l'antigène présent sur un type cellulaire n'est pas exprimé sur des tissus normaux d'intérêt vital [322]. Néanmoins, il semble que l'injection massive d'anticorps monoclonaux à des souris n'empêche pas celles-ci de mourir de tumeurs exprimant toujours les déterminants antigéniques cibles de l'anticorps [200]. Ceci confirme que les mécanismes effecteurs toxiques des anticorps tels que la cytolyse complément-dépendante, ou la cytolyse cellulaire anticorps-dépendante (ADCC), sont parfois insuffisantes, in vivo, pour éradiquer effectivement certaines cellules (Fig. 2-2A). De plus, des effets

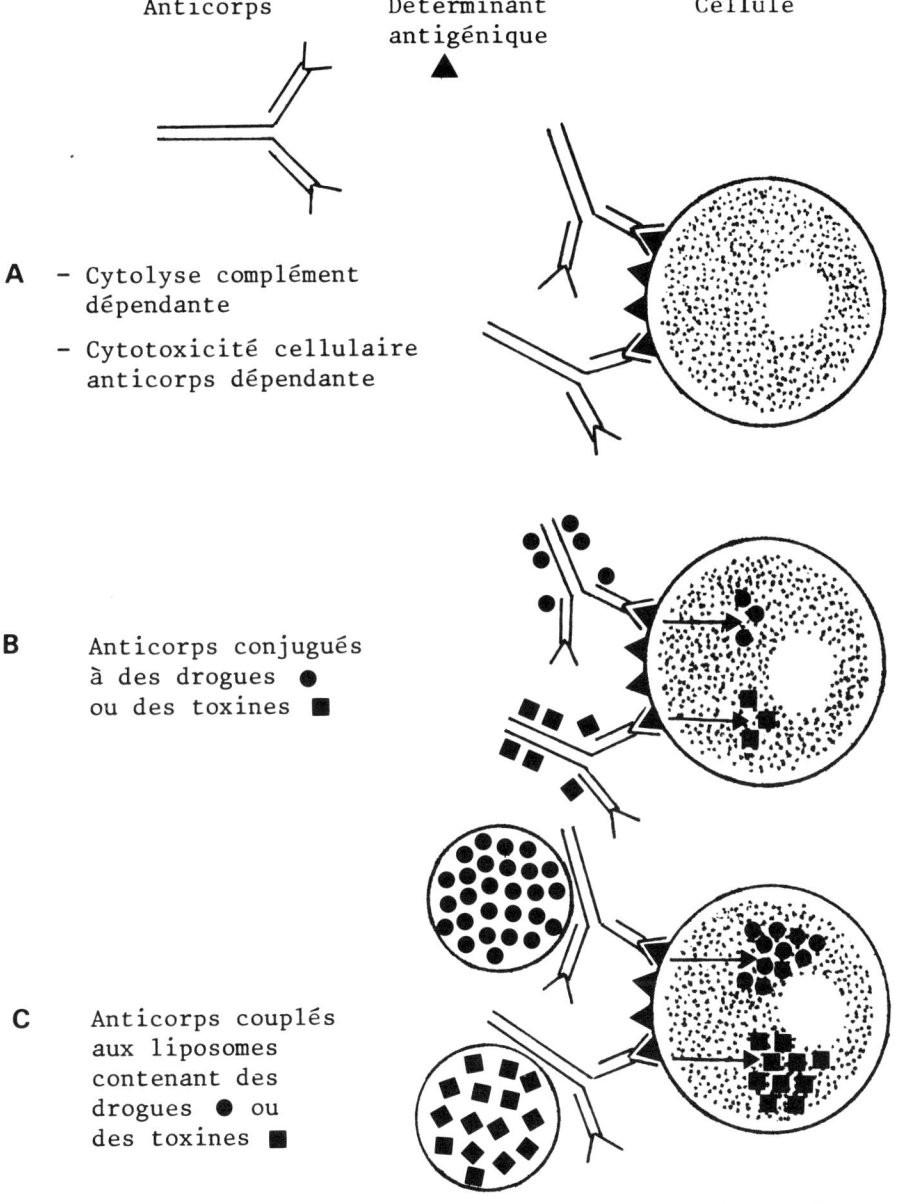

Fig. 2-2 Possibilité d'utilisation des anticorps monoclonaux en thérapeutique

secondaires, dus au complément activé, peuvent être néfastes pour d'autres cellules de l'organisme.

D'autres approches ont donc été envisagées en couplant des drogues aux anticorps (Fig. 2-2B). Initialement, des immunsérums anti-tumeurs ont été associés à des drogues cytotoxiques et testés in vitro ainsi qu'in vivo chez l'animal, parfois chez l'homme, portant la tumeur [76, 91, 135, 140, 208, 299, 344, 414]. Les résultats obtenus ne sont pas toujours satisfaisants, très probablement parce que les anticorps utilisés ne sont pas purifiés : le mélange d'immunoglobulines a pour conséquence une dilution de la quantité de drogues fixées sur l'anticorps spécifique et une augmentation des effets secondaires indésirables [96, 139].

Le couplage entre drogues et anticorps monoclonaux devrait améliorer les effets spécifiques in vivo. Plusieurs équipes ont cependant montré qu'avec des anticorps hautement spécifiques qui interagissent sélectivement avec la tumeur, assurant ainsi une inhibition de la prolifération cellulaire in vitro et in vivo, il est impossible de tuer effectivement toutes les cellules [18, 76, 136].

Pour augmenter la toxicité des complexes dont l'inefficacité est due au faible nombre de molécules de drogue couplées aux anticorps, des toxines végétales ou bactériennes, très puissantes, ont remplacé les agents cytotoxiques classiques. On sait que très peu de molécules de toxines suffisent pour détruire une cellule. Ces toxines sont généralement composées de deux chaînes polypeptidiques dont l'une, la chaîne β, permet l'adhésion aux cellules grâce à l'affinité qu'elle présente pour les résidus galactose membranaires et l'autre, la chaîne α, engendre une forte inhibition de la synthèse protéique par un blocage au niveau d'une sous-unité ribosomale [36, 37, 63, 341-343]. De nombreuses équipes ont couplé, de manière covalente, la chaîne α de ces toxines aux anticorps, de façon à remplacer l'effet non spécifique, dû à la chaîne β, par un effet spécifique. De plus, par ce biais méthodologique, les effets nuisibles qui pourraient résulter de la dissociation de la molécule native de son transporteur, sont éliminés [315, 412].

Ces immunotoxines ont montré leur efficacité in vitro sur des cellules tumorales [33, 37, 50, 64, 120, 144, 252-255, 340, 402, 412, 481, 492, 499, 507]. Des tentatives ont été réalisées in vivo pour éliminer des lymphocytes B tumoraux résiduels après un traitement aux radiations. Dans ce cas, des anticorps anti-chaîne δ d'IgD, couplés à la chaîne α de la ricine, permettent d'obtenir une guérison complète après une injection intraveineuse de l'immunotoxine chez des souris [252].

Plus récemment, Weil-Hillman et coll. [512] ont montré le potentiel d'un anticorps (T101) anti-cellules T humaines couplé à la ricine dans un système expérimental chez la souris « nude » (athymique). Dans ce cas, la lignée humaine T CEM, injectée dans l'animal, est éliminée par l'immunotoxine ; la lignée humaine B Daudi (qui n'exprime pas le déterminant cible), n'est pas détruite. Cependant, dans ce système expérimental, la sélectivité n'est pas absolue. D'autre part, les essais préliminaires de traitements thérapeutiques de moelle osseuse ex-vivo dans des cas de transplantations hétérologues (élimination des lymphocytes T cytotoxiques) ou pour éradiquer les cellules tumorales souches, semblent apporter de bonnes chances au devenir de ces immunotoxines en chimiothérapie [87, 109, 253, 264, 390, 471, 493, 498, 501, 502]. Les immunotoxines seraient alors préférables au système anticorps-complément [468, 500] qui pose de sérieux problèmes quant à l'utilisation de complément exogène [321, 390].

Il faut cependant rappeler que les techniques utilisées pour fixer la drogue (médicaments ou toxines) sur l'anticorps, entraînent souvent la destruction d'une des deux molécules. De plus, la modification de la structure tertiaire des différents partenaires, par la réaction du couplage chimique, peut changer la pharmacocinétique du complexe et engendrer une capture par les cellules phagocytaires qui subissent alors l'effet de la drogue. Un autre problème réside dans l'incapacité de pouvoir fixer une grande quantité de molécules sur l'anticorps (1 à 10 molécules/molécule d'anticorps). Cette approche peut donc se trouver limitée par une utilisation importante de réactifs, parfois détruits en majeure partie.

De récents travaux suggèrent qu'après son introduction dans la cellule par l'intermédiaire de l'anticorps, la majorité des chaînes α de la toxine utilisée sont inactivées. Ceci est explicable par le fait que la sous-unité polypeptidique de la toxine passe dans des vésicules d'internalisation acides (endosomes et lysosomes) pour y être détruite par les hydrolases. Lorsqu'on élève le pH de ces vésicules intracellulaires par des agents lysosomotropiques (NH_4Cl, chloroquine), on inhibe l'activité enzymatique des lysosomes et l'immunotoxine est plus active [50, 51, 213].

Le problème qui se pose alors est de savoir s'il est possible d'utiliser des concentrations suffisantes de ces agents lysosomotropiques in vivo afin d'augmenter l'efficacité des immunotoxines, sans engendrer d'effets secondaires désastreux. En fait, même à des concentrations élevées, NH_4Cl ne semble pas potentialiser l'effet des immunotoxines in vivo [512].

D'autre part, des analyses révèlent que la toxine entière est plus efficace que la sous-unité α couplée à l'anticorps [390, 502, 543]. En fait, la chaîne β joue un rôle dans le transfert de la chaîne α dans le cytoplasme à partir des endosomes. Ceci a été vérifié à l'aide de modèles expérimentaux pour la toxine diphtérique [223] et la toxine tétanique [38]. Il est démontré que la chaîne β permet non seulement l'adhésion de la toxine aux cellules, mais crée aussi des pores dans les vacuoles d'endocytose qui permettent à la chaîne α d'en sortir et de gagner son site d'action dans le cytoplasme, avant qu'elle ne soit détruite dans les lysosomes. Un autre mécanisme de pénétration d'une toxine a été étudié par Fitzgerald et coll. [114] qui démontrent que les adénovirus qui entrent dans la cellule par un mécanisme du type endocytose médiée par le récepteur, détruisent les endosomes et favorisent la libération de l'EGF (« epidermal growth factor ») et de la toxine du Pseudomonas dans le cytoplasme. Les nouvelles approches consistent alors à utiliser la toxine native dont la chaîne β mutée aurait perdu sa capacité de liaison, tout en gardant sa fonction dans le transfert de la chaîne α dans le cytoplasme [63].

S'il existe des difficultés potentielles dans l'utilisation des immunotoxines dans des traitements thérapeutiques, il est par contre clairement démontré que des anticorps monoclonaux peuvent atteindre leur cible in vivo. Cette possibilité ouvre des perspectives intéressantes dans les domaines du diagnostic et de la thérapeutique par radiation :

- des expériences d'immunodétection par scintigraphie ont été réalisées, en

particulier avec des anticorps anti-CEA (« carcinoembryogenic antigen) radiomarqués, dans des cas de tératocarcinomes chez la souris [265], chez le hamster [386, 436] et chez l'homme [146, 280]. Cette approche semble apporter des espoirs raisonnables dans la détection des tumeurs primaires et des métastases [86, 110, 526] ;
• des tentatives de thérapeutique par radiation des cellules, à l'aide d'anticorps radiomarqués, ont révélé leur potentialité in vitro et in vivo [136-138, 141, 192, 291]. Dans ce cas, il faut essayer d'irradier suffisamment les cellules cibles sans toucher aux tissus adjacents.

Autres protéines

Les glycoprotéines possèdent des résidus glucidiques qui permettent leur fixation sélective sur certaines cellules (tableau I). Par exemple, l'interaction du galactose terminal des asialoglycoprotéines (glycoprotéines traitées par la neuraminidase qui élimine les acides sialiques) avec son récepteur présent sur les cellules du parenchyme hépatique, aboutit à l'internalisation de ces protéines par endocytose [19, 151]. Ces molécules représentent donc un avantage pour le « pilotage » de drogues vers le foie dans des cas de traitements anti-viral, anti-parasitaire ou anti-tumoral. De nombreux exemples sont rapportés dans lesquels l'asialofétuine, couplée à des drogues qui inhibent la synthèse de l'ADN (cytosine arabinoside, cytosine arabinoside monophosphate et trifluorothymidine), est utilisée pour des traitements anti-viraux [116, 118]. De même, l'asialofétuine couplée à la primaquine est employée pour traiter des cas de malaria [477, 480]. Il peut donc en être de même pour des tumeurs localisées dans le foie. Un avantage considérable de l'utilisation des asialoglycoprotéines est la rapidité de leur association avec le récepteur hépatique in vivo (durée de demi-vie dans la circulation de quelques minutes) [19, 151]. Ceci est probablement dû à ce que les protéines passent normalement la barrière endothéliale transcapillaire naturelle, dont les pores sont de 100 nm dans le foie. Avec un système analogue, d'autres auteurs montrent qu'en incorporant un dérivé hydrosoluble du cholestérol galactosylé (N-(tris (β-D-galactopyranosyloxyméthyl)méthyl)-N^{α}-(4-(5-cholesten-3β-yloxy)succinyl) glycin-amide dans des LDL (« low-density lipoproteins ») ou des liposomes, il est possible d'acheminer très rapidement et à forte concentration ces complexes macromoléculaires vers le foie [503].

De même, des expériences réalisées in vitro permettent de conclure qu'en éliminant les acides sialiques (galactose alors exposé) ou en greffant des résidus glucidiques sur des lipoprotéines telles que les LDL, il est possible de les diriger vers des récepteurs membranaires autres que le leur. Les LDL peuvent ainsi être acheminées vers des cellules hépatiques ou des fibroblastes qui n'expriment plus le récepteur des LDL. Sur ces cellules déficientes qui ont un métabolisme altéré du cholestérol, il est alors possible de restaurer la régulation de ce cholestérol [20, 108]. De telles approches pourraient être réalisées in vivo où une hypercholestérolémie est souvent la conséquence de cette anomalie [147, 260, 472].

Les LDL servent aussi de transporteurs pour d'autres molécules. Tel est le cas de l'enzyme α-glucosidase qui est acheminée dans des fibroblastes de patients atteints de maladie (type II) d'accumulation du glycogène, caractéristique du manque de l'hydrolase. Une diminution considérable de la concentration en substrat est alors nettement détectée [525]. Le même type de résultat est obtenu avec l'enzyme β-glucocérébrosidase couplée au glycopeptide trimannosyldilysine dont les résidus mannose se fixent par affinité aux macrophages déficients en cette enzyme (maladie de Gaucher, type I) [85].

D'autres protéines ayant un potentiel d'interaction spécifique telles que les lectines (souvent couplées à des toxines) [143, 459, 489, 490, 536] ou les hormones trophiques (gonadotropine chorionique humaine [339] ou mélanotropine [505]), ont été employées pour acheminer des drogues. Par exemple, la mélanotropine couplée à la daunomycine permet de tuer spécifiquement les cellules de mélanome [505]. D'autres hormones peptidiques peuvent, sans aucun doute, avoir la même efficacité pour des utilisations similaires [413].

Certains peptides couplés à des agents cytotoxiques par des liaisons sensibles à la plasmine peuvent être utilisés. Les complexes ainsi formés n'ont aucune spécificité mais sont activés dans un environnement tumoral où l'augmentation locale présumée de la concentration d'activateurs du plasminogène engendre un excès de plasmine qui libère la drogue de son transporteur sur le site tumoral [48, 67]. De même, l'albumine sérique peut servir de transporteur de drogues car certaines tumeurs sont connues pour capter cette protéine [42]. Un exemple de ce type a montré qu'il est possible d'obtenir un effet significatif sur la survie de souris portant la tumeur L1210, par l'injection intrapéritonéale d'albumine sérique couplée à la daunorubicine [477]. D'autre part, les complexes de sérum albumine agrégée, comme d'ailleurs la plupart des complexes macromoléculaires, sont préférentiellement captés par les cellules phagocytaires, principalement du foie. Cette propriété naturelle a été exploitée pour délivrer la daunorubicine dans des souris portant la tumeur P388D1 [258] ou la β-amanitine (extraite du champignon Amanite phalloïde) dans des cas de virose des macrophages hépatiques [80, 116]. Dans ce cas précis, la β-amanitine conjuguée à l'albumine, est beaucoup moins hépatotoxique que la toxine libre. Néanmoins, son action inhibitrice sur l'ARN polymérase B entraîne aussi une destruction des cellules infectées (macrophages). Il est alors préférable d'utiliser des drogues qui n'inhibent que la synthèse d'ADN (5-fluorodéoxyuridine et cytosine arabinoside couplées à l'albumine agrégée), pour empêcher la réplication virale ou éliminer les néoplasmes des macrophages [116, 317].

Certains auteurs, notamment Trouet et coll. [477, 479], préfèrent utiliser des drogues telles que la daunorubicine ou son analogue, la doxorubicine, car celles-ci ne sont sensibles ni aux hydrolases lysosomiales ni au pH acide, comme l'ont montré leurs travaux antérieurs sur le métabolisme des drogues administrées sous forme libre ou complexées avec de l'ADN [478]. Ce dernier point est primordial ; en effet, le catabolisme intracellulaire de la drogue peut être totalement différent suivant la voie empruntée pour pénétrer dans la cellule. Il n'est pas évident que l'entrée de la drogue dans la cellule, par simple diffusion ou par liaison à son récepteur membranaire, soit identique à celle qui se produit par l'intermédiaire du transporteur qui, lui, a une affinité pour un autre récepteur cellulaire. Il est donc impératif de s'assurer que le « pilotage » d'une quelconque substance par un transporteur, non seulement reflète bien la spécificité du transporteur et non celle de la substance biologique, mais encore n'entraîne pas son inactivation dans la cellule cible, comme nous l'avons déjà signalé pour les immunotoxines. Il est également nécessaire de vérifier que la drogue soit libérée de son transporteur après son introduction dans la cellule. Si cela n'est pas le cas, il peut lui être alors difficile de gagner son site d'action qui médiera son effet [343, 478].

Transporteurs cellulaires

Érythrocytes

La disponibilité des érythrocytes et les connaissances sur leur métabolisme ont largement contribué à leur popularité en tant que transporteurs de substances biologiques ou de drogues [130, 209]. Les érythrocytes servent de transporteurs de matériels qu'ils contiennent naturellement. Ainsi, ils sont utilisés pour traiter des patients déficients en adénosine désaminase [369] et purine nucléoside phosphorylase [456] (patients atteints d'immunodéficience sévère). De façon alternative, les globules rouges, provenant du patient, sont traités de façon à ce qu'ils puissent contenir des drogues. Ils peuvent alors être acheminés naturellement vers les macrophages du foie et de la rate qui captent les érythrocytes épuisés à éliminer [209]. Ainsi, l'injection d'érythrocytes contenant de la desferrioxamine à des patients ayant une sidérémie élevée, permet d'obtenir une chélation et donc une élimination urinaire de ce fer plus efficaces qu'avec le chélateur libre [148].

Comme dans de tels cas il est préférable que les érythrocytes soient rapidement éliminés de la circulation afin de minimiser l'inactivation des produits et les effets secondaires dus à une fuite, des tentatives ont été réalisées pour accélérer la capture de ces cellules par les tissus cibles. Ainsi, des érythrocytes contenant l'enzyme instable β-glucosidase sont saturés en facteurs Rh pour favoriser leur capture par les cellules du foie [32]. Après des injections répétées de tels érythrocytes, chez un patient atteint de maladie de Gaucher (type I) dans laquelle la déficience en β-glucosidase engendre une accumulation importante de son substrat glycolipidique et donc une augmentation du volume du foie, une réduction de la taille du foie est constatée après digestion du substrat [32]. De même, la désialysation des globules rouges [176] favorise leur élimination sanguine par le foie et la rate. Les sucres alors exposés, le galactose en particulier, vont, par affinité, se fixer préférentiellement sur les cellules de Kupffer et les mononucléaires spléniques qui possèdent le récepteur adéquat [425, 467]. Les résultats des expériences réalisées in vitro afin de déterminer la capacité des érythrocytes à délivrer leur contenu dans les cellules, montrent que les globules rouges peuvent apporter l'hypoxanthine guanine phosphoribosyl transférase d'origine humaine dans des cellules de hamster [224] ou la thymidine kinase dans des cellules de mammifères [424] ou encore, de l'albumine dans des lymphocytes [145], grâce à une fusion des globules rouges avec les cellules par le polyéthylène glycol. Ces résultats permettent d'envisager l'utilisation des érythrocytes dans des tentatives de transfections lorsqu'ils contiennent de l'ADN [145, 210].

D'autres auteurs suggèrent l'utilisation des globules rouges en tant qu'éboueurs de petites molécules sanguines indésirables telles que l'asparagine [209], l'acide oxalique [205] et peut-être la phénylalanine [159]. Ces petites molécules traversent la membrane cellulaire pour être catabolisées ou converties par les enzymes contenues dans les érythrocytes.

Un des avantages, peut-être le seul, de l'emploi des érythrocytes dans le transport de matériels exogènes est qu'il n'y a pas ou peu de réponse immunitaire contre les antigènes encapsulés, ainsi protégés [100]. De plus, certaines drogues n'ont plus leur propre spécificité d'action mais celle du transporteur contrairement à certaines drogues, telles que toxines entières et autres agents cytotoxiques ayant un récepteur membranaire, couplées sur des anticorps. Cependant, bien que l'idée originale reste élégante, l'encapsulation de solutés dans des cellules demeure délicate malgré la possibilité récente de perméabiliser les érythrocytes par des techniques électriques [310, 311].

Autres cellules

Les neutrophiles et les plaquettes ont été utilisés dans différentes tentatives de traitements. Les neutrophiles se localisent spontanément dans les lésions inflammatoires. Ce processus a été mis à profit pour détecter les infections de ce type chez l'animal et chez l'homme, avec des cellules contenant de l'indium 111 [304, 429]. Certains succès cliniques ont été obtenus avec un ingénieux système utilisant les plaquettes pour le traitement de purpura (thrombocytopénie) ; les plaquettes contenant de la vinblastine sont réinjectées dans l'organisme où elles sont rapidement saturées par les anticorps anti-plaquettaires présents dans le sang de ces patients. Les plaquettes sont alors captées par les macrophages qui subissent l'action de la drogue et perdent leur fonction ou meurent [3]. Il en résulte une restauration plaquettaire dans la circulation, qui n'est cependant que transitoire. D'autres équipes ont essayé d'implanter des cellules des îlots de Langerhans pancréatiques chez des patients diabétiques [15, 155], ou encore des fibroblastes pour traiter d'autres déficiences enzymatiques humaines [78, 142, 155]. Les cellules peuvent alors se loger dans l'organisme et sécréter l'enzyme ou l'hormone qui manque.

Il est utile de rappeler que si les cellules utilisées comme transporteurs de matériels biologiques, endogènes ou exogènes, représentent sur le plan conceptuel, une possibilité de respecter l'activité de leur contenu, il n'en est pas moins vrai que ces cellules, modifiées ou hétérologues, sont sujettes au rejet par l'organisme hôte. Cela représente donc un obstacle majeur, difficile à éviter. Ces transporteurs cellulaires ont, en outre, des propriétés fixes qui limitent leur utilisation. En contrepartie, un transporteur synthétique, de préférence inerte, ayant des caractères structuraux variables, devrait assurer une versatilité suffisante pour ouvrir d'autres perspectives. Comparativement à tous les autres types de transporteurs synthétiques (tableau 2-I), surtout utilisés en biologie cellulaire comme sondes des processus membranaires [268, 292, 293, 314, 364], les liposomes ont retenu le plus d'attention et ont, de surcroît, été employés dans de très nombreux traitements thérapeutiques. En effet, de tous les transporteurs synthétiques, les liposomes sont ceux qui ont une variabilité de structure et de comportement, modulable en laboratoire, la plus infinie. De plus, les liposomes sont biodégradables contrairement aux nanocapsules et de ce fait, rendent négligeables les risques de maladie de surcharge que pourrait engendrer un traitement prolongé. Enfin, par rapport à certaines microsphères (de polystyrène notamment), très hydrophobes et dont l'utilisation est par conséquent limitée, les liposomes présentent l'avantage de ne pas adhérer à toutes les cellules.

« On the other hand, a carrier with variable structural characteristics would ensure versatility of behaviour and uses. Such a carrier can only be man-made but, ironically, among a variety of synthetic systems one of the more promising, liposomes, is basically Nature's own work. » Gregoriadis [159].

Liposomes

Les liposomes ont été et sont toujours utilisés par les « membranologistes » comme d'excellents modèles d'arrangements lipidiques des membranes cellulaires. Plus récemment, la possibilité de les employer en thérapeutique et en biologie cellulaire comme transporteurs de drogues ou de matériels biologiques hydrosolubles (pouvant être retenus encapsulés dans la phase aqueuse) ou liposolubles (entrant alors dans la composition de la membrane phospholipidique), a ouvert une nouvelle voie de recherche.

Les suspensions de phospholipides ont été proposées comme structures potentielles en thérapeutique bien avant que la bicouche lamellaire des liposomes ne soit caractérisée. Dès 1934, un brevet anglais (Johnson J N° 36-772/32) intitulé : « Improvements in the manufacture and production of pharmaceutical preparations » disait :

« Pharmaceutically active substances when applied in the usual definite doses... never give the optimum effect because they are decomposed or rendered inert by fixation by the tissues. An attendant drawback is that the doses have to be tendered in comparatively frequent intervals... »

Dans ce brevet, les stoechiométries suivantes sont mentionnées : 21 parties d'huile d'olive, 6 parties d'eau, 10 parties de chlorure de morphine, 0,5 partie d'oléate de sodium, 0,5 partie de Nipasol. Cette préparation, décrite comme donnant naissance à une émulsion, permet en fait d'obtenir des liposomes.

D'autre part, ce même brevet annonce que l'injection sous-cutanée d'une « émulsion » composée de 25 parties de lécithine, 20 parties d'eau, 1,5 partie de cholestérine, 0,3 partie de strophantine (stéroïde) et 0,5 partie de Nipasol, à une dose de 0,3 mg, produit une action strophantique dans les 12 à 24 heures, action qui se perpétue pendant au moins 7 jours. Bien que ce brevet insiste sur l'importance du rôle joué par les divers ingrédients, il est évident, qu'à l'époque, on ne pouvait connaître l'arrangement moléculaire de telles structures que nous connaissons maintenant. Les auteurs du brevet prennent cependant la précaution de préciser que :

« Lipoids suitable for the manufacture of the depots also comprise phosphatides, obtainable for exemple from yolk or brain. As a particularly useful lipid from the phosphatide class, lecithin may be used, which acts simultaneously as a stabilizer as an oily substance so that there is no need to add either another oil or a stabilizer ; the same is true of kephalin ».

L'existence de ce brevet ne fut révélée qu'en 1969, au moment où d'autres auteurs entamèrent la procédure de dépôt du brevet qui devait protéger l'application de leurs récents travaux [24].

Les différentes raisons qui ont permis d'envisager une application thérapeutique des liposomes sont les suivantes :
• *un effet prolongé de la substance encapsulée.* Les liposomes restent dans la circulation beaucoup plus longtemps que la plupart des drogues libres utilisées. Comme d'autres transporteurs, ils peuvent offrir quelques avantages d'infusion continue de leur contenu suivant la concentration de cholestérol introduite. Le temps de vie des liposomes in vivo varie de quelques minutes à quelques jours ; les plus longs temps sont obtenus avec des petits liposomes unilamellaires formés de sphingomyéline ou de distéaroyl phosphatidylcholine. Une libération lente peut augmenter l'efficacité des drogues dont l'action dépend du cycle cellulaire, mais des effets toxiques peuvent aussi être notables dans ce cas. L'indice thérapeutique peut alors être difficile à améliorer ;
• *la possibilité de concentration des liposomes aux sites d'action présumés.* Les liposomes d'une taille appropriée peuvent s'échapper de la circulation dans des tissus à travers les membranes endothéliales dégradées ; ils peuvent être utiles dans le diagnostic ou le traitement local de certaines maladies. Par exemple, les liposomes s'accumulent dans le myocarde dans le cas d'infarctus [45, 46, 436]. On peut espérer qu'il pourrait en être de même dans l'environnement vasculaire endommagé d'une tumeur ;
• *une réduction de la toxicité dans les tissus.* Les liposomes ne s'accumulent pas dans le cœur et les reins sains, comme le font certaines drogues. Il est alors intéressant de pouvoir les utiliser, associés à des agents cardiotoxiques (adriamycine, doxorubicine) ou néphrotoxiques (amphotéricine B) [121, 122, 132, 272, 395] ;
• *une protection des molécules encapsulées ou de l'hôte.* L'encapsulation peut protéger le contenu des liposomes de l'action enzymatique ou immunitaire de l'hôte. Alternativement, les liposomes peuvent prévenir l'action toxique de certaines drogues avant qu'elles n'atteignent leur site d'action. D'autre part, ils réduisent les réactions d'hypersensibilité chez des individus préimmunisés contre certaines protéines [163]. On peut éviter de telles réactions qui représentent un problème majeur dans les cas de leucémies traitées avec la L-asparaginase, en utilisant les liposomes [113, 328] ;
• *la possibilité d'utiliser les liposomes pour « mimer » la fonction de certaines cellules* : remplacement des érythrocytes, par exemple, en encapsulant de l'hémoglobine pour traiter certains cas d'anémie [131] ;
• *la capture naturelle des liposomes par les cellules phagocytaires.* Après une injection intraveineuse, les liposomes, comme tous les autres types de transporteurs macromoléculaires, sont principalement éliminés par les cellules phagocytaires mononucléées du système réticuloendothélial et les monocytes circulants. Les macrophages sont donc des cibles naturelles. Dans certains cas

D'autre part, les HDL (« high-density lipoproteins) [184, 237, 256, 422, 465], l'albumine sérique [547], les α et β-globulines [420, 461, 486] et les anticorps naturels anti-phospholipides [9] peuvent interagir avec les liposomes et affecter considérablement leur stabilité. Il peut y avoir un échange entre le cholestérol des liposomes et le cholestérol endogène des érythrocytes [41], des lymphocytes, des lymphomes ou des fibroblastes [350]. De même, le cholestérol des liposomes est transféré, dans une faible mesure, aux lipoprotéines sériques de haute et faible densités [34]. Les liposomes constitués d'un analogue dialkylé de la phosphatidylcholine subsistent plus longtemps dans la circulation que ceux constitués de phosphatidylcholine ; cette observation indique que les phospholipases circulantes engendrent aussi une lyse des liposomes dans le plasma [81]. Enfin, il a été démontré qu'il existe, dans plusieurs tissus, des protéines solubles qui catalysent le transfert des phospholipides entre structures membranaires ; l'une d'entre elles, une protéine échangeuse de phosphatidylcholine, a été étudiée plus en détail sur différentes préparations de liposomes [197].

Il existe donc divers facteurs qui peuvent affecter considérablement la stabilité des liposomes in vivo. Cependant, celle-ci peut être améliorée en changeant la composition des liposomes. Une augmentation de la concentration du cholestérol dans des bicouches constituées de phosphatidylcholine d'œuf décroît la fuite du contenu des liposomes, à la fois in vitro et in vivo [237]. De même, l'introduction de sphingomyéline qui forme des ponts intermoléculaires avec d'autres phospholipides [4], ou de gangliosides, accroît la stabilité des liposomes dans la circulation et réduit la fuite des drogues encapsulées [88, 89]. En sélectionnant des phospholipides ayant une température de transition de phase élevée (supérieure aux températures physiologiques) et en incorporant du cholestérol ou d'autres lipides, il est donc possible d'augmenter la stabilité des liposomes in vivo. Une demi-vie de plus de 20 heures dans la circulation sanguine de souris est obtenue avec des SUV très stables composées de distéaroyl phosphatidylcholine et de cholestérol en quantité équimolaire [179]. D'autre part, New et coll. [330] suggèrent que les liposomes traités avec 2 % de tétroxide d'osmium sont beaucoup plus stables et résistent davantage à une dégradation enzymatique, notamment dans les lysosomes, que des liposomes non traités. Afin de maintenir la stabilité des liposomes dans la circulation, il est également possible de traiter l'organisme avant l'injection des liposomes. Un exemple de ce type est décrit par Senior et Gregoriadis [433] qui provoquent chez des souris une dépression en lipoprotéines par injections répétées de 4-amino-pyrazolo-(3,4-d) pyrimidine [434]. Lorsque des liposomes, ne contenant pas de cholestérol, sont injectés à de telles souris, ils sont dégradés beaucoup plus lentement que ceux injectés à des souris non traitées.

Distribution tissulaire des liposomes et de leur contenu   Puisque la disparition des liposomes de la circulation sanguine implique une rétention par différents organes, leur distribution tissulaire in vivo peut être fonction de leur composition lipidique, de leur taille, de leur charge, de leur interaction avec des protéines exogènes ou endogènes ou de la voie d'administration utilisée. Cependant, en considérant ces différents paramètres, les liposomes circulants sont concentrés de façon prépondérante dans les tissus riches en cellules réticuloendothéliales, tels que le foie et la rate, et beaucoup moins dans les poumons, la moelle et les reins [177, 178, 207, 214, 219, 532].

Le rôle dominant du foie dans l'élimination des liposomes a conduit plusieurs équipes à étudier la contribution relative des différentes cellules de cet organe ainsi que le devenir des liposomes après leur interaction avec celles-ci [373, 392, 407]. Lorsque des grands liposomes multilamellaires contenant de l'albumine sérique bovine radiomarquée comme traceur de la phase aqueuse encapsulée, sont injectés par voie intraveineuse, la plus grande partie du traceur s'accumule rapidement dans la fraction cellulaire sinusoïdale du foie [421]. Avec d'autres traceurs non biodégradables tels que la polyvinylpyrrolidone, il est possible de confirmer, que parmi les cellules sinusoïdales séparées, les cellules marquées en majorité sont les cellules de Kupffer alors que les cellules endothéliales ne le sont pas [407]. D'autres analyses, basées sur des observations morphologiques, démontrent la présence d'une activité enzymatique, apportée par les liposomes (peroxydase encapsulée dans les MLV), dans les lysosomes des cellules sinusoïdales, spécialement celles de Kupffer [410]. Il est probable que les espaces interstitiels de 0,1 µm de diamètre, formés par les cellules endothéliales qui tapissent les sinus du foie [531], ne permettent pas l'accès de ces grands liposomes aux cellules du parenchyme hépatique. Cependant, les phospholipides radiomarqués qui entrent dans la constitution des liposomes, se retrouvent, en faible quantité, dans les hépatocytes, après une injection intraveineuse de MLV [407]. En fait, il existe un échange entre les phospholipides des hépatocytes et ceux d'autres cellules du foie qui n'appartiennent pas au parenchyme hépatique. Par contre, avec des SUV de diamètre compris entre 25 et 80 nm contenant de l'inuline tritiée, les deux types cellulaires, cellules de Kupffer et hépatocytes, sont marqués [409].

La capture des SUV par les hépatocytes est significative mais néanmoins plus faible que par les cellules de Kupffer. Il est probable que ces petits liposomes atteignent les cellules hépatiques en passant à travers les pores de la barrière endothéliale. De plus, la capture des liposomes par les cellules de Kupffer et les hépatocytes s'effectue très probablement par endocytose car le chlorure d'ammonium (NH_4Cl) et la chloroquine, des agents lysosomotropiques qui augmentent le pH des lysosomes, inhibent le métabolisme des phospholipides apportés par les liposomes dans ces cellules [408] ainsi que la libération du contenu des liposomes à l'intérieur de la cellule [83]. Plus récemment, la distribution de liposomes contenant de l'ADN a été étudiée dans le foie [68]. Les auteurs utilisent des techniques de fractionnement cellulaire et de microscopie électronique (autoradiographie) pour suivre le devenir des liposomes et de leur contenu dans les cellules du tissu hépatique.

Si le foie reste l'organe principal pour l'élimination des liposomes de la circulation, la charge et la taille de ceux-ci influencent leur orientation vers d'autres organes. Ainsi, la proportion de MLV, contenant du (^{14}C) EDTA [214] ou du (^{14}C) poly(I).poly(C) [287], accumulées dans la rate et dans la moelle est plus forte avec des liposomes chargés négativement qu'avec des liposomes chargés positivement. Dans le cerveau et les poumons, la situation est inverse.

Par contre, la charge positive ou négative n'affecte pas la rétention des liposomes par le foie. On peut cependant noter que les liposomes « neutres » sont captés préférentiellement [214]. Contrairement à ce qui vient d'être cité, quand des SUV, contenant du (^{3}H) méthotrexate, sont injectées par voie intraveineuse à des singes, le cerveau, la rate et la moelle osseuse accumulent préférentiellement les liposomes chargés positivement, et les poumons, les liposomes chargés négativement [228]. Plusieurs études indiquent une accumulation substantielle des grandes MLV dans les poumons, probablement par filtration à travers les capillaires. Par exemple, de grandes MLV, contenant de la cytosine arabinoside tritiée, se localisent dans les poumons de souris, contrairement à de petites MLV ; dans les autres tissus il n'y a pas de différence significative [207]. Senior et coll. [432] montrent que les SUV contenant de la bléomycine marquée à l'^{111}In, s'accumulent davantage dans la moelle osseuse lorsque les liposomes sont petits et non chargés, contrairement à des liposomes plus grands ou chargés négativement qui sont éliminés plus rapidement de la circulation sanguine par le foie.

L'interaction des liposomes avec le tissu musculaire, après une injection intraveineuse, n'a jamais été rigoureusement étudiée. Néanmoins, Nakatsu et Cameron [325] observent que le muscle du diaphragme peut accumuler le (^{14}C) mannitol encapsulé dans des MLV non chargées.

D'autres auteurs ont étudié le devenir des liposomes contenant de l'acide diéthylènetriamine pentaacétique radiomarqué, après une injection intraveineuse à des chiens chez lesquels ils ont induit artificiellement un infarctus du myocarde. Les MLV neutres et chargées positivement s'accumulent dans les régions nécrosées [46, 47, 95, 336].

La distribution tissulaire des liposomes a été étudiée chez des rates en gestation ; les SUV chargées négativement se retrouvent dans l'utérus et le placenta. Cette interaction dépend de la charge (négative > neutre > positive) et de la taille (33 nm > 98 nm) des liposomes. De plus, il semble qu'une plus grande fluidité des liposomes favorise leur localisation placentaire (voir page 2). Un tel effet n'est cependant pas observé dans l'utérus [484]. Ces résultats laissent envisager l'utilisation des liposomes dans des traitements thérapeutiques de l'utérus (cancer) ou du placenta.

Effet du blocage du système réticuloendothélial sur l'élimination des liposomes de la circulation et sur leur distribution tissulaire En changeant la composition lipidique des liposomes, il est possible de modifier leur capture par un tissu particulier. Par exemple, les sialogangliosides [215] et les cardiolipides [202] inhibent la capture des liposomes par le foie, alors que les glycérocéramides l'augmentent [202]. Cependant, de telles manipulations ne provoquent pas de modification importante de la distribution prédominante naturelle de ces vésicules dans les tissus riches en cellules du système réticuloendothélial.

Les techniques de blocage du système réticuloendothélial entraînent une modification considérable du devenir des particules à phagocyter. L'effet de blocage se situe dans le foie qui est le site majeur de la phagocytose [454]. Pour modifier la distribution tissulaire des liposomes, des expériences préliminaires bloquant l'activité des cellules réticuloendothéliales avec des particules de charbon n'ont pas été concluantes. Un résultat inverse à celui attendu est en fait obtenu [170].

Par contre, le traitement d'animaux avec une grande quantité de liposomes [170, 173, 225] ou de méthylpalmitate qui est toxique pour les macrophages, induit une inhibition de la capture hépatique des liposomes ultérieurement injectés, sans en altérer la capture dans les autres tissus [466].

D'autres agents bloquants peuvent être utilisés, comme le sulfate de dextran, administré deux heures avant l'injection des liposomes [39, 455]. Dans cet exemple, des globules rouges de mouton radiomarqués au chrome 51 ou des liposomes contenant de l'inuline marquée au carbone 14 sont éliminés beaucoup plus lentement de la circulation et leur capture par le foie peut diminuer de 50 % [362]. Des expériences analogues ont été réalisées avec des billes de latex injectées avant les liposomes [45]. Proffitt et coll. [387] proposent l'utilisation d'un dérivé 6-aminomannose du cholestérol qui entre dans la composition des liposomes. Ceux-ci se concentrent alors fortement dans les cellules réticuloendothéliales, bloquant ainsi temporairement la capture, par ces cellules, des liposomes injectés ultérieurement. Dans le même ordre d'idées, Claassen et Van Rooijen [60] utilisent des liposomes contenant du dichlorométhylène diphosphonate pour éliminer temporairement les macrophages de la rate et du foie. De même, Wassef et coll. [510] montrent que des liposomes composés de phosphatidylinositol suppriment la fonction phagocytaire ainsi que le métabolisme des phospholipides des macrophages. D'autre part, certains agents tels que la swainsonine et la castanospermine bloquent l'endocytose de certains récepteurs membranaires par les macrophages [59] ; ils peuvent être d'un intérêt dans les cas de « pilotage » spécifique des liposomes par des ligands. Plus récemment, Aragnol et Leserman [16] démontrent que, chez la souris, la rétention hépatique est inhibée par une injection intraveineuse d'anticorps anti-récepteur Fc (Fc=fragment cristallisable des immunoglobulines) antérieure à celle de liposomes portant des immunoglobulines.

Cet effet de blocage des cellules du système réticuloendothélial laisse entrevoir la possibilité d'utiliser les liposomes pour acheminer des médicaments ou d'autres molécules vers des cellules autres que celles du type phagocytaire.

Importance des injections intraveineuses en thérapeutique

Apport d'enzymes Les travaux initiaux d'encapsulation d'enzymes dans les liposomes ont été réalisés pour pallier les déficiences enzymatiques qui sont à l'origine des maladies génétiques [168, 177, 178, 435]. Dans ces maladies, le manque d'enzymes (hydrolases en particulier) dans les tissus induit une accumulation du substrat dans les lysosomes (maladies de surcharge) qui aboutit généralement à une hépatomégalie et une splénomégalie.

Un des modèles initiaux dérive des travaux de Gregoriadis et Buckland [165] qui utilisent des macrophages et des fibroblastes chargés de sucrose. Dans ce système, l'hydrolyse du substrat qui entraîne une chute de la concentration cellulaire du sucrose, démontre l'endocytose probable des liposomes contenant alors l'invertase. Dans le même sens, d'autres auteurs [128] constatent que la superoxyde dismutase, encapsulée dans des liposomes, permet de protéger les cellules endothéliales porcines d'une hyperoxygénation provoquée (cellules cultivées en atmosphère d'oxygène), contrairement à l'enzyme libre. Ces cellules résistent alors aux effets létaux que provoque l'apparition de O_2, H_2O_2 et de radicaux OH, toxiques. Une application thérapeutique de ce genre a été réalisée après une injection intraveineuse de liposomes contenant de la dextranase chez des rats. Dans ces expériences, Colley et Ryman [62] démontrent que le dextrane contenu dans le foie de ces rats est hydrolysé ; il en résulte une importante réduction de sa concentration. D'une manière analogue, une activité α-mannosidase est restaurée, par l'intermédiaire des liposomes, chez des rats alimentés en nourriture dépourvue de zinc [361]. Umezawa et coll. [495] suggèrent également l'utilisation de liposomes contenant la β-galactosidase pour restaurer l'activité enzymatique chez des sujets atteints de déficience génétique en cette enzyme. De même, l'amyloglucosidase d'*Aspergilus niger*, encapsulée dans des liposomes, montre son efficacité chez l'homme. Lorsqu'un enfant de huit mois atteint de maladie d'accumulation du glycogène (type II) est traité par ce système, le taux de glycogène et le volume du foie diminuent. Par contre, aucun changement dans la concentration massive du glycogène n'est observé dans les muscles squelettiques et cardiaque (maladie de Pompe) [423, 487].

D'autres enzymes ont été encapsulées dont la neuraminidase du *Clostridium perfringens* qui n'est pas toxique comparée à l'enzyme libre injectée ; l'absence d'effet toxique permet ainsi d'envisager son utilisation clinique dans certaines maladies [176]. L'absence de l'enzyme β-glucosidase dans l'organisme se caractérise par une accumulation de cérébrosides dans les lysosomes des cellules du système réticuloendothélial, engendrant ainsi une hépatomégalie et une splénomégalie (maladie de Gaucher type I) ; elle a été administrée sous forme encapsulée. Un patient a été traité pendant 13 mois avec des liposomes contenant la β-glucosidase humaine [29]. Une réduction de la taille du foie et une amélioration des symptomes abdominaux sont observées. D'autres patients ont été ainsi traités, dont un qui a reçu pendant 5 ans plus de 60 injections de liposomes [159, 174] ; un autre patient a été traité pendant plus de 2 ans [159]. L'évaluation du traitement, par une mesure de la concentration en glycolipides stockés dans le foie, par biopsie étant délicate à interpréter [32], l'efficacité du traitement n'a pu être constatée que cliniquement. Des examens physiques aux ultra-sons indiquent une stabilisation de l'état général du foie au cours du temps. Ce traitement représente la seule étude comprenant une exposition à long terme ; les tests hématologiques et autres révèlent que les liposomes multilamellaires utilisés, composés de phosphatidylcholine d'œuf, de cholestérol et d'acide phosphatidique, n'engendrent aucun effet secondaire. De plus, la stabilité des liposomes dans le sang des patients ainsi traités est entièrement conservée (Senior et Gregoriadis, résultats non publiés).

Dans ce domaine, on peut extrapoler l'application clinique des liposomes à d'autres syndromes enzymatiques. Par exemple, il est possible d'envisager le traitement des immunodéficiences sévères, en apportant l'adénosine désaminase et la purine nucléotide phosphorylase. Cependant, bien que certains résultats encourageants aient été obtenus, cette thérapeutique des déficiences enzymatiques a ses limites. En effet, les liposomes sont captés rapidement par le foie et la rate, si bien que d'autres organes tels que le cerveau et les muscles, qui sont fréquemment atteints par des déficiences génétiques enzymatiques, ne peuvent être traités avec ce système [487]. Le blocage du système réticuloendothélial (voir page 46) ou le « pilotage » spécifique de ces liposomes (voir chapitre 3) devrait augmenter l'action souhaitée sur d'autres tissus. De plus, il semble que l'apport d'enzymes incluses dans les liposomes ne soit efficace que pendant un certain temps, car une dégradation progressive de ces enzymes se produit dans la cellule. Pourquoi ne pas apporter le gène lui-même qui gouverne la synthèse de cette enzyme [121] ?

Un exemple de ce type est rapporté par Nicolau et coll. [333] qui injectent des liposomes contenant le gène de la préproinsuline I ; une réduction de la glycémie est observée après l'injection intraveineuse des liposomes qui se localisent dans le foie des rats. Au cours d'études plus fondamentales en biologie cellulaire, l'enzyme DNase I a été encapsulée dans des liposomes et délivrée ainsi à des cellules embryonnaires de hamster pour induire un phénotype tumoral [546]. Les auteurs de ce travail démontrent clairement que, sur des cellules in vitro, l'altération de l'ADN génomique ne peut être due qu'à l'effet de l'enzyme apportée par les liposomes.

Traitements de quelques maladies du système réticuloendothélial Certaines maladies tropicales, telles que la leishmaniose et les trypanosomiases qui sont la cause d'une mortalité humaine et animale importantes, sont provoquées par des parasites qui infestent les cellules du système réticuloendothélial pendant une partie de leur cycle de vie. Les traitements appliqués jusqu'à présent, sont souvent inefficaces et surtout toxiques pour l'ensemble des cellules de l'organisme. Plusieurs laboratoires ont montré que la leishmaniose expérimentale viscérale (foie) ou cutanée induite par le protozoaire *Leishmania donovani*, chez l'animal, peut être traitée avec succès par de faibles quantités de liposomes contenant des dérivés d'antimoine (méglumine d'antimoine ou stibogluconate de sodium). Une remarquable augmentation de l'efficacité, de 200 à 700 fois supérieure à celle de la drogue libre, est obtenue [11, 13, 15, 329]. De même, le traitement des trypanosomiases par des drogues encapsulées a été effectué avec un certain succès [154, 182, 497]. Des résultats similaires sont obtenus avec la primaquine encapsulée dans les liposomes pour traiter certains cas de malaria expérimentale provoquée par le *Plasmodium berghei* [366, 367]. Ces résultats peuvent être étendus à d'autres maladies telles que la lèpre, la brucellose ou le trachome [8, 156].

D'autres maladies du système réticuloendothélial résultent de l'accumulation intracellulaire de métaux qui induit une intoxication. Ces maladies peuvent être traitées avec des liposomes contenant des chélateurs anioniques. Ces chélateurs sont potentiellement intéressants mais inefficaces pour éliminer l'excès de métal des cellules car ils ne traversent pas les membranes cellulaires lorsqu'ils sont administrés sous forme libre. Lorsque les chélateurs sont administrés sous forme encapsulée, ils sont utilisés pour traiter des intoxications au plutonium, au cadmium, au cuivre, au calcium, au thorium, au mercure, à l'arsenic et à l'or colloïdal [391, 396, 398, 399]. L'excès de métal est éliminé grâce à une augmentation de l'excrétion urinaire. De même, l'excès de fer dans le foie dû à un métabolisme altéré du fer hémoglobinémique, est éliminé par de la desferrioxamine encapsulée dans les liposomes. Là encore, on constate une excrétion urinaire importante du fer, aussi bien chez les animaux que chez l'homme [183, 391, 544].

Traitement des infections fungiques et bactériennes Récemment, il a été montré que l'amphotéricine B est 10 fois moins néphrotoxique et hématotoxique (lyse des globules rouges) que la drogue libre in vivo [272] et in vitro [308], lorsqu'elle est encapsulée dans des liposomes multilamellaires. Les auteurs de ces travaux montrent que les candidoses expérimentales provoquées chez la souris par le *Candida albicans*, sont traitées avec succès, par injection intraveineuse de cette drogue contenue dans des liposomes [272].

Si l'index thérapeutique est déjà nettement amélioré chez des souris « normales », il l'est encore plus chez des souris leucopéniques (traitées par le cyclophosphamide) dans lesquelles la drogue libre est inefficace [269, 270]. On peut noter que les stérols (cholestérol et ergostérol) qui entrent dans la composition lipidique des liposomes, ne permettent pas d'augmenter l'effet de la drogue encapsulée et, au contraire, l'inhibent même dans certains cas (ergostérol), aussi bien in vitro [204] qu'in vivo [271]. Sans savoir encore exactement comment les liposomes peuvent atteindre le *Candida albicans* disséminé dans l'organisme et interagir avec lui, il est possible d'envisager le même type d'approche chez des patients [270, 273]. Ces études, actuellement en cours, semblent apporter des résultats positifs (Lopez-Berestein et coll., non publié). Le même type d'approche a été développé pour traiter certaines infections bactériennes. Tadakuma et coll. [464] montrent que des souris infectées par *Salmonella enteritidis*, peuvent être traitées par des liposomes contenant l'antibiotique streptomycine. Là aussi, le traitement est plus efficace et moins toxique que lorsque la drogue est directement administrée sous forme libre.

Chimiothérapie anti-cancéreuse Les drogues couramment utilisées en chimiothérapie anti-cancéreuse ne s'accumulent généralement pas dans les tissus néoplasiques après une injection intraveineuse. De plus, ces drogues libres sont souvent toxiques pour les tissus normaux, particulièrement la moelle osseuse, les reins (amphotéricine B), le cœur (adriamycine) et les cellules en division constante telles que les cellules intestinales. La possibilité d'utiliser les liposomes en cancérologie a été démontré in vitro par le fait que certaines tumeurs en culture peuvent rapidement capter les liposomes qui contiennent des drogues cytotoxiques [354, 382, 476]. Des études réalisées in vivo démontrent une modification de la pharmacocinétique des drogues anti-cancéreuses concentrées dans des liposomes [216, 219], ainsi qu'une réduction de leur toxicité [121, 122, 132, 219, 270, 297, 394, 395]. D'autre part il est démontré que, contrairement à la drogue libre, la cytosine arabinoside (Ara C) est protégée de la désamination et donc d'une dégradation hépatique, lorsqu'elle est injectée sous forme encapsulée [302]. Ceci reflète une libération lente dans le foie et la rate de cette drogue ainsi protégée [93].

Il est reconnu que le coefficient de partition eau-lipide et la charge électri-

Tableau 2-II Drogues (en particulier anti-tumorales) encapsulées dans les liposomes

Drogues	Références représentatives
Actinomycine D	149, 171, 219, 354, 382, 393
Adriamycine	121, 132, 220, 297, 355, 395
L-asparaginase	328
8-Azaguanine	98
Bichloroéthyl-nitrosourée	416
Bléomycine	172
Cis-platine	79, 539
Cytosine arabinoside	207, 247, 301
Daunomycine	166, 219
Doxorubicine	122, 397
5-Fluorouracile	149
Illudïne S	447
Méchloréthamine	416
Mélphalan	166, 167
6-Mercaptopurine	483
Méthotrexate	61, 233, 251, 281, 517
Vincristine	167
Vinblastine	219
Toxines (gélonine, toxine cholérique, toxine diphtérique ou sa chaîne α)	5, 10, 307, 488

que des drogues dont on envisage une utilisation thérapeutique à l'aide de liposomes sont des paramètres très importants [220, 246]. Des petites molécules très hydrosolubles telles que le 5-fluorouracile peuvent, dans certains cas, diffuser à travers la membrane des liposomes et être nuisible à l'organisme [150]. Les drogues les plus intéressantes, disponibles à présent et dont l'effet est connu lorsqu'elles sont administrées sous forme libre (tableau 2-II), sont donc celles qui ont un coefficient de partition eau-lipide intermédiaire. Certaines d'entre elles peuvent être aussi bien encapsulées que retenues dans la membrane des liposomes (exemple : l'actinomycine D, la vinblastine et le cis-dichlorodiamine platine II) [149, 171, 219, 539].

Certaines drogues sont stabilisées dans les liposomes en formant des complexes avec des macromolécules, telles que l'ADN pour la daunomycine et l'actinomycine D [153, 166], de petits solutés tels que les acides polyglutamiques pour le mélphalan et le méthotrexate [166], ou par interaction avec des lipides chargés dans le cas de la bléomycine [75, 121, 172, 173].

Nombreux sont les exemples qui démontrent que bien que les drogues encapsulées soient moins toxiques que les drogues libres, leur activité est considérablement réduite probablement à cause du manque de spécificité des liposomes pour la tumeur elle-même. De plus, ceci peut dépendre de nombreuses variables englobant le type de drogues, la sensibilité des cellules aux drogues [301, 405], la nature et la localisation de la tumeur, ainsi que les types de liposomes utilisés [415]. Par exemple, l'adriamycine, une drogue amphipatique qui est incorporée dans la membrane lipidique des liposomes, est plus toxique lorsqu'elle est administrée avec de petits liposomes qu'avec de grands liposomes après une injection intraveineuse chez des souris [133].

Cette toxicité différentielle peut s'expliquer par le fait que les apolipoprotéines sériques s'incorporent plus facilement dans la couche externe des petits liposomes que des grands liposomes à cause du rayon de courbure très prononcé des petits liposomes [520]. La déstabilisation de la couche lipidique externe qui en résulte peut provoquer une libération de l'adriamycine dans le milieu ambiant. Cependant, plusieurs traitements anti-cancéreux à l'aide de drogues incorporées dans les liposomes ont été réalisés avec succès chez des animaux portant des tumeurs [112, 132, 154, 171, 173, 232] ou autres néoplasmes, dans le cas où il n'y a pas de barrière endothéliale entre les cellules tumorales et les liposomes [295].

Chez l'homme, l'albumine marquée à l'iode 131 contenue dans les liposomes, injectée par voie intraveineuse, se retrouve préférentiellement localisée dans des tumeurs du foie, de la rate ou des reins [181]. Par contre, la bléomycine marquée à l'indium 111, encapsulée dans les liposomes, ne se retrouve pas dans les tissus malins de patients atteints d'hépatomes ou d'adénocarcinomes [431]. Comme certaines tumeurs sont connues pour adsorber l'albumine [42], la localisation de celle-ci dans ces tumeurs, comme le rapportent Gregoriadis et coll. [181], est probablement due à de l'albumine libre relarguée des liposomes dans la circulation après une adsorption non spécifique de cette albumine sur la surface des liposomes ou à une fuite de celle-ci hors des liposomes [462].

Pour essayer d'améliorer les rendements thérapeutiques, d'autres approches sont proposées. Il est possible d'encapsuler, dans les liposomes, des drogues qui ne peuvent pénétrer normalement dans la cellule et qui sont donc peu efficaces (« endodrogues »). De nombreux anti-métabolites, tels que les analogues des bases puriques et pyrimidiques, sont transformés à l'intérieur des cellules en dérivés phosphorylés qui sont de véritables agents toxiques. Ces dérivés phosphorylés, incapables de pénétrer dans la cellule, ne peuvent donc être administrés directement. Leur transport à l'aide de liposomes pourrait résoudre ce problème. Tel est le cas de la cytosine arabinoside triphosphate (comparativement à la cytosine arabinoside) qui, administrée encapsulée dans des liposomes, est beaucoup plus active que la drogue libre sur des cellules tumorales in vitro [404]. Dans le même ordre d'idée, les tentatives de conception rationnelle de nouvelles drogues basée sur l'optimisation de l'interaction avec les sites d'action supposés (ADN, tubuline) conduisent, dans certains cas, à des composés potentiellement intéressants mais pénétrant insuffisamment à l'intérieur des cellules (dimère d'intercalation : dimère d'éthydium et dimère d'éthydium-acridine, ellipticine et ses dérivés : isoellipticines). Le transfert de ces composés au moyen de liposomes a un intérêt potentiel considérable. Il en est de même pour le méthotrexate-γ-aspartate (contrairement au méthotrexate). Cet anti-métabolite apporté aux cellules par les liposomes est beaucoup plus actif [195]. D'autre part, on peut aussi envisager que les chaînes α des toxines ou les toxines qui sont des chaînes α naturelles (gélonine), qui telles qu'elles sont inactives, puissent être apportées aux cellules à l'aide des liposomes. Ce moyen de transport pourrait, de surcroît, protéger ces toxines de l'hydrolyse enzymatique qui est sans doute une des causes supplémentaires de la faible efficacité des immunotoxines in vitro et in vivo. Une telle approche a été employée et a montré ses avantages in vitro [307, 488]. En plus des possibilités offertes par les liposomes dans la protection de ces composés, leur libération dans les fluides biologiques serait dépourvue de toxicité.

D'autres approches sont basées sur un changement physique local, extrinsèque ou intrinsèque, de l'environnement dans lequel se trouvent les liposomes. Un exemple intéressant est décrit avec des liposomes constitués d'un mélange de phospholipides, judicieusement choisis, ayant une température de transition de phase légèrement supérieure à la température physiologique de 37 °C. Les liposomes (ne contenant pas de cholestérol) peuvent donc libérer leur contenu lorsqu'ils atteignent des lieux où la température est supérieure à celle de leur transition de phase, les lipoprotéines sériques (HDL) favorisant alors la déstabilisation des liposomes grands et petits. En utilisant un mélange de lipides ayant une température de transition de phase de 42 °C, les liposomes peuvent être utilisés pour délivrer leur contenu (par exemple le méthotrexate ou cis-dichlorodiamine platine II) à un site déterminé (par exemple une tumeur) soumis à une hyperthermie modulée. Ainsi, chez des souris portant des tumeurs, l'accumulation du méthotrexate radiomarqué est 10 fois plus grande dans la tumeur chauffée localement que dans la tumeur non chauffée des souris témoins [288-290, 515-517, 537, 539, 540]. Cependant, à des doses thérapeutiques effectives de la drogue, seuls quelques effets modérés sont obtenus sur la réduction de la tumeur [517, 539]. Cette approche est relativement limitée. Néanmoins, les traitements anti-cancéreux par hyperthermie de la tumeur en combinaison avec des traitements aux radiations [188] ou chimiothérapiques [185] démontrent un effet synergique. La libération de drogue à partir de liposomes sensibles à la température pourrait alors être considérée comme un élément supplémentaire de sélectivité. Ce type d'approche physique impose cependant de connaître la localisation exacte de la tumeur à traiter. Lorsqu'il s'agit de métastases, cela peut être encore plus délicat.

Dans le même ordre d'idée, certaines drogues anioniques, telles le méthotrexate, pourraient sortir des liposomes dans l'environnement de tumeurs à pH acide [517]. De manière identique, des molécules sensibles à des variations subtiles de pH, incorporées dans les liposomes, pourraient déstabiliser la membrane lipidique des liposomes, les rendant ainsi perméables aux solutés qui seraient alors déversés sur des tumeurs ou des tissus enflammés à bas pH. Un exemple de ce type est décrit par Yatvin et coll. [538] avec des lipides sensibles au pH (N-palmitoyl L-homocystéine), dans lequel une libération sélective est obtenue à pH acide. Il a été récemment démontré que ces liposomes fusionnent entre eux à pH 5, libérant ainsi leur contenu, lorsqu'ils ne contiennent pas de cholestérol [66].

De telles préparations de liposomes peuvent s'avérer intéressantes pour d'autres raisons. L'internalisation des liposomes par la cellule aboutit souvent à leur dégradation dans les lysosomes. Il serait utile que les produits encapsulés dans les liposomes puissent être libérés dans le cytoplasme avant qu'ils ne soient éventuellement détruits par les enzymes lysosomiales. Des liposomes sensibles au pH acide (dioléoyl phosphatidyléthanolamine et palmitoyl-homocystéine [65, 66] ou acide oléique et phosphatidyléthanolamine [90, 460]) pourraient alors libérer leur contenu en fusionnant avec la membrane des endosomes (vacuoles d'endocytose acides), après leur internalisation par la cellule.

D'autres traitements anti-cancéreux utilisent des liposomes contenant des lymphokines (substances immunomodulatrices, libérées dans le surnageant de culture de lymphocytes sensibilisés, stimulés par des mitogènes ou des antigènes), qui activent les macrophages, les rendant ainsi cytotoxiques. Ces liposomes, une fois injectés in vivo sont, de façon passive, captés naturellement par les macrophages, comme nous l'avons signalé à plusieurs reprises. Ceux-ci peuvent dès lors acquérir une activité anti-tumorale, anti-parasitaire, anti-bactérienne ou anti-virale. Lorsque ces cellules sont activées par le facteur d'activation MAF (« macrophage activating factor »), elles acquièrent un chimiotactisme et une activité cytotoxique non spécifique, mais perdent le récepteur membranaire du MAF. Elles deviennent alors réfractaires à une seconde stimulation [379]. L'activité cytotoxique des phagocytes est donc de courte durée et nécessite toujours l'activation de nouvelles cellules. Fidler, Poste et leurs collaborateurs ont étudié les effets des lymphokines encapsulées dans des liposomes in vitro et in vivo [101, 104-106, 119, 189, 240, 373, 375, 376, 379, 381, 450, 452]. Ils démontrent que le MAF encapsulé peut maintenir une activité anti-tumorale des macrophages alvéolaires qui ne l'est plus avec du MAF libre en solution. Après une injection intraveineuse de ces liposomes à des souris ou des chiens porteurs de métastases pulmonaires de mélanomes, une dose 20 000 fois plus faible de MAF encapsulé que de MAF libre suffit pour éliminer la tumeur dans la majorité des cas. Les monocytes circulants sont également activés après une phagocytose des liposomes. Ils migrent alors dans les tissus et ont une action cytotoxique égale aux macrophages [374]. De même, Kleinerman et coll. [244] stimulent les monocytes circulants humains avec des lymphokines humaines encapsulées. Plus récemment, Pidgeon et coll. [365] indiquent que des combinaisons de MAF et de polynucléotides poly(I).poly(C) (uniquement double brin) sont encore plus efficaces pour activer des macrophages in vitro grâce à leur apport par les liposomes. Ce résultat laisse entrevoir des possibilités très intéressantes in vivo.

Des analyses similaires ont été réalisées avec le muramyl dipeptide (MDP), extrait de mycobactéries, qui est en partie responsable de l'activité immunologique de l'adjuvant de Freund [58]. Les liposomes contenant du MDP permettent d'obtenir une réponse plus efficace que le MDP libre contre l'ovalbumine [58]. L'activité non spécifique anti-tumorale peut aussi être induite par ces liposomes [107, 450, 451]. L'induction cytotoxique des macrophages alvéolaires, qui est thymus-indépendante [102] est synergique avec des lymphokines non encapsulées [450, 451]. De plus, Fidler et coll. [102] démontrent que des macrophages activés in vitro par le MDP encapsulé dans les liposomes, et réinjectés par voie intraveineuse chez des souris portant expérimentalement des métastases pulmonaires, inhibent de façon significative le développement de ces métastases. Ce résultat confirme que l'augmentation de la réponse de l'hôte contre les métastases pulmonaires et ganglionnaires, générée par le MDP contenu dans les liposomes, est médiée par des macrophages devenus cytotoxiques. Récemment, des résultats permettant d'envisager le même type d'approche ont été obtenus avec des monocytes circulants humains. Ces cellules deviennent cytotoxiques in vitro, après leur incubation avec le MDP apporté par les liposomes et détruisent les cellules tumorales [243]. La même équipe confirme que les immunomodulateurs (interféron γ, lymphokines humaines, et MDP), contenus dans des liposomes, activent les monocytes humains qui sont alors capables de lyser les cellules infectées par le virus *Herpes simplex* et par les cellules normales [249]. Cependant, le mécanisme d'action de ces immunomodulateurs après l'interaction des liposomes avec les cellules, n'a pas été très clairement démontré. Dans le cas de l'interféron γ, il semble que ce soit la fuite du composé hors des liposomes qui active les macrophages plutôt que le transfert direct des liposomes ou de leur contenu à l'intérieur de la cellule [94]. Hayashi et coll. [193] démontrent que le PAF (« platelet activating factor »), connu pour activer aussi les macrophages, est plus efficace lorsqu'il est incubé avec des macrophages sous sa forme encapsulé dans des liposomes que lorsqu'il est testé sous sa forme libre. Dans ce cas, il semble que le produit encapsulé soit protégé efficacement de la dégradation rapide par le milieu extérieur. Il n'est pas impossible que la fuite lente du PAF hors des liposomes dans l'environnement immédiat des cellules, favorise l'activation prolongée des macrophages. Néanmoins, ces résultats laissent envisager avec espoir l'utilisation des liposomes pour promouvoir une activité cytotoxique anti-tumorale ou anti-virale par les macrophages, à des fins thérapeutiques chez l'homme.

La toxicité des lymphokines encapsulées dans des liposomes multilamellaires a été étudiée aussi bien chez la souris que chez le chien [189]. Une légère augmentation de la phosphatase alcaline sérique et de la glutamine-oxaloacétique transaminase est détectée ainsi qu'une augmentation occasionnelle de bilirubine. Aucune autre modification, histologique, chimique, hématologique ou immunologique, n'est observée.

Dans le même ordre d'idée, d'autres auteurs [284, 285] proposent d'encapsuler dans des liposomes, de l'ARN « immun ». Cet ARN, extrait de cellules de cobayes immunisés par un hépatocarcinome syngénique, permet de promouvoir l'apparition de l'activité cytotoxique des lymphocytes incubés avec des liposomes porteurs de cet ARN. La stimulation est de plusieurs fois supérieure à celle qu'engendre le même ARN non encapsulé et aboutit à une lyse importante de la tumeur par ces lymphocytes in vitro.

Bien que l'efficacité des traitements par injections intraveineuses de liposomes ait été démontrée à plusieurs reprises, cette voie d'administration n'est pas toujours la meilleure. Aussi, d'autres voies ont-elles été testées pour étudier le devenir des liposomes et leur potentialité dans différentes tentatives de prophylaxie.

Administration intrapéritonéale

La possibilité qu'ont les liposomes de pouvoir délivrer des drogues lorsqu'ils sont administrés par la voie intrapéritonéale a été démontrée par de nombreuses équipes [75, 287, 306, 360, 393, 415]. Par exemple, l'actinomycine D encapsulée dans des liposomes (lécithine + cholestérol, 1:1) est moins toxique et plus efficace que la drogue libre contre des cellules tumorales d'ascites d'Ehrlich chez la souris [393]. Une augmentation de la durée de vie est obtenue chez 78 % des animaux traités avec une concentration de drogue de 0,75 mg/kg. De même, l'actinomycine D incorporée dans la phase lipidique des liposomes (chargés négativement et composés de lécithine d'œuf, de cholestérol et d'acides phosphatidiques, dans un rapport molaire 7:2:1) par une coévaporation de l'actinomycine D avec le mélange lipidique solubilisé dans du chloroforme, permet d'augmenter la survie de souris AKR portant la tumeur péritonéale AKR.A. Plus de 90 % des souris survivent grâce à l'injection intrapéritonéale de ces liposomes [171, 327].

Des résultats encore plus probants sont obtenus avec la cytosine arabinoside (1-β-D arabinofuranosylcytosine) encapsulée dans des liposomes. Une concentration 500 fois inférieure à celle de la drogue libre permet d'accroître la survie des souris portant la tumeur L1210 dans leur ascite [248]. Ces effets ont tous été obtenus avec de grands liposomes multilamellaires neutres, ou chargés positivement ou négativement (dernier cas). D'autres types de liposomes ont été étudiés. Mayhew et coll. [301] ont encapsulé la cytosine arabinoside dans de petits liposomes unilamellaires (300-500 Å de diamètre) chargés négativement, composés de phosphatidylcholine et de phosphatidylsérine dans un rapport molaire 4:1. L'injection intrapéritonéale de ces liposomes, correspondant à une dose de cytosine arabinoside de 10 mg/kg, chez des souris DBA/2/Ha portant la tumeur L1210 en ascite, permet d'accroître de 100 % la survie des souris. De plus, avec cette même drogue, il est clairement établi que le cholestérol des liposomes augmente l'activité anti-tumorale. Ceci est vérifié après une injection intrapéritonéale de grands liposomes unilamellaires à des souris portant la tumeur L1210 [303]. Les résultats indiquent que l'activité anti-tumorale de la drogue encapsulée est inversement proportionnelle à sa perméabilité à travers la membrane des liposomes [134, 303].

Par contre, de moins bons résultats sont obtenus avec des injections de liposomes contenant la 8-azaguanine. Les liposomes multilamellaires chargés positivement, composés de dipalmitoyl phosphatidylcholine, de cholestérol et de stéarylamine dans un rapport molaire de 6:2:1,4, administrés à une dose de 0,76 mg de 8-azaguanine par jour et par souris, ne permettent d'accroître que de 24 % la survie des souris portant la tumeur L1210 [98]. De plus, la 8-azaguanine encapsulée dans de petits liposomes soniqués est totalement inefficace.

D'autres drogues comme le méthotrexate ont été employées. Lorsqu'il est encapsulé dans des liposomes, le méthotrexate est très efficace pour traiter des tumeurs solides résistantes au méthotrexate [251]. Dans cet exemple, des injections de la drogue à 1 mg/kg pendant 4 jours chez des souris provoquent une réduction de 80 % de la masse de la tumeur P1798, alors qu'une réduction de 37 % seulement est obtenue avec la drogue libre. Chez des rats porteurs d'une autre tumeur (lymphosarcome) sensible à la drogue libre, des résultats similaires sont obtenus avec un traitement analogue : 82 % des cellules tumorales disparaissent sous l'effet du méthotrexate encapsulé, contre 52 % avec la drogue libre [251].

Par contre, ces liposomes chargés positivement et contenant du cholestérol peuvent, dans certains cas, libérer lentement le méthotrexate, engendrant ainsi une action prolongée néfaste [230]. Shinozawa et coll. [447] utilisent l'illudine S pour traiter des carcinomes murins (ascites d'Ehrlich). Ils constatent que plus de la moitié des souris survivent pendant plusieurs semaines quand ils administrent la drogue sous forme encapsulée par voie intrapéritonéale. Avec la drogue libre, toutes les souris meurent.

La charge et la taille des liposomes sont deux variables à considérer pour de tels traitements. La cytosine arabinoside encapsulée dans des liposomes chargés positivement ou négativement, contenant du cholestérol, permet d'obtenir un effet positif sur la survie des souris portant des tumeurs [415]. On peut cependant noter que les petits liposomes utilisés, chargés négativement, sont plus efficaces que les mêmes liposomes chargés positivement. Les grands liposomes multilamellaires ou unilamellaires (chargés positivement ou négativement) le sont encore davantage [303, 415]. Ceci s'explique par le fait que les petits liposomes peuvent traverser certaines membranes endothéliales pour être drainés par les canaux lymphatiques dans la circulation [306, 430]. Par contre, les grands liposomes qui ne peuvent passer dans les canaux lymphatiques restent sur les lieux d'administration, ce qui favorise un effet thérapeutique plus important [430]. Ceci est d'ailleurs confirmé par des observations dans lesquelles la polyvinylpyrrolidone (qui n'est pas biodégradable) marquée à l'iode 125, encapsulée dans des liposomes chargés négativement, se retrouve dans la circulation à des concentrations différentes suivant la taille des liposomes, injectés par voie intrapéritonéale [75]. Quand des grands liposomes sont injectés, 5 à 7 % de la radioactivité apparaît dans le sang au bout de 3 heures. 34 % à 40 % de la radioactivité s'y retrouvent avec de petits liposomes.

Il existe donc de nombreuses expériences réalisées in vivo avec des agents anti-tumoraux encapsulés dans les liposomes permettant d'envisager avec optimisme leur utilisation dans des traitements chimiothérapeutiques. Néanmoins, les succès obtenus dépendent de la taille et de la charge des liposomes ainsi que de la nature de la drogue utilisée.

Des traitements avec des liposomes contenant de l'insuline ont été tentés chez des rats diabétiques. Les résultats sont comparables à ceux obtenus avec de l'insuline libre injectée par la même voie [360, 362]. Les grands liposomes multilamellaires ayant une charge nette négative et contenant 10 unités d'insuline, produisent une concentration plasmatique d'insuline de 37 µUnités/ml, 1 heure après l'injection intrapéritonéale chez des chiens diabétiques. Cet effet est plus rapide que celui obtenu avec des injections sous-cutanées (voir page 58). Il en résulte une chute considérable du taux de glucose sanguin au bout de 2 heures, mais cette chute est moins prononcée et de plus courte durée que celle obtenue après une injection sous-cutanée [362]. L'injection intrapéritonéale d'insuline par des liposomes n'offre donc aucun avantage.

Par contre, les liposomes contenant des polynucléotides poly(I).poly(C) sont environ 20 fois plus efficaces que les polynucléotides libres pour induire une production d'interféron par les lymphocytes [282, 283, 287]. Des liposomes chargés négativement ou positivement produisent le même effet, comparable à celui obtenu par une injection intraveineuse.

La distribution tissulaire des liposomes et de leur contenu a été rigoureusement étudiée. Les petits liposomes sont captés par le foie, la rate, les reins, l'estomac, la thyroïde et les muscles [306]. Les grands liposomes, électrique-

Tableau 2-III Absorption gastro-intestinale de l'insuline ou autres substances encapsulées dans les liposomes (avec cholestérol)

Animaux	Substances	Doses	Observations	Références
Rats diabétiques ou rats normaux traités par l'acide indolylacétique (qui protège l'insuline circulante de la dégradation par la glutathione insuline transhydrogénase)	Insuline porcine ou bovine	5-10 Unités/rat	Réduction de 40 à 60 % du glucose sanguin 1 heure après l'injection, se maintenant pendant 3 heures (liposomes chargés négativement)	360, 417
Rats diabétiques et normaux	Insuline bovine	1-35 Unités/rat	Diminution de 40 % du taux de glucose sanguin chez des rats diabétiques, moins ressentie chez les rats normaux 4 heures après l'administration. Augmentation de l'immunoréactivité à l'insuline dans le sang des animaux diabétiques et normaux. Les liposomes « solides » sont plus efficaces que les liposomes « fluides ». Les liposomes composés de DMPC ou DLPC sont plus effectifs que les liposomes composés de DPPC ou DSPC	73-75, 152
Rats normaux	Insuline porcine et bovine	5 Unités/rat	Évidence de la présence de liposomes intacts dans l'estomac. Action protectrice de la membrane lipidique des liposomes sur la dégradation protéolytique intestinale de l'insuline encapsulée (liposomes chargés négativement).	360
Hommes (volontaires non diabétiques)	Insuline bovine	80-90 Unités/individus	Réduction à peine significative du glucose sanguin (aucun signe clinique d'hypoglycémie). Augmentation d'une immunoréactivité insulinique dans le sang. 1 % de la dose d'insuline administrée est absorbée (liposomes non chargés)	359
Rats diabétiques et normaux	Insuline (source non mentionnée)	10 Unités/kg	Réduction significative de la glycémie chez les rats diabétiques et pas chez les rats normaux (liposomes chargés positivement)	475
Rats diabétiques	Insuline bovine	20 Unités/rat	Réduction du glucose sanguin de 30 à 70 % chez 7 animaux sur 11. L'insuline contenue dans les liposomes accroît la tolérance au glucose chez les animaux diabétiques (liposomes chargés positivement)	190
Chiens diabétiques	Insuline porcine	40-100 Unités/chien	Réduction de la glycémie chez certains animaux et augmentation de l'immunoréactivité insulinique chez tous les chiens. 1 % de la dose administrée passe dans le plasma. Effet peu	359, 362

			choline d'œuf ou de DSPC	
Chiens normaux	Insuline porcine	40-80 Unités/chien	Réduction à peine significative de la glycémie. Élévation de l'immunoréactivité insulinique dans le sang (liposomes neutres ou chargés négativement)	359
Lapins diabétiques	Insuline bovine	16-20 Unités/lapin	Réduction de la glycémie chez 7 lapins sur 11. Immunoréactivité insulinique augmentée dans le sang des 11 lapins. (Liposomes constitués de phosphatidylcholine de graines de soja. Pas d'effet avec des liposomes composés d'analogues non digestibles de la phosphatidylcholine tels que le 2-tétra-décyloctadec-11-ényl-phosphocholine (dialkyl-PC) et le 1-hexadécyl-2-octadec-9-ényl-sn-glycérophosphocholine (diéther-PC)	362
Souris	(^{14}C) maltose	Non spécifiée	1,9 % et 12,5 % de la dose initiale sont retrouvés dans le sang et le foie respectivement lorsque le maltose est encapsulé, comparé à 0,4 et 1,9 % lorsque le maltose est administré sous forme libre (liposomes composés de phosphotidylcholine d'œuf)	81
Rats	Glucose oxydase	25 mg/rat	Réduction du glucose sanguin avec des liposomes constitués de phosphatidylinositol (chargés négativement)	75
Souris portant la tumeur L1210	1-β-D-arabino-furanosyl cytosine	10 mg/kg	Vie des souris prolongée (liposomes chargés négativement)	415
Rats	Tubocurarine	2-4 mg/rat	Animaux malades et morts en 2 heures. Pas d'effet létal avec la drogue libre car elle est dégradée avant d'être absorbée (liposomes neutres constitués de DPPC)	74
Patients atteints d'hémophilie A	Facteur VIII	800 Unités/individus	La concentration plasmatique en facteur VIII (activité coagulante) approche la dose effective thérapeutique et persiste pendant au moins 50 heures. Administration orale plus efficace que l'administration intraveineuse (liposomes chargés négativement)	198, 238, 239
Rats	Gentamycine	0,2 mg/rat	Augmentation considérable de la concentration de l'antibiotique dans le sang et les tissus. Pas de trace détectable de gentamycine quand elle est administrée sous forme libre	316

DLPC, DMPC, DPPC, DSPC sont respectivement le dilauryloyl, dimyristoyl, dipalmitoyl et distéaroyl phosphatidylcholine.

molécules telles que l'insuline, l'héparine ou quelques antibiotiques ne peuvent être administrées par cette voie soit parce qu'elles sont très peu absorbées par le système gastro-intestinal, soit parce qu'elles sont détruites par la digestion pancréatique et stomacale. Le cas de l'insuline représente un exemple caractéristique. Cette hormone est détruite par les protéases digestives et ne peut de ce fait, être administrée que par injection. Mis à part l'avantage qu'offrirait la suppression des injections quotidiennes, souvent difficiles à réaliser soi-même, une administration orale d'insuline pourrait en plus diminuer les risques cardiovasculaires ou autres complications observées avec la méthode thérapeutique conventionnelle. Jusqu'à présent, même dans les meilleurs cas, les concentrations insuliniques n'atteignent jamais la normale plasmatique. Il en résulte une quantité toujours élevée de glucose (ou autres métabolites) dans le sang, non utilisable par le foie, les muscles et les autres tissus. Il existe donc une réelle nécessité d'administrer de telles molécules par la voie orale, à condition que celles-ci soient protégées pour garder leur activité biologique. Les liposomes permettent dans plusieurs cas de protéger les substances encapsulées du suc digestif. De nombreux exemples de traitements sont résumés dans le tableau 2-III. Il semble que les liposomes, grands ou petits, chargés négativement, positivement ou neutres, soient tous efficaces. Cependant, il est très probable que même si certaines compositions lipidiques sont responsables d'un effet plus ou moins prononcé, ces liposomes n'arrivent pas dans la circulation car ils sont détruits par les sels biliaires [190, 403] et la phospholipase A2 pancréatique [345, 527, 528], ou digérés à l'intérieur des cellules intestinales après leur absorption [363]. Les substances encapsulées, alors libérées dans l'intestin, peuvent passer dans la circulation après leur absorption par l'iléon et le jéjunum.

Ces données, bien que très encourageantes, ne sont pas toujours satisfaisantes en terme de quantité de matériel transporté dans la circulation. Dans un des cas les plus caractéristiques, celui de l'insuline, 1 % seulement de la dose administrée échappe à la dégradation protéolytique. Par contre, ce n'est peut-être pas un désavantage pour certains composés tels que le Facteur VIII dont de faibles quantités suffisent pour moduler un effet thérapeutique (tableau 2-III).

Administration intramusculaire

Les premières expériences d'injections intramusculaires de liposomes contenant des drogues, datent de 1975. La (^{14}C)-céfazoline de sodium, l'(^{125}I)-insuline, le (^{14}C)-sucrose, l'(^{14}C)-inuline, encapsulés dans des liposomes chargés négativement, sont absorbés dans l'organisme, à partir des lieux d'injection, beaucoup moins rapidement que les composés libres [17]. De plus, l'augmentation de la concentration de cholestérol dans les liposomes prolonge le temps d'absorption des molécules encapsulées. Cependant, cette absorption dépend de la nature des molécules encapsulées. Par exemple, 70 à 80 % d'insuline restent localisés au site d'injection 4 heures après l'administration, alors que pour le même temps, on retrouve seulement 30 à 40 % de céfazoline [17]. Des expériences réalisées in vitro, en présence d'homogénat de muscle, montrent que les liposomes, contenant la céfazoline, libèrent l'antibiotique. Cela suggère qu'il y a une hydrolyse des liposomes au site d'injection. Par contre, il semble que les petits liposomes unilamellaires chargés positivement soient captés par les fibres musculaires in vitro par un mécanisme qui, d'après les auteurs, impliquerait la fusion [506].

La L-asparaginase encapsulée dans des liposomes (SUV) chargés négativement, administrés par voie intramusculaire, est efficace pour prolonger la survie de souris C3H portant la tumeur 6C3HED, dont la prolifération dépend de la L-asparagine [328]. Cependant, aucune guérison totale n'est obtenue. Quand l'enzyme est administrée par la même voie dans des liposomes non soniqués et chargés négativement, une guérison totale est observée dans 100 % des cas. Ce phénomène s'explique par une infusion lente de l'enzyme à partir des MLV, maintenant un taux de L-asparagine sérique très faible pendant longtemps. Des études de distribution tissulaire révèlent que la prednisolone (stéroïde) tritiée, encapsulée dans des liposomes chargés positivement, se retrouve augmentée dans le foie, la rate, les reins, les poumons, le pancréas et les tissus gastro-intestinaux, par rapport à la molécule non encapsulée. De plus, la concentration plasmatique de la prednisolone est plus élevée et se maintient pendant une période plus longue lorsqu'elle est administrée dans les muscles de rat sous forme encapsulée [446].

Une telle approche peut être envisagée pour traiter les rhumatismes articulaires chroniques. D'autre part, l'effet adjuvant des liposomes injectés par voie intramusculaire a été clairement démontré [5, 194] ; il confirme la possibilité de les utiliser pour réaliser des vaccins.

Autres modes d'administration : administrations locales

Injection intraarticulaire   Des injections intraarticulaires peuvent être réalisées dans certains cas de rhumatismes. Shaw et coll. [438, 439] montrent que des liposomes contenant des stéroïdes sont stables à 37 °C en présence de liquide synovial. L'injection intraarticulaire de ces liposomes à des lapins atteints d'arthrite expérimentale, entraîne une accumulation de stéroïdes et de lécithine (liposomes) dans la synovie, qui se maintient pendant au moins deux heures après l'injection. Le taux des stéroïdes apportés par les liposomes dans le tissu est inversement proportionnel à la chronicité de l'inflammation. L'intensité ainsi que la durée de l'activité anti-inflammatoire sont plus importantes au début de la phase aiguë de l'inflammation. Ces données encourageantes permettent de traiter des patients atteints d'arthrite rhumatoïde [82]. L'injection intraarticulaire de cortisol palmitate (hydrophobe) ou de cortisol phosphate (hydrophile) incorporés dans des liposomes, induit une amélioration considérable des indices d'inflammation dans les articulations affectées, aussi bien du point de vue subjectif qu'objectif (thermographie aux infrarouges des genoux traités). On retrouve un taux non négligeable de stéroïdes pendant plus de 12 heures au lieu d'injection. Ceci est d'autant plus avantageux que les doses très faibles de stéroïdes utilisées permettent d'éviter les dangers que représente l'administration de tels produits.

Administration par injection ou inhalation dans les poumons   L'administration par injection ou nébulisation de liposomes en aérosol dans les poumons a été expérimentée pour traiter des cancers pulmonaires [217, 221, 305] et certains syndromes respiratoires chez les enfants prématurés [129, 211, 212, 318, 545].

Dans le cas des cancers pulmonaires, des liposomes contenant de la cytosine arabinoside sont directement injectés dans les poumons de rats ou administrés par les voies respiratoires. La drogue encapsulée reste dans les poumons beaucoup plus longtemps que la drogue libre qui passe directement dans la circulation systémique. La cytosine arabinoside, contenue dans les liposomes, inhibe la synthèse de l'ADN des cellules tumorales pulmonaires ; elle provoque des effets minimes sur d'autres organes, normalement sensibles à la drogue, tels que l'intestin et la moelle osseuse. Par contre, la drogue libre, administrée par la même voie, inhibe la synthèse d'ADN de toutes les cellules en division de l'organisme. L'injection pulmonaire de liposomes représente donc un réel potentiel thérapeutique.

Dans les syndromes respiratoires, le manque de sécrétion par des cellules pulmonaires de type II est la cause d'une mortalité post-natale. Cette sécrétion se présente sous forme de vésicules composées de dipalmitoyl phosphatidylcholine (DPPC) et de dipalmitoyl phosphatidylglycérol (DPPG), d'autres lipides et de protéines en quantité plus faible [97]. Le traitement de ces syndromes respiratoires, par administration de liposomes soniqués composés de DPPC et de DPPG provoque une augmentation du taux d'oxygène sanguin qui résulte d'une diminution de la quantité d'oxygène expiré. De plus, il semble que le DPPG inclus dans la préparation de liposomes favorise la fusion de ces liposomes avec les cellules pulmonaires et les vésicules endogènes préexistantes [353], augmentant ainsi la stabilité tissulaire du système respiratoire chez les enfants prématurés.

Administration intradermique   Mauk et coll. [300] montrent que des petits liposomes unilamellaires injectés par voie intradermique restent concentrés, intacts, pendant plus de 600 heures au lieu d'injection. Ce résultat indique aussi que les solutés encapsulés sont libérés par l'intermédiaire d'une dégradation intracellulaire des vésicules. Les liposomes non captés par les cellules restent indemnes. Aucune thérapeutique n'a appliqué ce procédé d'administration mais celui-ci pourrait se révéler utile dans des vaccinations avec les liposomes.

Injection intracérébrale   Il est reconnu que les liposomes n'ont que peu ou pas d'accès au système nerveux central après une injection intraveineuse [214, 229, 232-234]. Il est très difficile, voire impossible, aux liposomes de traverser la barrière endothéliale continue qui sépare, entre autres organes, le cerveau du système circulatoire [229, 358, 370, 371, 377, 380]. Des injections intracérébroventriculaires ont donc été effectuées chez l'animal. Kimelberg [229] rapporte que le taux de méthotrexate radiomarqué est plus important dans le système nerveux central et périphérique lorsque cette drogue cytotoxique est administrée sous forme encapsulée (dans des petits liposomes unilamellaires chargés positivement) que lorsqu'elle est injectée sous forme libre. Une concentration élevée se retrouve dans le tissu nerveux 24 à 96 heures après l'injection, aussi bien chez des singes que des rats ou des souris. Ce résultat indique que le méthotrexate reste encapsulé dans les liposomes pendant au moins 24 heures et, de ce fait, garde son activité car il n'est ni dégradé, ni éliminé. Cette étude permet d'envisager le traitement anti-cancéreux des tumeurs cérébrales solides. Il faut cependant noter que certaines tumeurs, entre autres cas pathologiques, détruisent localement la barrière endothéliale permettant ainsi la diffusion de macromolécules de la circulation dans les tissus. Cette barrière endothéliale continue pourrait alors ne plus être un obstacle majeur pour acheminer des drogues dans les tissus non accessibles normalement après une injection intraveineuse.

Conclusions

Il est évident que cette pléthore d'exemples ne représente qu'une infime partie du travail réalisé avec les liposomes dans le domaine thérapeutique, de 1969 à nos jours. Des informations supplémentaires seront trouvées dans d'excellentes revues rédigées par Bangham et coll. [25] ; Gregoriadis et coll. [181] ; Gregoriadis [152, 153, 157, 159, 162] ; Tyrell et coll. [485] ; Alving [7] ; Fendler et Romero [99] ; Pagano et Weinstein [350] ; Kimelberg et Mayhew [231] ; Papahadjopoulos [352] ; Szoka et Papahadjopoulos [463] ; Weinstein [513, 514] ; Fraley et Papahadjopoulos [125] ; Kaye [226] ; Leserman [261] ; Widder et coll. [523] ; Alving et Richards [12] ; Poznansky et Juliano [384] ; Poste et coll. [378]. D'autre part, plusieurs ouvrages sur les divers aspects des liposomes ont été édités par Papahadjopoulos [351] ; Gregoriadis [155, 161] ; Gregoriadis et Allison [164] ; Tom et Six [474] ; Knight [245] ; Nicolau et Paraf [334] ; Gregoriadis et coll. [175, 180] ; Leserman et Barbet [262] ; Ostro [347] ; Puisieux et Delattre [389].

Dans ce chapitre, nous avons exposé en détail les avantages et désavantages relatifs des différentes voies d'administration des liposomes. On peut se rendre compte qu'en sélectionnant une voie d'injection particulière, il est possible d'influencer considérablement la concentration plasmatique des composés encapsulés ainsi que leur distribution tissulaire. Bien que nous ne l'ayons pas mentionnée, l'administration de liposomes par voie rectale a été effectuée. Il est décrit que ce mode d'administration, classique pour certaines drogues, permet d'obtenir des résultats fructueux. Néanmoins, ces travaux n'ont pas été poursuivis [362].

Les succès thérapeutiques obtenus avec les liposomes dépendent aussi de leur taille, de leur charge ainsi que de la nature des molécules encapsulées. Cependant, plusieurs critiques doivent être formulées. De nombreux travaux n'ont jamais été reproduits, probablement à cause du manque de rigueur dans les contrôles des premières expériences publiées avec enthousiasme. Certaines mesures de distribution tissulaire, en particulier, ne représentent peut-être, pas celle des liposomes mais celle de la substance encapsulée, libérée des liposomes dans les fluides biologiques. Il serait souhaitable de reproduire ces expériences en utilisant des sondes qui permettent de discriminer les deux partenaires : les liposomes (lipides radiomarqués par exemple) et les molécules encapsulées (radiomarquées par un autre émetteur par exemple). De même, l'effet de la charge des phospholipides et celui de la nature des molécules encapsulées sur la taille des liposomes n'ont pas été déterminés avec précision. On comprend alors que certaines données ne soient peut-être pas représentatives de la réalité. Aussi, de nombreux laboratoires se sont réorientés vers des études in vitro afin de mieux déterminer l'importance des paramètres physico-chimiques sur la structure et l'intégrité des liposomes.

Par contre, il est parfaitement établi que l'encapsulation de drogues ou de substances biologiques dans des liposomes a pour effet : 1) de promouvoir une augmentation de leur rétention dans la circulation ; 2) d'accumuler à forte concentration ces composés dans les tissus riches en cellules réticuloendothéliales, spécialement du foie et de la rate ; 3) de les maintenir dans certains tissus pendant une longue période ; 4) de les protéger d'une dégradation métabolique et de l'élimination ; 5) de prévenir des réactions d'hypersensibilité chez des individus préimmunisés ; 6) d'obtenir des effets thérapeutiques indiscutables.

Autres approches

Effet adjuvant et immunogénicité des liposomes Un autre aspect prometteur des liposomes que nous ne ferons qu'évoquer ici, est leur emploi en tant qu'adjuvant. En effet, selon la voie d'injection des liposomes, la diffusion lente des antigènes encapsulés ou leur présentation sur la surface des liposomes, permet de promouvoir de fortes réponses humorales sans nécessité d'adjuvants in vivo alors que l'antigène libre est rapidement éliminé [5, 160, 194, 267, 385, 494, 511]. D'autre part, certaines protéines membranaires (en particulier les antigènes d'histocompatibilité) insérées dans la bicouche lipidique par élimination du détergent, provoquent également de fortes réponses secondaires de type cellulaire in vitro, après une présentation de ces molécules par les liposomes [69, 186, 187, 196, 242].

Pas moins de 100 publications décrivent pour différents antigènes lipidiques (et leurs dérivés hapténiques) et protéiques, l'effet immunogène des liposomes. De nombreux paramètres tels que la composition des liposomes (charges, nature des phospholipides, fluidité), la longueur de la chaîne de connexion entre haptènes exposés et surface des liposomes ainsi que l'encapsulation, l'adsorption ou le couplage des protéines sur la surface des liposomes, ont été étudiés afin d'obtenir une réponse humorale la plus forte possible. De ces travaux, il découle que la charge des liposomes est importante notamment pour la production d'anticorps anti-toxine diphtérique (liposomes « négatifs » > liposomes « positifs » [5]). Cependant cela n'est pas une généralité pour d'autres antigènes [194]. Les acides phosphatidiques (cardiolipides et phosphatidylsérine) sont très immunogéniques [7], ainsi que les lécithines, dans certaines conditions [23, 335, 427]. Par contre, les liposomes formés de phosphatidylcholine ou de sphingomyéline ne sont pas immunogéniques [12]. A l'extrême, en incorporant du cholestérol oxydé ou du 25-hydroxycholestérol dans la bicouche lipidique, les liposomes peuvent devenir des immunosuppresseurs puissants [8, 206].

Les liposomes constitués de phospholipides ayant une température de transition élevée (tableau 1-I) et qui sont donc considérés « solides », favorisent, dans certains cas, une forte réponse anticorps anti-DNP (dinitrophényl) lorsque cet haptène est l'antigène [72]. Cependant, des liposomes « fluides » peuvent également engendrer une production convenable d'anticorps suivant l'antigène utilisé [203]. Il est décrit que l'éloignement de petites molécules (haptènes) de la surface des liposomes permet d'éviter un encombrement stérique. Plus la chaîne de connexion entre le ligand et les liposomes est grande, plus l'accessibilité de celui-ci aux anticorps est accrue. Par ailleurs, cet éloignement permet d'augmenter considérablement la réponse anticorps dans le cas du DNP [71, 235, 236, 449]. Dans le même ordre d'idée, la réponse humorale obtenue par l'exposition des antigènes sur la surface des liposomes est aussi efficace, sinon meilleure dans certains cas, que celle dérivée d'une immunisation avec les antigènes encapsulés. Plusieurs laboratoires l'ont démontré pour l'albumine sérique humaine et les γ-globulines bovines, adsorbées sur les liposomes, chez des lapins [504] et pour l'albumine sérique bovine insérée dans la bicouche lipidique ou couplée de manière covalente sur les liposomes, chez des souris [440-442].

En dehors de la masse des antigènes étudiés avec les liposomes en tant qu'adjuvant, ceux du virus de l'hépatite B [160, 169], du *Plasmodium falciparum* (malaria) [448], du vibrion cholérique (choléra) [101], du virus responsable de la rubéole [482] ou encore ceux du virus de l'influenza [6, 158], sont particulièrement intéressants pour des immunisations chez l'homme, d'autant plus que les liposomes ne sont pas toxiques comparés aux adjuvants classiques de Freund et précipité d'hydroxyde d'alumine [159, 160, 162, 473].

Les liposomes en génie génétique Les liposomes, comme nous l'avons déjà évoqué, peuvent être utilisés pour délivrer des acides nucléiques dans les cellules. Les déficiences génétiques pourraient être traitées en apportant aux cellules de l'ARN ou de l'ADN encapsulé. En effet, la restauration d'une activité enzymatique, par l'apport de l'enzyme vacante dans un tissu, n'est que passagère donc peu efficace. Cela reflète l'impossibilité de pouvoir délivrer une quantité suffisante de l'enzyme ou de la maintenir à une concentration intracellulaire convenable pour en corriger la déficience (voir page 47). L'apport d'acides nucléiques codant pour une enzyme, représente donc une voie alternative qui peut avoir certains avantages. Une incorporation stable (dans le cas d'ADN) et une amplification des produits géniques, peuvent assurer le maintien d'un taux intracellulaire élevé de l'enzyme, même si l'efficacité du transfert du contenu des liposomes dans la cellule est faible.

En outre, l'introduction d'ARN ou d'ADN dans les cellules par les liposomes peut permettre, en biologie cellulaire, d'étudier les relations entre la structure et la fonction des molécules. Les techniques classiques actuelles qui ont pour but d'introduire des acides nucléiques dans les cellules, sont plutôt inefficaces, surtout pour les cellules non phagocytaires. Que ce soit par perméabilisation des membranes cellulaires (choc osmotique, agent fusiogène, etc.), par précipitation au phosphate de calcium, ou par formation de complexes grâces aux polycations, les valeurs généralement obtenues pour 10 à

20 µg d'ADN sont de l'ordre d'un transformant pour 10^3-10^6 cellules, dans les meilleurs cas [266, 274, 275]. Le taux de transfection cellulaire ne dépasse pas quelques pour cent pour les acides nucléiques viraux [125].

Par contre, les microinjections d'ADN dans le noyau des cellules donnent des valeurs de transfection ou de transformation qui sont de plusieurs milliers de fois supérieures à celles obtenues par le phosphate de calcium ou les complexes de polycations [14]. Il en est de même pour l'électroporation, une nouvelle technique de transfection [383]. Il est probable que « l'inefficacité » du transfert de macromolécules biologiquement actives (acides nucléiques) dans les cellules, soit la cause des basses fréquences de transformation. Les liposomes pourraient alors offrir des avantages en protégeant les acides nucléiques d'une dégradation par les nucléases et en acheminant les molécules dans la cellule par une voie différente de celle empruntée par les complexes de phosphate de calcium et de polycations.

De nombreux travaux rendent compte des possibilités d'utiliser les liposomes en génie génétique. Pour n'en donner que quelques exemples, nous citerons les travaux de Wilson et coll. [529] qui mettent en évidence que des acides nucléiques peuvent être encapsulés dans de grands liposomes unilamellaires et délivrés aux cellules. Ils démontrent que l'encapsulation du virus de la poliomyélite dans les liposomes, permet de courcircuiter la voie normale de pénétration du virus qui a une affinité pour un récepteur cellulaire présent uniquement sur des cellules de primates. L'infection de toutes les cellules, possédant ou non le récepteur, est alors possible. L'ARN messager de la globine de lapin a été transféré dans des cellules HEp-2 humaines ou des lymphocytes spléniques murins, par l'intermédiaire de grands liposomes unilamellaires chargés négativement [84, 348]. Une protéine transcrite d'un poids moléculaire apparent égal à celui de la globine est identifiée par immunoprécipitation. Par contre, cette protéine n'est pas retrouvée lorsque les cellules sont incubées avec des liposomes « vides » et de l'ARN libre. Plus récemment, Bag [21] arrive à la même conclusion avec un système biologique différent : des myotubes de poulet transfectés avec de l'ARN messager total. Dans cet exemple, la transcription d'ARN pour des protéines de choc thermique est inhibée par l'apport d'ARN normal. Dans le même ordre d'idées, Havaranis et coll. [191] étudient le processus de contraction de muscles en apportant, grâce aux liposomes, l'ARN messager de la chaîne lourde de la myosine associé à des riboprotéines dans des myoblastes et myotubes. Des études plus quantitatives ont été réalisées avec de l'ARN purifié du virus de la poliomyélite [530]. Dans ce cas, la production du virus, mesurée par plage de lyse, par toutes les cellules des divers types testés, dépend du nombre de liposomes (chargés négativement et contenant en moyenne une molécule d'ARN chacun) incubés avec les cellules. Dix mille liposomes par cellule sont nécessaires pour assurer l'infection de 100 % des cellules. Ce procédé est donc peu efficace car il requiert une grande concentration de liposomes mais il est néanmoins plus performant que les techniques classiques, pour une même concentration d'ARN [530]. Plus récemment, Lavelle et coll. [259] indiquent que l'ARN ribosomal de diverses origines phylogénétiques peut être transféré des liposomes dans des cellules murines tumorales (myélome). Cependant, la dégradation intracellulaire de cet ARN dépend de son origine. L'ARN ribosomal d'*Escherichia coli* est dégradé en 1 heure après son introduction dans la cellule, alors que celui de souris ou de levures, plus proche phylogénétiquement, n'est catabolisé que très lentement. Cela indique donc que la cellule peut discriminer entre les diverses espèces d'ARN ribosomal. Il est certainement préférable d'utiliser de l'ADN qui pourrait éventuellement s'insérer dans le génome de façon stable, permettant ainsi une synthèse endogène d'ARN.

Des premières études réalisées avec de l'ADN, il ressort que l'encapsulation de chromosomes au stade métaphase, augmente la fréquence du transfert des gènes de 10 fois dans les cellules de l'ovaire de hamster [320]. Néanmoins, la nature de l'association entre chromosomes et vésicules lipidiques n'est pas clairement démontrée, ni d'ailleurs l'expression des gènes étrangers par la cellule hôte. Fraley et coll. [124] sont les premiers à montrer que des molécules d'ADN peuvent être encapsulées dans des liposomes (chargés négativement) et garder leur activité biologique. Il est ainsi possible de faire pénétrer un plasmide (échantillon autonome du patrimoine génétique de bactéries) dans des bactéries. Dans cet exemple, le plasmide pBR322 contenant le gène conférant la résistance à la tétracycline, apporté par les liposomes dans *Escherichia coli*, fait apparaître des colonies devenues résistantes à l'antibiotique, même en présence de fortes concentrations de DNase. Dans les mêmes conditions, la transformation par l'ADN libre est négligeable. Cependant, la fréquence de transformation médiée par les liposomes ne représente que 1 % de celle atteinte avec le chlorure de calcium. Le gène bactérien de la β-lactamase a été introduit, de la même manière, dans toute une série de cellules eucaryotes (humaines, murines, aviaires, etc.) en culture, où il s'est exprimé [331, 438, 533]. Ce résultat est particulièrement satisfaisant, car le taux de pénétration cellulaire des gènes contenus dans les liposomes est supérieur à celui généralement obtenu avec la méthode des sels de calcium. Néanmoins, la fréquence de transformation n'a pas été déterminée.

La capacité qu'ont les liposomes de pouvoir introduire des molécules d'ADN dans des cellules de mammifères a été rigoureusement caractérisée en utilisant l'ADN du virus SV40 et des cellules de singe en culture (AGMK) comme cibles [126, 127]. La transfection, qui aboutit à la production du virus, est suivie par la lyse des cellules. L'ADN délivré par les liposomes permet d'assurer une transfection des cellules 100 fois plus grande que celle induite par l'ADN libre, mais l'efficacité de transfection est environ 2 000 à 3 000 fois inférieure à celle pouvant être obtenue avec des traitements aux polycations. En apportant des modifications à la technique, de façon à favoriser une interaction entre cellules et liposomes, une endocytose ou une fusion, il est possible de promouvoir une infection 1 000 fois plus effective, comparable alors à celle obtenue avec le DEAE-dextrane (polycation). De plus, dans ces conditions de culture, plus de 30 % des cellules sont infectées [126, 127]. Cette valeur est substantiellement plus importante que celle obtenue avec les méthodes classiques [125]. Un autre exemple est décrit avec des cellules LMtk⁻ et des liposomes contenant le gène de la thymidine kinase [419].

La même méthode a été appliquée, avec succès, pour introduire des fragments de patrimoine génétique étranger dans des cellules végétales en culture (protoplastes) [276-279, 324]. Ce résultat est d'autant plus intéressant que les techniques existantes ne permettent pas d'introduire des acides nucléiques dans ces cellules. La méthodologie des liposomes peut donc être utilisée pour des études génétiques chez les végétaux. Le plasmide Ti de la bactérie *Agrobacterium tumefaciens* a été inséré de cette manière [276]. Ce plasmide pourrait servir à introduire chez des plantes les gènes leur conférant, directement ou indirectement, la capacité d'assimiler l'azote atmosphérique. Cela paraît d'autant plus réalisable que l'introduction du gène aboutit à son incorporation dans le génome du protoplaste et à son expression [125]. La même étude a été réalisée pour l'ARN du virus de la mosaïque du tabac [123]. Les protoplastes de mésophylle de tabac ont aussi servi de cibles pour transférer un plasmide recombinant d'*Escherichia coli* conférant la résistance à la kanamycine contenue dans des liposomes [43, 44]. Plus récemment le passage du contenu des liposomes dans les protoplastes a été quantifié par des mesures fluorimétriques [70].

Enfin, des expériences réalisées chez des souris [309] et chez des rats [333, 453] illustrent la possibilité de pouvoir délivrer des gènes recombinants in vivo et prouvent l'intérêt des liposomes en génie génétique [332].

Tous ces résultats, pour le moins prometteurs, ne doivent pas faire oublier que l'utilisation des liposomes in vivo est limitée, pour l'instant, aux cellules phagocytaires du système réticuloendothélial. De plus, les tentatives de localisation d'un effet thérapeutique dans d'autres tissus sont réalisées avec des liposomes ayant une composition lipidique particulière et font appel à des modifications physicochimiques intrinsèques ou extrinsèques qui ne sont pas toujours évidentes (effet du pH et de la température). Il en est de même lorsqu'on applique un champ magnétique pour tenter de concentrer les liposomes ou autres transporteurs synthétiques contenant du fer dans un site déterminé [294, 522, 523].

Dans les expériences réalisées in vitro, les cellules sont traitées dans des conditions précisément définies : incubation dans du milieu de culture sans sérum, introduction de poly L-lysine pour faire adhérer les cellules, utilisation d'agents fusionnants (polyéthylène glycol, éthylène glycol, diméthylsulfoxide, polyvinyl alcool...) pour permettre une fusion entre cellules et liposomes, traitement par le glycérol qui semble stimuler l'endocytose des liposomes par les cellules, ou encore des incubations avec des inhibiteurs lysosomiaux (NH_4Cl et chloroquine) pour augmenter l'infection des cellules dans des études de transfection, par exemple. D'autre part, l'adhésion des liposomes aux cellules ne pouvait, jusqu'à présent, être réalisée qu'avec des liposomes chargés négativement et n'ayant de ce fait aucune spécificité [123, 126, 127, 349].

L'extension des applications envisagées pour les liposomes in vitro et in vivo nécessite donc de pouvoir les diriger sélectivement vers un type cellulaire particulier.

References

1 Abraham, I., Goundalkar, A., Mezei, M.: Effect of liposomal surface charge on the pharmacokinetics of an encapsulated model compound. *Biopharmaceutics and Drug Disposition*, 1984; **5**: 387–398.
2 Abuchowski, A., Van Es Palczuk, N. C., McCoy, J. R., Davis, F. F.: Treatment of L5178Y tumour-bearing BDF1 mice with a non immunogenic L-glutaminase-L-asparaginase. *Cancer Treat. Rep.*, 1979, **63**: 1127–1132.
3 Ahn, Y. S., Byrnes, J. J., Harrington, W. J. Cayer, M. L., Smith, D. S., Brunskill, B. E., Paul, L. M.: The treatment of idiopathic thrombocytopenia with vinblastin-loaded platelets. *New Engl. J. Med.*, 1978, **298**: 1101–1107.
4 Allen, T. M.: A study of phospholipid interaction between high density lipoproteins and small unilamellar vesicles. *Biochim. Biophys. Acta*, 1981, **640**: 385–397.
5 Allison, A. C., Gregoriadis, G.: Liposomes as immunological adjuvants. *Nature*, 1974, **252**: 252–254.
6 Almeida, J. D., Brand, C. M., Edwards, D. C., Heath, T. D.: Formation of virosomes from influenza virus subunits and liposomes. *Lancet*, 1975, **II**: 899–901.
7 Alving, C. R.: Immune reactions of lipids and lipid model membranes. In *The Antigens*, Sela, M. Ed., 1977, Vol. 4: pp. 1–72.
8 Alving, C. R.: Therapeutic potential of liposomes as carriers in leishmaniasis, malaria and vaccines. In *Targeting of Drugs*, Gregoriadis, G., Senior, J. and Trouet, A. Eds, New York, London: Plenum Press, 1982, Vol. 47: pp. 337–353.
9 Alving, C. R.: Natural antibodies against phospholipids and liposomes in humans. *Biochem. Soc. Trans.*, 1984, **12**: 342–344.
10 Alving, C. R., Banersi, B., Clements, J. D., Richards, R. L.: Adjuvanticity of lipid A and lipid A fractions in liposomes. In *Liposomes and Immunobiology*, Tom, B. H. and Six, H. R. Eds, New York, Amsterdam: Elsevier/North Holland, 1980, pp. 67–78.
11 Alving, C. R., Steck, E. A., Chapman, W. L. Jr., Waits, V. B., Hendricks, L. D., Swartz, G. M., Hanson, W. L.: Therapy of Leishmaniasis: superior efficacies of liposome-encapsulated drugs. *Proc. Natl. Acad. Sci. USA*, 1978, **75**: 2959–2963.
12 Alving, C. R., Richards, R. L.: Immunologic aspects of liposomes. In *Liposomes*, Ostro, M. J. Ed., New York and Basel: Marcel Dekker, Inc., 1983, pp. 209–287.
13 Alving, C. R., Swartz, G. M. Jr.: Preparation of liposomes for use as drug carriers in the treatment of leishmaniasis. In *Liposome Technology*, Gregoriadis, G. Ed., Boca Raton, CRC Press, Inc., 1984, Vol. II: pp. 55–68.
14 Anderson, W. F., Killos, L., Sanders-Haigh, L., Kretschmer, P. J., Diacumakos, E. G.: Replication and expression of thymidine kinase and human globin genes microinjected into mouse fibroblasts. *Proc. Natl. Acad. Sci. USA*, 1980, **77**: 5399–5403.
15 Andersson, A.: Islet implantation normalises hyperglycaemia caused by streptozotocin-induced insulitis. *Lancet*, 1979, **I**: 581–584.
16 Aragnol, D., Leserman, L. D.: Immune clearance of liposomes inhibited by anti-Fc receptor antibody *in vivo*. *Proc. Natl. Acad. Sci. USA*, 1986, **83**: 2699–2703.
17 Arakawa, E., Imai, Y., Kobayashi, H., Okumura, K., Seraki, H.: Application of drug-containing liposomes to the duration of intramuscular adsorption of water-soluble drugs in rats. *Chem. Pharm. Bull.*, 1975, **23**: 2218–2222.
18 Arnon, R.: Antibodies and dextran as anti-tumour drug carriers. In *Targeting of Drugs*, Gregoriadis, G., Senior, J, and Trouet, A. Eds, New York: Plenum Press, 1982, Vol. 47: pp. 31–54.
19 Ashwell, G., Morell, A. G.: The role of surface carbohydrates in the hepatic recognition and transport of circulating glycoproteins. *Adv. Enzymol.*, 1974, **41**: 99–128.
20 Attie, A. D., Pittman, R. C., Steinberg, D.: Metabolism of native and of lactosylated human low density liporotein: evidence for two pathways for catabolism of exogenous proteins in rat hepatocytes. *Proc. Natl. Aca. Sci. USA*, 1980, **77**: 5823–5927.
21 Bag, J.: Recovery of normal protein synthesis in heat-shocked chicken myotubes by liposome-mediated transfer of mRNAs. *Can. J. Biochem. Cell. Biol.*, 1985, **63**: 231–235.
22 Balboni, P. G., Minia, A., Grossi, M. P., Barbanti-Brodano, G., Fiume, L.: Activity of albumin

conjugates of 5-fluorodeoxyuridine and cytosine arabinoside on poxviruses as a lysosomotropic approach to antiviral chemotherapy. *Nature*, 1976, **264**: 181–183.
23 Banerji, B., Alving, C. R.: Anti-liposome antibodies induced by lipid A. I. Influence of ceramide, glycosphingolipids, and phosphocholine on complement damage. *J. Immunol.*, 1981, **126**: 1080–1084.
24 Bangham, A. D.: Introduction. In *Liposomes: from Physical Structure to Therapeutic Applications*, Knight, C. G. Ed., Amsterdam, New York: Elsevier/North Holland, 1981, Vol. 7: pp. 1–17.
25 Bangham, A. D., Hill, M. W., Miller, N. G. A.: Preparation and use of liposomes as models of biological membranes. In *Methods in Membrane Biology*, Korn, E. D. Ed., New York: Plenum Press, 1974, Vol. I: pp. 1–68.
26 Barbanti-Brodano, G., Fiume, L.: Selective killing of macrophages by amanitin-albumin conjugates. *Nature*, 1973, **243**: 281–283.
27 Barbanti-Brodano, G., Fiume, L.: *In vitro* effect of a 5-fluorodeoxyuridine albumin conjugate on tumour cells and on peritoneal macrophages. *Experientia*, 1974, **30**: 1180–1185.
28 Beigel, M., Eytan, G., Loyter, A.: Reconstituted Sendai virus envelopes as a vehicle for the introduction of soluble macromolecules and membrane components into animal cells. In *Targeting of Drugs*, Gregoriadis, G., Senior, J. and Trouet, A. Eds, New York: Plenum Press, 1982, Vol. 47: pp. 125–143.
29 Belchetz, P. E., Braidman, I. P., Grawley, J. C. W., Gregoriadis, G.: Treatment of Gaucher's disease with liposome-entrapped glycocerebrosidase: β-glucosidase. *Lancet*, 1977, **II**: 116–117.
30 Benbough, J. E., Wiblin, C. N., Rafter, T. N. A., Lee, J.: The effect of chemical modification of L-asparaginage on its persistence in circulating blood of animals. *Biochem. Pharmacol.*, 1979, **28**: 833–839.
31 Bernstein, A., Hurwitz, E., Maron, R., Arnon, R., Sela, M., Wilchek, M.: Higher antitumor efficacy of daunomycin when linked to dextran: *in vivo* and *in vitro* studies. *J. Natl. Cancer. Inst.*, 1978, **60**: 379–384.
32 Beutler, E., Dale, G. L., Guinto. E., Kuhl, W.: Enzyme replacement therapy in Gaucher's disease: preliminary clinical trial of a new enzyme preparation. *Proc. Natl. Acad. Sci. USA*, 1977, **74**: 4620–4623.
33 Bjorn, M. J., Ring, D., Frankel, A.: Evaluation of monoclonal antibodies for the development of breast cancer immunotoxins. *Cancer Res.*, 1985, **45**: 1214–1221.
34 Black, C. D. V., Gregoriadis, G.: Interaction of liposomes with blood plasma proteins. *Biochem. Soc. Trans.*, 1976, **4**: 253–256.
35 Black, C. D. V., Watson, G. J., Ward, R. J.: The use of pentostam liposomes in the chemotherapy of experimental leishmaniasis. *Trans. Roy. Soc. Trop. Med. Hyg.*, 1977, **71**: 550–552.
36 Blair, A. H., Ghose, T. I.: Linkage of cytotoxic agents to immunoglobulins. *J. Immunol. Methods.*, 1983, **59**: 129–143.
37 Blythman, H., Cesellas, P., Gros, O., Gros, P., Jansen, F. K., Paolucci, B. P., Vidal, H.: Immunotoxins: hybrid molecules of monoclonal antibodies and a toxin subunit specifically kill tumour cells. *Nature*, 1981, **290**: 145–146.
38 Boquet, P., Duflot, E.: Tetanus toxin fragment forms channels in lipid vesicles at low pH. *Proc. Natl. Acad. Sci. USA*, 1982, **79**: 7614–7618.
39 Bradfield, J. W. B., Souhami, R. L., Addison, I. E.: The mechanism of the adjuvant effect of dextran sulfate. *Immunology*, 1974, **26**: 383–392.
40 Brasseur, F., Couvreur, P., Kante, B., Deckers-Passan, L., Roland, M., Deckers, C., Speiser, P.: Actinomycin D adsorbed on polymethylcyanoacrylate nanoparticles: increased efficiency against an experimental tumour. *Eur. J. Cancer*, 1980, **16**: 1141–1145.
41 Bruckdorfer, K. R., Demel, J., De Gier, J., Van Deenen, L. L. M.: The effect of partial replacements of membrane cholesterol by other sterols on the osmotic fragility and glycerol permeability of erythrocytes. *Biochim. Biophys. Acta*, 1969, **183**: 334–345.
42 Busch, H., Fugiwara, E., Firszt, D. C.: Studies on the metabolism of radioactive albumin in tumour-bearing rats. *Cancer Res.*, 1961, **21**: 371–378.
43 Caboche, M., Deshayes, A.: Utilisation de liposomes pour transformation de protoplastes de mésophylle de tabac par un plasmide recombinant de *E. coli* leur conférant la résistance à la kanamycine. *C.R. Acad. Sci. Paris*, 1984, **299** *série III*: 663–666.
44 Caboche, M., Deshayes, A.: Le transfert direct de gènes dans les cellules végétales. Biofutur, Avril 1985, pp. 29–32.

45 Caride, V. J., Taylor, W., Cramer, J. A., Gottschalk, A.: Evaluation of liposome-entrapped radioactive tracers as scanning agents. Part I; organ distribution of liposome ^{99m}Tc-DTPA in mice. *J. Nucl. Med.*, 1976, **17**: 1067–1072.
46 Caride, V. J., Twickler, J. Zaret, B. L.: Liposome kinetics in infarcted canine myocardium. *J. Cardio. Pharmacol.*, 1984, **6**: 996–1005.
47 Caride, V. J., Zaret, B. L.: Liposome accumulation in regions of experimental myocardial infarction. *Science*, 1977, **198**: 735–737.
48 Carl, P. L., Chakravarty, P. K., Katzenellenbogen, J. A., Weber, M. J.: Protease-activated 'pro drugs' for cancer chemotherapy. *Proc. Natl. Acad. Sci. USA*, 1980, **77**: 2224–2228.
49 Carrel, S., Heumann, D., Sekaly, R. P., Zaech, P., Buchegger, F., Girardet, C.: Characterization of a monoclonal antibody (A12) that defines a human acute lymphoblastic leukemia-associated differentiation antigen. *Hybridoma*, 1983, **2**: 149–160.
50 Casellas, P., Brown, J. P., Gros, O., Gros, P., Hellstrom, I., Jansen, F. K., Poncelet, P., Roncucci, R., Vidal, H., Hellstrom, K. E.: Human melanoma cells can be killed *in vitro* by an immunotoxin specific for melanoma-associated antigen p97. *Int. J. Cancer*, 1982, **30**: 437–443.
51 Casellas, P., Buurie, B. J. P., Gros, P., Jansen, F. K.: Kinetics of cytotoxicity induced by immunotoxins. Enhancement by lysosomotropic amines and carboxylic ionopheres. *J. Biol. Chem.*, 1984, **259**: 9359–9364.
52 Cawley, D. B., Herschman, H. R., Gilliland, D. G., Collier, R. J.: Epidermal growth factor-toxin A-chain conjugates: EGF-ricin A is a potent toxin while EGF-diphtheria fragment A is non toxic. *Cell*, 1980, **22**: 563–570.
53 Cawley, D. B., Simpson, D. L., Herschman, H. R.: Toxicity of an asialofetuin-ricin A-chain chimera on cultured hepatocytes is mediated by the asialoglycoprotein receptor. *Fed. Proc.* 1980, **39**: 1798.
54 Cawley, D. B., Simpson, D. L., Herschman, H. R.: Asialoglycoprotein receptor mediates the toxic effects of an asialo-fetuin-diphtheria toxin fragment A conjugate on cultured rat hepatocytes. *Proc. Natl. Acad. Sci. USA*, 1981, **78**: 3383–3387.
55 Cawley, D. B., Simpson, D. L., Herschman, H. R.: Differential toxicity to cultured cells of epidermal growth factor toxin A conjugates. *Fed. Proc.*, 1981, **40**: 1711.
56 Chang, T. M., Dazord, A., Neville, D. M., Jr.: Artificial hybrid protein containing a toxic protein fragment and a cell membrane receptor-binding moiety in a disulfide conjugate. II. Biochemical and biological properties of diphtheria toxin fragment-A-S-S-human placental lactogen. *J. Biol. Chem.*, 1977, **252**: 1515–1522.
57 Chang, T., Neville, D. M., Jr.: Artificial hybrid protein containing a toxic protein fragment and a cell membrane receptor-binding moiety in a disulfide conjugate. I. Synthesis of diphtheria toxin fragment A-S-S-human placental lactogen with methyl-5-bromovalerimidate. *J. Biol. Chem.*, 1977, **252**: 1505–1514.
58 Chedid, L., Carelli, C., Audibert, F.: Recent developments concerning muramyl didpeptide, a synthetic immunoregulating molecule. *J. Reticuloendothel. Soc.*, 1979, **26** (suppl.): 631–641.
59 Chung, K-N., Shepherd, V. L., Stahl, P. D.: Swainsonine and castonospermine blockage of mannose glycoprotein uptake by macrophages. Apparent inhibition of receptor-mediated endocytosis by endogenous ligands. *J. Biol. Chem.*, 1984, **259**: 14637–14641.
60 Claassen, E., Van Rooijen, N.: The effect of elimination of macrophages on the tissue distribution of liposomes containing (^{3}H) methotrexate. *Biochim. Biophys. Acta*, 1984, **802**: 428–434.
61 Colley, C. M., Ryman, B. E.: Liposomes as carriers *in vivo* for methotrexate. *Biochem. Soc. Trans.* 1975, **3**: 157–159.
62 Colley, C. M., Ryman, B. E.: The use of a liposomally entrapped enzyme in the treatment of an artificial storage condition. *Biochim. Biophys. Acta*, 1976, **451**: 417–425.
63 Collier, R. J., Kaplan, D. A.: Immunotoxins. *Sci. American*, 1984, **251**: 44–52.
64 Colombatti, M., Nabholz, M., Gros, O., Bron, C.: Selective killing of target cells by antibody-ricin A chain or antibody-gelonin hybrid molecules: comparison of cytotoxic potency and use in immunoselection procedures. *J. Immunol.*, 1983, **131**: 3091–3095.
65 Connor, J., Huang, L.: Efficient cytoplasmic delivery of a fluorescent dye by pH-sensitive immunoliposomes. *J. Cell Biol.*, 1985, **101**: 582–589.
66 Connor, J., Yatvin, M. B., Huang, L.: pH-sensitive liposomes. Acid-induced liposome fusion. *Proc. Natl. Acad. Sci. USA*, 1984, **81**: 1715–1718.

67 Connors, T. A.: Selectivity in cancer chemotherapy. In *Targeting of Drugs*, Gregoriadis, G., Senior, J. and Trouet, A. Eds, New York: Plenum Press, 1982, Vol. 47: pp. 97–107.
68 Cudd, A., Nicolau, C.: Intracellular fate of liposome-encapsulated DNA in mouse liver. Analysis using electron microscope autoradiography and subcellular fractionation. *Biochim. Biophys. Acta*, 1985, **845**: 477–491.
69 Curman, B., Ostberg, L., Peterson, P. A.: Incorporation of murine MHC antigens into liposomes and their effect in the secondary mixed lymphocyte reaction. *Nature*, 1978, **272**: 545–547.
70 Cutler, A. J., Constabel, F., Kurz, W. G. W., Shargool, P. D.: Quantification of the delivery of liposome contents into plant protoplasts. *Anal. Biochem.*, 1984, **139**: 482–486.
71 Dancey, G. F., Isakson, P. C., Kinsky, S. C.: Immunogenicity of liposomal model membranes sensitized with dinitrophenylated phosphatidylethanolamine derivatives containing different length spacer. *J. Immunol.*, 1979, **122**: 638–642.
72 Dancey, G. F., Yasuda, T., Kinsky, S. C.: Effect of liposomal model membrane composition on immunogenicity. *J. Immunol.*, 1978, **120**: 1109–1113.
73 Dapergolas, G., Gregoriadis, G.: Hypoglycaemic effect of liposome-entrapped insulin administered intragastrically into rats. *Lancet*, 1976, **II**: 824–827.
74 Dapergolas, G., Gregoriadis, G.: The effect of liposomal lipid composition on the fate and effect of liposome-entrapped insulin and tubocurarine given intragastrically into rats. *Biochem. Soc. Trans.*, 1977, **5**: 1383–1386.
75 Dapergolas, G., Neerunjun, D. E., Gregoriadis, G.: Penetration of target areas in the rat by liposome-associated bleomycin, glucose oxidase and insulin. *FEBS Lett.*, 1976, **63**: 235–239.
76 Davies, A. J. S.: Magic bullets. *Nature*, 1981, **289**: 12–13.
77 Davis, M. T. B., Preston, J. F.: A conjugate of α-amanitin and monoclonal immunoglobulin G to Thy-1.2 antigen is selectively toxic to T lymphoma cells. *Science*, 1981, **213**: 1385–1388.
78 Dean, M. F., Stevens, R. L., Muir, H., Benson, P. F., Button, L. R., Anderson, R. L., Boylston, A., Mowbray, J.: Enzyme replacement therapy by fibroblast transplantation: long-term biochemical study in three cases of Hunter's syndrome. *J. Clin. Invest.*, 1979, **63**: 138–145.
79 Deliconstantinos, G., Gregoriadis, G., Abel, G., Jones, M., Robertson, D.: Incorporation of cis-dichlorobiscyclopentylamine platinum (II) into liposomes enhances its uptake by ADJ/pc6A tumors implanted subcutaneously into mice. *Biochem. Soc. Trans.*, 1977, **5**: 1326–1328.
80 Derenzini, M., Fiume, L., Marinozzi, V., Mattioli, A., Montanaro, L., Sperti, S.: Pathogenesis of liver necrosis produced by amanitin-albumin conjugates. *Lab. Invest.*, 1973, **29**: 150–158.
81 Deshmukh, D. S., Bear, W. D., Wisniewski, H. M., Brockerhoff, H.: Long-living liposomes as potential drug carriers. *Biochem. Biophys. Res. Commun.*, 1978, **82**: 328–334.
82 De Silva, M., Hazleman, B. L., Page-Thomas, D. P., Wraight, P.: Liposomes in arthritis: a new approach. *Lancet*, 1979, **I** 1320–1322.
83 Djkstra, J., Van Galen, M., Scherphof, G. L.: Effects of ammonium chloride and chloroquine on endocytic uptake of liposomes by Kupffer cells *in vitro*. *Biochim. Biophys. Acta*, 1984, **804**: 58–67.
84 Dimitriadis, G. J.: Translation of rabbit globin mRNA introduced by liposomes into mouse lymphocytes. *Nature*, 1978, **274**: 923–924.
85 Doebber, T. W., Wu, M. S., Bugianesi, R. L., Ponpipom, M. M., Furbish, F. S., Barranger, J. A., Brady, R. O., Shen, T. Y.: Enhanced macrophage uptake of synthetically glycosylated human placental β-glucocerebrosidase. *J. Biol. Chem.*, 1982, **257**: 2193–2199.
86 Donoso, L. A., Folberg, R., Angiolillo, P., Herlyn, M.: A 19–9 monoclonal antibody study of adenocarcinoma metastatic to the choroid. *Am. J. Ophtalmol.*, 1984, **98**: 815–816.
87 Douay, L., Gorin, N. C., Lopez, M., Casellas, P., Liance, M. C., Jansen, F. K., Voisin, G. A., Baillou, C., Laporte, J-P., Najman, A., Duhamel, C.: Evidence for absence of toxicity of T101 immunotoxin on human hematopoietic progenitor cells prior to bone marrow transplantation. *Cancer Res.*, 1985, **45**: 438–441.
88 Dunnick, J. K., McDougall, I. R., Aragon, S., Goris, M. L., Kriss, J. P.: Vesicle interactions with polyaminoacids and antibody. *J. Nucl. Med.*, 1975, **16**: 483–487.
89 Dunnick, J. K., Badger, R. S., Takeda, Y., Kriss, J. P.: Vesicle interactions with antibody and peptide hormone: role of vesicle composition. *J. Nucl. Med.*, 1976, **17**: 1073–1076.
90 Düzgünes, N., Straubinger, R. M., Baldwin, P. A., Friend, D. S., Papahadjopoulos, D.: Proton-induced fusion of oleic acid-phosphatidylethanolamine liposomes. *Biochemistry*, 1985, **24**: 3091–3098.

91 Editorial: Monoclonal antibodies and cancer. *Lancet*, 1981, **I**: 421–423.
92 Edman, P., Sjoholm, I.: Acrylic microspheres *in vivo*. II. The effect in rat of L-asparaginase given in microparticles of polyacrylamide. *J. Pharmacol. Exp. Ther.*, 1979, **211**: 663–667.
93 Ellens, H., Rustum, Y., Mayhew, E., Ledesma, E.: Distribution and metabolism of liposome-encapsulated and free 1-β-D-arabinofuranosyl cytosine (Ara-C) in dog and mouse tissues. *J. Pharmacol. Exp. Ther.*, 1982, **222**: 324–330.
94 Eppstein, D. A., Marsh, Y. V., Van Der Pas, M., Felgner, P. L., Schreiber, A. B.: Biological activity of liposome-encapsulated murine interferon γ is mediated by a cell membrane receptor. *Proc. Natl. Acad. Sci. USA*, 1985, **82**: 3688–3692.
95 Espinola, L. G., Beaucaire, J., Gottschalk, A., Caride, V. J.: Radiolabeled liposomes as metabolic and scanning tracers in mice. II. In-111 oxine compared with TC-99M DTPA, entrapped in multilamellar lipid vesicles. *J. Nucl. Med.*, 1979, **20**: 434–440.
96 Everall, J. D., Dowd, P., Davis, D. A. L., O'Neil, G. J., Rowland, G. F.: Treatment of melanoma by passive humoral immunotherapy using antibody drug synergism. *Lancet*, 1977, **II**: 1105–1106.
97 Farrell, P. M., Avery, M. A.: Hyaline membrane disease. *Am. Rev. Resp. Dis.*, 1975, **111**: 657–687.
98 Fendler, J. H., Romero, A.: Encapsulation of 8-azaguanine in single multiple compartment liposomes. *Life Sci.*, 1976, **18**: 1453–1458.
99 Fendler, J. H., Romero, A.: Liposomes as drug carriers. *Life Sci.*, 1977, **20**: 1109–1120.
100 Fiddler, M. B., Hudson, L. D. S., Desnick, R. J.: Immunological evaluation of repeated administration of erythrocyte-entrapped protein to C3H/HeJ mice. *Biochem. J.*, 1977, **168**: 141–145.
101 Fidler, I. J.: Therapy of spontaneous metastases by intravenous injection of liposomes containing lymphokines. *Science*, 1980, **208**: 1469–1471.
102 Fidler, I. J.: The *in situ* induction of tumoricidal activity in alveolar macrophages by liposomes containing muramyl dipeptide is a thymus-independent process. *J. Immunol.*, 1981, **127**: 1719–1720.
103 Fidler, I. J., Barbes, Z. L., Fogler, W. E., Kirsh, R., Bugelski, P., Poste, G.: Involvement of macrophages in the eradication of established metastases following intravenous injection of liposomes containing macrophage activators. *Cancer Res.*, 1982, **42**: 496–501.
104 Fidler, I. J., Hart, I. R., Raz. A., Fogler, W. E., Kirsh, R., Poste, G.: Activation of tumoricidal properties in macrophages by liposome-encapsulated lymphokines: *in vivo* studies. In *Liposomes and Immunobiology*, Tom, B. H. and Six, H. R. Eds, New York, Amsterdam: Elsevier/North Holland, 1980, pp. 109–118.
105 Fidler, I. J., Raz, A., Fogler, W. E., Hoyer, L. C., Poste, G.: The role of plasma membrane receptors and the kinetics of macrophage activation by lymphokines encapsulated in liposomes. *Cancer Res.*, 1981, **41**: 495–504.
106 Fidler, I. J., Raz, A., Fogler, W. E., Kirsh, R., Bugelski, P., Poste, G.: Design of liposomes to improve delivery of macrophage-augmenting agents to alveolar macrophages. *Cancer Res.*, 1980, **40**: 4460–4466.
107 Fidler, I. J., Sone, S., Fogler, W. E., Barnes, Z. L.: Eradication of spontaneous metastases and activation of alveolar macrophages by intravenous injection of liposomes containing muramyl dipeptide. *Proc. Natl. Acad. Sci. USA*, 1981, **78**: 1680–1684.
108 Filipovic, I., Buddecke, E.: Desialised low-density lipoprotein regulates cholesterol metabolism in receptor-deficient fibroblasts. *Eur. J. Biochem.*, 1979, **101**: 119–122.
109 Filipovich, A. H., Youle, R. J., Neville, D. M. Jr., Vallera, D. A., Quinones, R. R., Kersey, J. H.: *Ex-vivo* treatment of donor bone marrow with anti-T-cell immunotoxins for prevention of graft-versus-host disease. *Lancet*, 1984, **I**: 469–472.
110 Finan, P. J., Parkin, A., Robinson, P. J.: Monoclonal antibody immunoscintigraphy for the detection of gastrointestinal tumors. *Br. J. Surg.*, 1984, **71**: 1008–1009.
111 Finkelstein, M. C., Weissmann, G.: The introduction of enzymes into cells by means of liposomes. *J. Lipid. Res.*, 1978, **19**: 289–303.
112 Finkelstein, M. C., Weissmann, G.: Targeting of liposomes. In *Liposomes: from Physical Structure to Therapeutic Application*, Knight, C. G. Ed., Amsterdam, New York: Elsevier/North Holland, 1981, Vol. 7: pp. 443–464.
113 Fishman, Y., Citri, N.: L-asparaginese entrapped in liposomes: preparation and properties. *FEBS Lett.*, 1975, **60**: 17–20.

162 Gregoriadis, G.: Liposomes for drugs and vaccines. *Trends in Biotechnology.*, 1985, **3**: 235–241.
163 Gregoriadis, G., Allison, A. C.: Entrapment of proteins in liposomes prevents allergic reactions in pre-immunised mice. *FEBS Lett.*, 1974, **45**: 71–74.
164 Gregoriadis, G., Allison, A. C. (Eds): *Liposomes in Biological Systems*, Chichester, New York: John Wiley and Sons, 1980.
165 Gregoriadis, G., Buckland, R. A.: Enzyme-containing liposomes alleviate a model for storage diseases. *Nature*, 1973, **244**: 170–172.
166 Gregoriadis, G., Davisson, P. J., Scott, S.: Binding of drugs onto liposome-entrapped macromolecules prevents diffusion of drugs from liposomes *in vitro* and *in vivo*. *Biochem. Soc. Trans.*, 1977, **5**: 1323–1326.
167 Gregoriadis, G., Kirby, C., Large, P., Meehan, A., Senior, J.: Targeting of liposomes: study of influencing factors. In *Targeting of Drugs*, Gregoriadis, G., Senior, J. and Trouet, A. Eds, New York, London, Plenum Press, 1982, Vol. *47*: pp. 155–184.
168 Gregoriadis, G., Leathwood, P. D., Ryman, B. E.: Enzyme entrapment in liposomes. *FEBS Lett.*, 1971, **14**: 95–99.
169 Gregoriadis, G., Manesis, E. K.: Liposomes as immunological adjuvants for hepatitis B surface antigens. In *Liposomes and Immunobiology*, Tom, B. H. and Six, H. R. Eds, New York, Amsterdam: Elsevier/North Holland, 1980, pp. 271–283.
170 Gregoriadis, G., Neerunjun, E. D.: Control of the rate of hepatic uptake and catabolism of liposome-entrapped proteins injected into rats. Possible therapeutic applications. *Eur. J. Biochem.*, 1974, **47**: 179–185.
171 Gregoriadis, G., Neerunjun, E. D.: Treatment of tumor bearing mice with liposome-entrapped actinomycin D prolongs their survival. *Res. Comm. Chem. Pathol. Pharmacol.*, 1975, **10**: 351–362.
172 Gregoriadis, G., Neerunjun, E. D.: Homing of liposomes to target cells. *Biochem. Biophys. Res. Commun.*, 1975, **65**: 537–544.
173 Gregoriadis, G., Nerrunjun, D. E., Hunt, R.: Fate of liposome-associated agents injected into normal and tumour-bearing rodents: attempts to improve localization in tumour lines. *Life Sci.*, 1977, **21**: 357–370.
174 Gregoriadis, G., Neerunjun, D., Meade, T. W., Goolomali, S. K., Weeteratue, H., Bull, G.: Experiences after long-term treatment of a type I Gaucher disease patient with liposome-entrapped glucocerebroside: β-glucosidase. In *Enzyme Therapy in Genetic Diseases*, Desnick, R. J. Ed., New York: Alan R. Liss Inc., 1980, Vol. 2: pp. 383–392.
175 Gregoriadis, G., Poste, G., Senior, J., Trouet, A. (Eds): *Receptor-mediated targeting of drugs*. Plenum Publishing Corporation, 1985.
176 Gregoriadis, G., Putman, D., Louis, L., Neerunjun, D.: Comparative effect and fate of non-entrapped and liposome-entrapped neuraminidase injected into rats. *Biochem. J.*, 1974, **140**: 323–330.
177 Gregoriadis, G., Ryman, B. E.: Fate of protein-containing liposomes injected into rats. An approach to the treatment of storage diseases. *Eur. J. Biochem.*, 1972, **24**: 485–491.
178 Gregoriadis, G., Ryman, B. E.: Lysosomal localization of β-fructofuranosidase-containing liposomes injected into rats. Some implications in the treatment of genetic disorders. *Biochem. J.*, 1972, **129**: 123–133.
179 Gregoriadis, G., Senior, J.: Targeting of small unilamellar liposomes to the galactose receptor *in vivo*. *Biochem. Soc. Trans.*, 1984, **12**: 337–339.
180 Gregoriadis, G., Senior, J., Trouet, A. (Eds.): *Targeting of Drugs*. Nato Advances Study Institutes series. Series A, Life Sciences, 1982, Vol. 47.
181 Gregoriadis, G., Swain, C. P., Wills, E. J., Tavill, A. S.: Drug-carrier potential of liposomes in cancer chemotherapy. *Lancet*, 1974, **II**: 1313–1316.
182 Gruenberg, J., Coral, D., Knupfer, A. L., Deshusses, J.: Interactions of liposomes with *Trypanosoma brucei* plasma membrane. *Biochem. Biophys. Res. Commun.*, 1979, **88**: 1173–1179.
193 Guilmette, R. A., Cerny, E. A., Rahman, Y. E.: Pharmacokinetics of the iron chelator desferrioxamine as affected by liposome encapsulation: potential in treatment of chronic hemosiderosis. *Life Sci.*, 1978, **22**: 313–320.
184 Guo, L. S., Hamilton, R. L., Goerke, J., Weinstein, J. N., Havel, R. J.: Interaction of unilamellar liposomes with serum lipoproteins and apolipoproteins. *J. Lipid Res*, 1980, **21**: 993–1003.
185 Hahn, G. M.: Interactions of drugs and hyperthermia *in vitro* and *in vivo*. In *Cancer Treatment by Hyperthermia and Radiation*, Streffer, C. Ed., Urban and Schwarzenberg, Baltimore, 1978, pp. 72–79.

186 Hale, A. H.: H-2 antigens incorporated into phospholipid vesicles elicit specific allogeneic cytotoxic T lymphocytes. *Cell. Immunol.*, 1980, **55**: 328–341.
187 Hale, A. H., McGee, M. P.: A study of the inability of subcellular fractions to elicity primary anti-H-2 cytotoxic T lymphocytes. *Cell. Immunol.*, 1981, **58**: 277–285.
188 Har-Kedar, I., Bleehen, N. M.: Experimental and clinical aspects of hyperthermia applied to the treatment of cancer with special reference to the role of ultrasonic and microwave heating. *Adv. Radiat. Biol.*, 1976, **6**: 229–266.
189 Hart, I. R., Fogler, W. E., Poste, G., Fidler, I. J.: Toxicity studies of liposome-encapsulated immunomodulators administered intravenously to dogs and mice. *Cancer Immunol. Immunother.*, 1981, **10**: 157–166.
190 Hashimoto, A., Kawada, J.: Effects of oral administration of positively charged insulin liposomes on alloxan diabetic rats: preliminary study. *Endocrinol.*, 1979, **26**: 337–344.
191 Havaranis, A. S., Heywood, S. M.: Cytoplasmic utilization of liposome-encapsulated myosin heavy chain messenger ribonucleoprotein particles during muscle cell differentiation. *Proc. Natl. Acad. Sci. USA*, 1981, **78**: 6898–6902.
192 Hawthorne, M. F., Wiersema, R. J.: Preparation of tumor specific boron compounds. I. *In vitro* studies using boron-labeled antibodies and elemental boron as neutron targets. *J. Med. Chem.*, 1972, **15**: 449–452.
193 Hayashi, H., Kudo, I., Inoue, K., Nomura, H. Nojima, S.: Macrophage activation by PAF incorporated into dipalmitoylphosphatidylcholine-cholesterol liposomes. *J. Biochem.*, 1985, **97**: 1255–1258.
194 Heath, T. D., Edwards, P. C., Ryman, B. E.: The adjuvant properties of liposomes. *Biochem. Soc. Trans.*, 1976, **4**: 129–133.
195 Heath, T. D., Montgomery, J. A., Piper, J. R. Papahadjopoulos, D.: Antibody-targeted liposomes: increase in specific toxicity of methotrexate-γ-aspartate. *Proc. Natl. Acad. Sci. USA*, 1983, **80**: 1377–1381.
196 Helenius, A., Morein, B., Fries, E., Simmons, K., Robinson, P., Schirrmacher, V., Terhorst, C., Strominger, J. L.: Human (HLA-A and HLA-B) and murine (H-2K and H-2D) histocompatibility antigens are cell surface receptors for Semliki Forest virus. *Proc. Natl. Acad. Sci. USA*, 1978, **75**: 3846–3850.
197 Hellings, J. A., Kamp, H. H., Wirtz, K. W. A., Van Deenen, L. L. M.: Transfer of phosphatidylcholine between liposomes. *Eur. J. Biochem.*, 1974, **47**: 601–605.
198 Hemker, H. C., Hermens, W. Th., Muller, A. D., Zwaal, R. F. A.: Oral treatment of haemophilia A by gastrointestinal absorption of factor VIII entrapped in liposomes. *Lancet*, 1980, **1**: 70–71.
199 Herlyn, D., Steplewski, Z., Herlyn, M., Koprowski, H.: Colorectal carcinoma-specific antigen: Detection by means of monoclonal antibodies. *Proc. Natl. Acad. Sci. USA*, 1979, **76**: 1438–1442.
200 Herlyn, D. M., Steplewski, Z., Herlyn, M. F., Koprowski, H.: Inhibition of growth of colorectal carcinoma in nude mice by monoclonal antibody. *Cancer Res.*, 1980, **40**: 717–721.
201 Hildenbrandt, G. R., and Aronson, N. N.: Uptake of asialoglycophorin by the perfused rat liver and isolated hepatocytes. *Biochim. Biophys. Acta*, 1979, **587**: 373–380.
202 Hnatowich, D. J., Clancy, B., Kilprath, S., O'Connell, T.: Investigations of a new, highly negative liposome with improved biodistribution for imaging. *J. Nucl. Med.*, 1979, **20**: 680–681.
203 Honegger, J. L., Isakson, P. C., Kinsky, S. C.: Murine immunogenicity of N-substituted phosphatidylethanolamine derivatives in liposomes: response to the hapten phosphocholine. *J. Immunol.*, 1980, **124**: 669–675.
204 Hopfer, R. L., Mills, K., Mehta, R., Lopez-Berestein, G., Fainstein, V., Juliano, R. L.: *In vitro* antifungal activities of amphotericin B and liposome-encapsulated amphotericin B. *Antimic. Ag. Chemother.*, 1984, **25**: 387–389.
205 Hubbard, A. R., Sprandel, U., Chalmers, R. A.: Organic acid transport in released haemoglobin-containing human erythrocyte ghosts. *Biochem. J.*, 1980, **190**: 653–658.
206 Humphries, G. M. K.: Specific stimulation and suppression of a primary *in vitro* plaque-forming cell response by monovalent lipid haptens in fluid liposomal membranes. *J. Immunol.*, 1979, **123**: 2126–2132.
207 Hunt, C. A., Rustum, Y. M., Mayhew, E., Papahadjopoulos, D.: Retention of cytosine arabinoside in mouse lung following intravenous administration in liposomes of different size. *Drug Metab. Dispos.*, 1979, **7**: 124–128.
208 Hurwitz, E., Levy, R., Maron, R., Wilchek, M., Arnon, R., Sela, M.: The covalent binding of

209 Ihler, G. M.: Potential use of erythrocytes as carriers for enzymes and drugs. In *Drug Carriers in Biology and Medicine*, Gregoriadis, G. Ed., London, New York: Academic Press, 1979, pp. 129–135.
210 Ihler, G. M.: Erythrocytes as carriers for recombinant cloned DNA. In *Targeting of Drugs*, Gregoriadis, G., Senior, J. and Trouet, A., Eds, New York: Plenum Press, 1982, Vol. 47: pp. 145–153.
211 Ivey, H. H., Kattwinkel, J., Roth, S.: Nebulization of sonicated phospholipids for treatment of respiratory distress syndrome of infancy. In *Liposomes and Immunobiology*, Tom, B. H. and Six, H. R., Eds, New York, Amsterdam: Elsevier/North Holland, 1980, pp. 301–314.
212 Ivey, H., Roth, S., Kattwinkel: Nebulization of pure phospholipids (PL) for treatment of respiratory distress syndrome (RDS) of infancy. *Ped. Res.*, 1977, **11**: 573.
213 Jansen, F. K., Blythman, H. E., Carriere, D., Casellas, P., Gros, O., Gros, P., Laurent, J. C., Paolucci, F. Pau, B., Poncelet, P., Richer, G., Vidal, H., Voisin, G. A.: Immunotoxins: hybrid molecules combining high specificity and potent cytotoxicity. *Immunol. Rev.*, 1982, **62**: 185–216.
214 Jonah, M. M., Cerny, E. A., Rahman, Y. E.: Tissue distribution of EDTA encapsulated within liposomes of varying surface properties. *Biochim. Biophys. Acta*, 1975, **401**: 336–348.
215 Jonah, M. M., Cerny, E. A., Rahman, Y. E.: Tissue distribution of EDTA encapsulated within liposomes containing glycolipids or brain phospholipids. *Biochim. Biophys. Acta*, 1978, **541**: 321–333.
216 Juliano, R. J.: Pharmacokinetics of liposome-encapsulated drugs. In *Liposomes: from Physical Structure to Therapeutic Applications*, Knight, C. G. Ed., Amsterdam, New York: Elsevier/North Holland, 1981, Vol. 7: pp. 391–407.
217 Juliano, R. L., McCullough, H. N.: Controlled delivery of anti-tumor drug: localized action of liposome encapsulated cytosine arabinoside administered via the respiratory system. *J. Pharm. Exp. Ther.*, 1980, **214**: 381–387.
218 Juliano, R. J., Stamp, D.: The effect of particle size and charge on the clearance rates of liposomes and liposome encapsulated drugs. *Biochem. Biophys. Res. Commun.*, 1975, **63**: 651–658.
219 Juliano, R. L., Stamp, D.: Pharmacokinetics of liposome-encapsulated anti-tumour drugs. *Biochem. Pharmacol.*, 1978, **27**: 21–27.
220 Juliano, R. L., Stamp, D.: Interactions of drugs with lipid membranes. Characteristics of liposomes containing polar or non-polar anti-tumor drugs. *Biochim. Biophys. Act.* 1979, **586**: 137–145.
221 Juliano, R. L., Stamp, D., McCullough, N.: Pharmacokinetics of liposome encapsulated antitumor drugs and implications for therapy. *Ann. NY. Acad. Sci*, 1978, **308**: 411–425.
222 Kabawat, S. E., Bast, R. C., Welch, W. R., Knapp, R. C., Colvin, R. B.: Immunopathologic characterization of a monoclonal antibody that recognizes common surface antigens of human ovarian tumors of serous, endometrioid, and clear cell types. *Am. J. Clin. Pathol.*, 1983, **79**: 98–104.
223 Kagan, B. L., Finkelstein, A., Colombini, M.: Diphtheria toxin fragment forms large pores in phospholipid bilayer membranes. *Proc. Natl. Acad. Sci. USA*, 1981, **78**: 4950–4954.
224 Kaltoft, K., Celis, J. E.: Ghost mediated transfer of human hypoxanthine-guanine phosphoribosyl transferase into deficient Chinese hamster ovary cells by means of polyethylene glycol-induced fusion. *Exp. Cell Res.* 1978, **115**: 423–428.
225 Kao, Y. J., Juliano, R. L.: Interactions of liposomes with the reticuloendothelial system. Effects of reticuloendothelial blockade on the clearance of large unilamellar vesicles. *Biochim. Biophys. Acta*. 1981, **677**: 453–461.
226 Kaye, S. B.: Liposomes. Problems and promise as selective drug carriers. *Cancer Treat. Rev.*, 1981, **8**: 27–50.
227 Kersey, J. J., Lebien, T. W., Abramson, C. S., Newman, R., Sutherland, R., Greaves, M. F.: p24: a human leukemia-associated and lymphohemopoietic progenitor cell surface structure identified with monoclonal antibody. *J. Exp. Med.*, 1981, **153**: 726–731.
228 Kimelberg, H. K.: Differential distribution of liposome-entrapped (^{3}H) methotrexate and labelled lipids after intravenous injection in a primate. *Biochim. Biophys. Acta*, 1976, **448**: 531–550.
229 Kimelberg, H. K.: Liposomes as carriers for methotrexate. In *Liposomes in Biological Systems*, Gregoriadis, G. and Allison, A. C. Eds, Chichester, New York: John Wiley and Sons, 1980, pp. 219–248.

230 Kimelberg, H. K., Atchison, M. L.: Effects of entrapment in liposomes on the distribution, degradation and effectiveness of metothrexate *in vivo*. *Ann. NY Acad. Sci.*, 1978, **308**: 395–410.
231 Kimelberg, H. K., Mayhew, E. G.: Properties and biological effects of liposomes and their uses in pharmacology and toxicology. *CRC. Crit. Rev. Toxicol.*, 1978, **6**: 25–79.
232 Kimelberg, H. K., Mayhew, E., Papahadjopoulos, D.: Distribution of liposome-entrapped cations in tumor-bearing mice. *Life Sci.*, 1975, **17**: 715–723.
233 Kimelberg, H. K., Tracy, T. F., Biddlecome, S. M., Bourke, R. S.: The effect of entrapment in liposomes on the *in vivo* distribution of (^{3}H)-methotrexate in a primate. *Cancer Res.*, 1976, **36**: 2949–2957.
234 Kimelberg, H. K., Tracy, T. F., Watson, R. E., Kung, D., Reiss, F. L., Bourke, R.S.: Distribution of free and liposome-entrapped (^{3}H) methotrexate in the central nervous system after intracerebroventricular injection in a primate. *Cancer Res.*, 1978, **38**: 706–712.
235 Kinsky, S. C., Hashimoto, K., Loader, J. E., Benson, A. L.: Synthesis of N-hydroxysuccinimide esters of phosphatidylethanolamine and some properties of liposomes containing these derivatives. *Biochim. Biophys. Acta*, 1984, **769**: 543–550.
236 Kinsky, S. C., Loader, J. E., Benson, A. L.: An alternative procedure for the preparation of immunogenic liposomal model membranes. *J. Immunol. Methods*, 1983, **65**: 295–306.
237 Kirby, C., Clarke, J., Gregoriadis, G.: Effect of the cholesterol content of small unilamellar liposomes on their stability *in vivo* and *in vitro*. *Biochem. J.*, 1980, **186**: 591–598.
238 Kirby, C. J., and Gregoriadis, G.: Incorporation of factor VIII into liposomes. In *Liposome Technology*, Gregoriadis, G. Ed., Boca Raton: CRC Press, 1984, Vol. II: pp. 69–82.
239 Kirby, C. J., Gregoriadis, G.: Preparation of liposomes containing factors VIII for oral treatment of haemophilia. *J. Microencapsulation*, 1984, **1**: 33–45.
240 Kirsh, R., Poste, G.: Liposome encapsulation of biological response modifiers: activation of tumoricidal macrophages. In *Liposome Technology*, Gregoriadis, G. Ed., Boca Raton: CRC Press, 1984, Vol. II: pp. 33–54.
241 Kitao, T., Hattori, K.: Concanavalin A as a carrier of daunomycin. *Nature*, 1977, **265**: 81–82.
242 Klareskog, L., Banck, G. Forsgren, A., Peterson, P. A.: Binding of HLA antigen-containing liposomes to bacteria. *Proc. Natl. Acad. Sci. USA*, 1978, **75**: 6197–6201.
243 Kleinerman, E. S., Erickson, K. L., Schroit, A. J., Fogler, W. E., Fidler, I. J. : Activation of tumoricidal properties in human blood monocytes by liposomes containing lipophilic muramyl tripeptide. *Cancer Res.*, 1983, **43**: 2010–2014.
244 Kleinerman, E. S., Schroit, A. J., Fogler, W. E., Fidler, I. J.: Tumoricidal activity of human monocytes activated *in vitro* by free and liposome-encapsulated human lymphokines. *J. Clin. Inv.*, 1983, **72**: 304–315.
245. Knight, C. G. (Ed): *Liposomes: from Physical Structure to Therapeutic Applications*. Amsterdam, New York: Elsevier/North Holland, 1981, Vol. 7.
246 Knigth, C. G.: Hydrophobic pro-drugs in liposomes. In *Liposomes: from Physical Structure to Therapeutic Applications*, Knight, C. G. Ed., Amsterdam, New York: Elsevier/North Holland, 1981, Vol. 7: pp. 381–390.
247 Kobayashi, T., Tataoka, T., Tsukagoshi, S., Sakurai, Y.: Enhancement of anti-tumour activity of 1-β-D arabinofuranosylcytosine by encapsulation in liposomes. *Int. J. Cancer*, 1977, **20**: 581–587.
248 Kobayashi, T., Tsukagoshi, S., Sakurai, Y.: Enhancement of the cancer chemotherapeutic effect of cytosine arabinoside entrapped in liposomes on mouse leukaemia. *Gann*, 1975, **66**: 719–720.
249 Koff, W. C., Fidler, I. J., Showalter, S. D., Chakrabarty, M. K., Hampar, B., Ceccorulli, L. M., Kleinerman, E. S.: Human monocytes activated by immunomodulators in liposomes lyse herpes virus-infected but not normal cells. *Science*, 1984, **224**: 1007–1009.
250 Koprowski, H., Steplewski, Z., Herlyn, D. Herlyn, M.: Study of antibodies against human melanoma produced by somatic cell hybrids. *Proc. Natl. Acad. Sci. USA*, 1978, **75**: 3405–3409.
251 Kosloski, M. J., Rosen, F., Milholland, R. J., Papahadjopoulos, D.: Effect of lipid vesicle (liposome) encapsulation of methotrexate on its chemotherapeutic efficacy in solid rodent tumors. *Cancer Res.*, 1978, **38**: 2848–2853.
252 Krolick, K. A., Uhr, J. W., Slavin, S., Vitetta, E. S.: *In vivo* therapy of a murine B cell tumor (BCL$_1$) using antibody-ricin A chain immunotoxins. *J. Exp. Med.*, 1982, **155**: 1797–1809.
253 Krolick, K. A., Uhr, J. R., Vitetta, E. S.: Selective killing of leukemia cells by antibody-toxin conjugates: implications for autologous bone marrow transplantation. *Nature*, 1982, **295**: 604–605.
254 Krolick, K. A., Villemez, C., Isakson, P., Uhr, J. W., Vitetta, E. S.: Selective killing of normal or

neoplastic B cells by antibodies coupled to the A-chain of ricin. *Proc. Natl. Acad. Sci. USA*, 1980, **77**: 5419–5423.
255 Krolick, K. A., Yvan, D., Vitetta, E. S.: Specific killing of a human breast carcinoma cell line by a monoclonal antibody coupled to the A-chain of ricin. *Cancer Immunol. Immunother.*, 1981, **12**: 39–41.
256 Krupp, L., Chobanian, A. V., Brecher, P. I.: The in vivo transformation of phospholipid vesicles to a particle resembling HDL in the rat. *Biochem. Biophys. Res. Commun.*, 1976, **72**: 1251–1258.
257 Kusiak, J. W., Tovey, J. H., Quirk, J. M., Brady, R. O.: Specific binding of ^{125}I-labelled β-hexosaminidase to rat brain synaptosomes. *Proc. Natl. Acad. Sci. USA*, 1979, **76**: 982–985.
258 Lagueux, J., Page, M., Delorme, F.: Daunorubicin-albumin copolymer targeting to leukemic cells in vitro and in vivo. Seminar in *Oncology*, 1984, **11**: 59–63.
259 Lavelle, D., Ostro, M. J., Giacomoni, D.: Differential breakdown of phylogenetically diverse ribosomal RNA's inserted via liposomes into mammalian cells. *Science*, 1982, **217**: 59–61.
260 Lehrman, M. A., Goldstein, J. L., Brown, M. S., Russell, D. W., Schneider, W. J.: Internalization-defective LDL receptors produced by genes with nonsense and frame shift mutations that truncate the cytoplasmic domain. *Cell*, 1985, **41**: 735–743.
261 Leserman, L. D.: Immunologic targeting of liposomes. In *Liposomes, Drugs and Immunocompetent Cell Functions*, Nicolau, C. and Paraf, A. Eds., London, New York: Academic Press, 1981, pp. 109–122.
262 Leserman, L. D., Barbet, J. (Eds): *Liposome Methodology*. Paris: Editions INSERM, 1982, Vol. 107.
263 Leserman, L. D., Machy, P., Barbet, J.: Cell-specific drug transfer from liposomes bearing monoclonal antibodies. *Nature*, 1981, **293**: 226–228.
264 Lesley, J., Domingo, D. L., Schulte, R., Trowbridge, I. S.: Effect of an anti-murine transferrin receptor-ricin A conjugate on bone marrow stem and progenitor cells treated in vivo. *Exp. Cell Res.*, 1984, **150**: 400–407.
265 Levine, G., Ballou, B., Reiland, J., Salter, D., Gumerman, L., Hakala, T.: Localisation of ^{131}I-labelled tumour-specific monoclonal antibody in the tumour-bearing BALB/c mouse. *J. Nucl. Med.*, 1980, **21**: 570–573.
266 Lewis, W. H., Spinivasan, P. R., Stokoe, N., Siminovitch, L.: Parameters governing the transfer of the genes for thymidine kinase and dihydrofolate reductase into mouse cells using metaphase chromosomes or DNA. *Somatic Cell Genet.*, 1980, **6**: 333–348.
267 Lifshitz, R., Gitler, C., Mozes, E.: Liposomes as immunological adjuvants in eliciting antibodies specific to the synthetic polypeptide poly (L Tyr, L Glu)-poly (DL Ala)-poly (L Lys) with high frequency of site-associated idiotypic determinants. *Eur. J. Immunol.*, 1981, **11**: 398–404.
268 Linthicum, D. S., Sell, S.: Topography of lymphocyte surface immunoglobulin using scanning immunoelectron microscopy. *J. Ultrastr. Res.*, 1975, **51**: 55–68.
269 Lopez-Berestein, G., Hopfer, R. L., Mehta, R., Mehta, K., Hersh, E. M., Juliano, R. L.: Prophylaxis of *Candida albicans* infection in neutropenic mice with liposome-encapsulated amphotericin B. *Antimic. Ag. Chemother.*, 1984, **25**: 366–367.
270 Lopez-Berestein, G., Hopfer, R. L., Mehta, R., Mehta, K., Hersh, E. M., Juliano, R. L.: Liposome-encapsulated amphotericin B for treatment of disseminated candidiasis in neutropenic mice. *J. Infect. Dis.*, 1984, **150**: 278–283.
271 Lopez-Berestein, G., Mehta, R., Hopfer, R., Mehta, K., Hersh, E. M., Juliano, R.: Effects of sterols on the therapeutic efficacy of liposomal amphotericin B in murine candidiasis. *Cancer Drug Deliv.*, 1983, **1**: 37–42.
272 Lopez-Berestein, G., Mehta, R., Hopper, R. L., Mills, K., Kasi, L., Mehta, K., Fainstein, V., Luma, V., Hersh E. M., Juliano, R.: Treatment and prophylaxis of disseminated infection due to *Candida albicans* in mice with liposome-encapsulated amphotericin B. *J. infect. Dis.*, 1983, **147**: 939–945.
273 Lopez-Berestein, G., Rosenblum, M. G., Mehta, R.: Altered tissue distribution of amphotericin B by liposomal encapsulation: comparison of normal mice to mice infected with *Candida albicans*. *Cancer Drug Deliv.*, 1984, **1**: 199–205.
274 Loyter, A., Scangos, G., Juridek, D., Keene, D., Ruddle, F. H.: Mechanisms of DNA entry into mammalian cells. II. Phagocytosis of calcium phosphate DNA co-precipitate visualized by electron microscopy. *Exp. Cell Res.*, 1982, **139**: 223–234.
275 Loyter, A., Scangos, G. A., Ruddle, F. H.: Mechanisms of DNA uptake by mammalian cells: fate

of exogenously added DNA monitored by the use of fluorescent dyes. *Proc. Natl. Acad. Sci. USA.*, 1982, **79**: 422–426.
276 Lurquin, P. F.: Entrapment of plasmid DNA by liposomes and their interactions with plant protoplasts. *Nucl. Acids Res.*, 1979, **6**: 3773–3784.
277 Lurquin, P. F.: Binding of plasmid loaded liposomes to plant protoplasts: validity of biochemical methods to evaluate the transfer of exogenous DNA. *Plant. Sci. Lett.*, 1981, **21**: 31–40.
278 Lurquin, P. F.: Entrapment of genetic materials into liposomes and their delivery to cells. In *Liposome Technology* Gregoriadis, G. Ed, Boca Raton: CRC Press, 1984 Vol. II: pp 187—194.
279 Lurquin, P. F., Sheehy, R. E.: Effects of conditions of incubation on the binding of DNA-loaded liposomes to plant protoplasts. *Plant Sci. Lett.*, 1982, **28**: 49–61.
280 Mach, J. P., Carrel, S., Forni, M., Ritschard, J., Donath, A., Alberto, P.: Tumour localisation of radio-labelled antibodies against carcinoembryonic antigen in patients with carcinoma. *New Engl. J. Med.*, 1980, **303**: 5–10.
281 Machy, P., Barbet, J., Leserman, L. D.: Differential endocytosis of T and B lymphocyte surface molecules evaluated with antibody-bearing fluorescent liposomes containing methotrexate. *Proc. Natl. Acad. Sci. USA*, 1982, **79**: 4148–4152.
282 Magee, W. E.: Potentiation of interferon production and stimulation of lymphocytes by polyribonucleotides entrapped in liposomes. In *Liposomes and their Uses in Biology and Medicine*, Papahadjopoulos, D. Ed, *Ann. N.Y. Acad. Sci.*, 1978, Vol 308: pp 308–324.
283 Magee, W. E.: Liposomes as carriers of polynucleotides. In *Liposomes in Biological Systems*, Gregoriadis, G., and Allison, A. C. Eds, Chichester, New York: John Willey and Sons, 1980, pp 249–363.
284 Magee, W. E., Cronenberger, J. H., Thor, D. E.: Marked stimulation of lymphocyte-mediated attack on tumor cells by target-directed liposomes containing immune RNA. *Cancer Res.*, 1978, **38**: 1173–1176.
285 Magee, W. E., Cronenberger, J. H., Thor, D. E., Paque, R. E.: Modulation of the immune response by targeted liposomes containing nucleic acids and other agents. In *Liposomes and Immunobiology*, Tom, B. H., and Six, H. R. Eds., New York, Amsterdam: Elsevier/North Holland, 1980, pp 133–149.
286 Magee, W. E., Goff, C. W., Schoknecht, J., Smith, M. D., Cherian, K.: The interaction of cationic liposomes containing entrapped horseradish peroxidase with cells in culture. *J. Cell. Biol.*, 1974, **63**: 492–504.
287 Magee, W. E., Talcott, M. L., Straub, S. X., Vriend, C. Y.: A comparison of negatively and positively charged liposomes containing entrapped polyinosinic-polycytidylic acid for interferon induction in mice. *Biochem. Biophy. Acta*, 1976, **451**: 610–618.
288 Magin, R. L., Weinstein, J. N.: Selective delivery of drugs in 'temperature-sensitive' liposomes. In *Liposomes and Immunobiology*, Tom. B. H. and Six, H. R. Eds, New York, Amsterdam: Elsevier/North Holland, 1980, pp. 315–325.
289 Magin, R. L., Weinstein, J. N.: Delivery of drugs in temperature-sensitive liposomes. In *Targeting of Drugs*, Gregoriadis, G., Senior, J., Trouet, A. Eds, New York, London: Plenum Press, 1982, Vol. 47: pp. 203–221.
290 Magin, R. L., Weinstein, J. N.: The design and characterization of temperature sensitive liposomes. In *Liposome Technology*, Gregoriadis, G. Ed., Boca Raton: CRC Press, 1984, Vol. III: pp. 137–155.
291 Mallinger, A. G., Jozwiak, E. L., Jr., Carter, J. C.: Preparation of boron-containing bovine γ-globulin as a model compound for a new approach to slow neutron therapy of tumors. *Cancer Res.*, 1972, **32**: 1947–1950.
292 Margel, S., Beitler, U., Offarim, M.: A novel method for preparation of polyacrolein microspheres and their biological applications. Fourth Internatl. Conf. on Surface and Colloid Science, IUPAC, Jerusalem, Israel, 1981, p. 14.
293 Margel, Z., Zisblatt, S., Rembaum, A.: Polyglutaraldehyde: a new reagent for coupling proteins to microspheres and for labelling cell surface receptors. Simplified labelling method by means of non-magnetic and magnetic polyglutaraldehyde microspheres. *J. Immunol. Methods*, 1979, **28**: 341–353.
294 Margolis, L. B., Namiot, V. A., Kljukin, L. M.: Magentoliposomes: another principle of cell sorting. *Biochim. Biophys, Acta*, 1983, **735**: 193–195.

295 Martius, C., Ganser, R., Viviani, A.: The enzymatic reduction of K-vitamins incorporated in the membrane of liposomes. *FEBS Lett.*, 1975, **59**: 13–19.
296 Martodam, R. R., Twumasi, D. Y., Liener, I. E., Powers, J. C., Nishino, N., Krejcarek, G.: Albumin microspheres as carrier of an inhibitor of leucocyte elastase: potential therapeutic agent for emphysema. *Proc. Natl. Acad. Sci. USA*, 1979, **76**: 2128–2132.
297 Maslow, D. E., Mayhew, E., Olson, F., Rustum, Y.: Reduction of inhibitory effect of adriamycin on myocardial contraction *in vitro* by entrapment in liposomes. *Proc. Am. Assoc. Cancer Res.*, 1980, **21**: 281.
298 Masuho, Y., Hara, T., Noguchi, T.: Preparation of a hybrid of fragment Fab' of antibody and fragment A of diphtheria toxin and its cytotoxicity. *Biochem. Bophys. Res. Commun.*, 1979, **90**: 320–326.
299 Mathe, G., Loc, T. B., Bernard, J.: Essai sur la leucémie 1210 de la souris d'une combinaison par diazotation d'améthoptérine et de γ-globulines de hamsters proteurs de cette leucémie par hétérogreffe. *C.R. Acad. Sci. Paris*, 1958, **246**: 1626–1628.
300 Mauk, M. R., Gamble, R. C., Baldeschwieler, J. D.: Vesicle targeting: timed release and specificity for leucocytes in mice by subcutaneous injection. *Science*, 1980, **207**: 309–311.
301 Mayhew, E., Papahadjopoulos, D., Rustum, Y. M., Dave, C.: Inhibition of tumour cell growth *in vitro* and *in vivo* by 1-β-D arabinofuranosylcytosine entrapped within phospholipid vesicles. *Cancer Res.*, 1976, **36**: 4406–4411.
302 Mayhew, E., Papahadjopoulos, D., Rustum, Y. M., Dave, C.: Use of liposomes for the enhancement of the cytotoxic effects of cytosine arabinoside. *Ann. N.Y. Acad. Sci.*, 1978, **308**: 371–386.
303 Mayhew, E., Rustum, Y. M., Szoka, F., Papahadjopoulos, D.: Role of cholesterol in enhancing the antitumor activity of cytosine arabinoside entrapped in liposomes. *Cancer Treat. Report.*, 1979, **63**: 1923–1928.
304 McAfee, J. G., Gasne, G. M., Subramanian, G., Grossman, Z. D., Thomas, F. D., Roskopf, M. L., Fernandes, P., Lyons, B. J.: Distribution of leukocytes labeled with In-111 oxine in dogs with acute inflammatory lesions. *J. Nucl. Med.*, 1980, **21**: 1059–1068.
305 McCullough, H. N., Juliano, R. C.: Organ selective action of an anti-tumour drug: pharmacologic studies of liposome-encapsulated beta-cytosine arabinoside administered via the respiratory system of the rat. *J. Natl. Canc. Inst.*, 1979, **63**: 727–731.
306 McDougall, I. R., Dunnick, J. K., Goris, M. L., Kriss, J. P.: *In vivo* distribution of vesicles loaded with radiopharmaceuticals: a study of different routes of administration. *J. Nucl. Med.*, 1975, **16**: 488–491.
307 McIntosh, D. P., Heath, T. D.: Liposome-mediated delivery of ribosome inactivating proteins to cells *in vitro*. *Biochim. Biophys. Acta*, 1982, **690**: 224–230.
308 Mehta, R., Lopez-Berestein, G., Hopfer, R., Mills, K., Juliano, R. L.: Liposomal amphotericin B is toxic to fungal cells but not to mammalian cells. *Biochim. Biophys. Acta*, 1984, **770**: 230–234.
309 Mercola, K. E., Stang, H. D., Browne, J., Salser, W., Cline, M. J.: Insertion of a new gene of viral origin into bone marrow cells of mice. *Science*, 1980, **208**: 1033–1035.
310 Mishra, K. P., Bedekar, V. W., Singh, B. B.: Resealing of electrically hemolysed rat and human erythrocytes. *Indian J. Exp. Biol.*, 1983, **21**: 641–643.
311 Mishra, K. P., Patel, M. C., Ganatra, R. D., Singh, B. M.: Encapsulation and targeting of drugs in electrically hemolysed red cells. First international conference on red blood cell carriers: a method for disseminating chemicals via the circulatory systems. 27 Feb–1 March, 1984.
312 Miskimins, W. K., Shimizu, N.: Synthesis of a cytotoxic insulin cross-linked to diphtheria toxin fragment A capable of recognizing insulin receptors. *Biochem. Biophys, Res. Comm.*, 1979, **91**: 143–151.
313 Miskimins, W. K., Shimizu, N.: Genetics of cell surface receptors for bioactive polypeptides: variants of Swiss/3T3 fibroblasts resistant to a cytostatic chimeric insulin. *Proc. Natl. Acad. Sci. USA*, 1981, **78**: 445–449.
314 Molday, R. S., Dreyer, W. J., Rembaum, A., Yen, S. P. S.: New immunolatex spheres: visual markers of antigens on lymphocytes for scanning electron microscopy. *J. Cell. Biol.*, 1975, **64**: 75–88.
315 Moolten, F. L., Zajdel, S. A., Cooperband, S. R.: Immunotherapy of experimental animal tumors with anti-tumor antibodies conjugated to diphtheria toxin or ricin. *Ann. N.Y. Acad. Sci.*, 1976, **277**: 690–699.

316 Morgan, J. R., Williams, K. E.: Preparation and properties of liposome-associated gentamicin. *Antimic. Ag. Chemother.*, 1980, **17**: 544–548.
317 Morimoto, Y., Masuguki, A., Sugibayashi, K., et al.: Drug carrier properties of albumin microspheres in chemotherapy. IV. *Chem. Pharm. Bull.*, 1980, **28**: 3087–3092.
318 Morley, C. J., Bangham, A. D., Miller, N., Davis, J. A.: Dry artificial lung surfactant and its effect on very premature babies. *Lancet*, 1981, **I**: 64–68.
319 Mosbach, K., Schroder, U.: Preparation and application of magnetic polymers for targeting of drugs. *FEBS Lett.*, 1979, **102**: 112–116.
320 Mukherjee, A. B., Orloff, S., de B. Butler, J., Triche, T., Lalley, P., Schulman, J. D.: Entrapment of metaphase chromosomes into phospholipid vesicles (lipochromosomes): carrier potential in gene transfer. *Proc. Natl. Acad. Sci. USA*, 1978, **75**: 1361–1365.
321 Munchus, M. S., Levitt, D.: Sera used for complement-mediated cytolysis can alter B cell function in vitro. *J. Immunol. Methods.*, 1984, **66**: 383–388.
322 Nadler, L. M., Stashenko, P., Hardy, R., Kaplan, W. D., Button, L. N., Kufe, D. W., Antman, K. H., Schlossman, S. F.: Serotherapy of a patient with a monoclonal antibody directed against a human lymphoma-associated antigen. *Cancer Res.*, 1980, **40**: 3147–3154.
323 Nadler, L. M., Stashenko, P., Hardy, R., Schlossman, S. F.: A monoclonal antibody defining a lymphoma associated antigen in man. *J. Immunol.*, 1980, **125**: 570–577.
324 Nagata, T.: Entrapment of genetic materials into liposomes and their delivery to plant protoplasts. In *Liposome Technology*, Gregoriadis, G. Ed., Boca Raton: CRC Press, 1984, Vol. II: pp. 195–206.
325 Nakatsu, K., Cameron, D. A.: Uptake of liposome-entrapped mannitol by diaphragm. *Can J. Physiol. Pharmacol.*, 1979, **57**: 756–759.
326 Natowicz, M. R., Chi, M. M.-Y., Lowry, O. H., Sly, W. S.: Enzymatic identification of mannose-6-phosphate as the recognition marker for receptor-mediated pinocytosis of β-glucuronidase by human fibroblasts. *Proc. Natl. Acad. Sci. USA*, 1979, **76**: 982–985.
327 Neerunjun, E. D., Gregoriadis, G.: Prolonged survival of tumour bearing mice treated with liposome-entrapped actinomycin D. *Biochem. Soc. Trans.*, 1974, **2**: 868–869.
328 Neerunjun, E. D., Gregoriadis, G.: Tumor regression with liposome-entrapped asparaginase: some immunological advantages. *Biochem. Soc. Trans.*, 1976, **4**: 133–134.
329 New, R. R. C., Chance, M. L., Thomas, S. C., Peter, W.: Antileishmanial activity of antimonials entrapped in liposomes. *Nature*, 1978, **272**: 55–56.
330 New, R. R. C., Theakston, R. D. G., Zumbuehl, O.: Immunization against snake venoms. *New Engl. J. Med.*, 1984, **311**: 56–57.
331 Nicolau, C.: Transfert de DNA dans les cellules eucaryotes médié par les liposomes. Introduction et expression de gènes dans la cellule hôte. Dans *Méthodologie des Liposomes*, Leserman, L. D. et Barbet, J. Eds, Paris: Editions INSERM, 1982, Vol. 107: pp. 49–63.
332 Nicolau, C., Legrand, A., Soriano, P.: Liposomes for gene transfer and expression in vivo. *Cell Fusion*. Pitman Books, London (Ciba Foundation symposium 103), 1984, 254–267.
333 Nicolau, C., Le Pape, A., Soriano, P., Fargette, F., Juhel, M. F.: In vivo expression of rat insulin after intravenous administration of the liposome-entrapped gene for rat insulin I. *Proc. Natl. Acad. Sci. USA*, 1983, **80**: 1068–1072.
334 Nicolau, C., Paraf, A. (Eds): *Liposomes, Drugs and Immunocompetent Cell Functions*. London, New York: Academic Press, 1981.
335 Niedieck, B., Kuck, U., Gardemin, H.: On the immune precipitation of phosphorylcholine lipids with TEPC 15 mouse myeloma protein and with anti-lecithin sera from guinea pigs. *Immunochemistry*, 1978, **15**: 471–475.
336 Norman Palmer, T., Caldecourt, M. A., Kingary, R. O.: Liposomal drug delivery in chronic ischaemia. *Biochem. Soc. Trans.*, 1984, **12**: 344–345.
337 Oeltmann, T. N., Forbes, J. T.: Inhibition of mouse spleen cell function by diphtheria toxin fragment A coupled to anti-mouse Thy 1.2 and by ricin A-chain coupled to anti-mouse IgM. *Arch. Biochem. Biophys.*, 1981, **209**: 362–370.
338 Oeltmann, T. N., Heath, E. C.: A hybrid protein containing the toxic subunit of ricin and the cell-specific subunit of human chorionic gonadotropin. I. Synthesis and characterization. *J. Biol. Chem.*, 1979, **254**: 1002–1027.
339 Oeltmann, T. N., Heath, E. C.: A hybrid protein containing the toxic subunit of ricin and the cell-specific of human choionic gonadotropin. II. Biological properties. *J. Biol. Chem.*, 1979, **254**: 1028–1032.
340 Olsnes, S.: Directing toxins to cancer cells. *Nature*, 1981, **290**: 84.

341 Olsnes, S., Pihl, A.: Different biological properties of the two constitutant peptide chains of ricin, a toxic protein inhibiting protein synthesis. *Biochemistry*, 1973, **12**: 3121–3126.
342 Olsnes, S., Pihl, A.: Chimeric toxins. *Pharmacol. Ther.*, 1982, **15**: 355–381.
343 Olsnes, S., Refsnes, K., Pihl, A.: Mechanism of action of the toxic lectins abrin and ricin. *Nature*, 1974, **249**: 627–631.
344 O'Neil, G. J.: The use of antibodies as drug carriers. In *Drug Carriers in Biology and Medicine*, Gregoriadis, G. Ed., London, New York: Academic Press, 1979, pp. 23–41.
345 Op Den Kamp, J. A. F., Kauerz, M. T., van Deenen, L. L. M.: Action of pancreatic phospholipase A2 or phosphatidylcholine bilayers in different physical state. *Biochim. Biophys. Acta*, 1975, **406**: 169–177.
346 Osborne, M. P., Richardson, V. J., Jeyasingh, K., Ryman, B. E.: Radionuclide-labelled liposomes: a new lymph node imaging agent. *Int. J. Nucl. Med. Biol.*, 1979, **6**: 75–83.
347 Ostro, M. J. (Ed.): *Liposomes*, New York and Basel: Marcel Dekker Inc., 1983.
348 Ostro, M., Giacomoni, D., Lavelle, D., Paxton, W., Dray, S.: Evidence for translation of rabbit globin mRNA after liposome-mediated insertion into a human cell line. *Nature*, 1978, **274**: 921–923.
349 Ostro, M., Lavelle, D., Paxton, W., Matthews, B., Giacomoni, D.: Parameters affecting the liposome-mediated insertion of RNA into eurcaryotic cells *in vitro*. *Arch. Biochem. Biophys.*, 1980, **201**: 392–402.
350 Pagano, R. E., Weinstein, J. N.: Interaction of liposomes with mammalian cells. *Ann. Rev. Biophys. Bioeng.*, 1978, **7**: 435–468.
351 Papahadjopoulos, D. (Ed.): *Liposomes and their Uses in Biology and Medicine*. *Ann. N.Y. Acad. Sci.*, 1978, Vol. 308.
352 Papahadjopoulos, D.: Liposomes as drug carriers. *Ann. Rep. Med. Chem.*, 1979, **14**: 250–260.
353 Papahadjopoulos, D., Poste, G., Schaeffer, B.: Fusion of mammalian cells by unilamellar lipid vesicles: influence of lipid surface charge, fluidity and cholesterol. *Biochim. Biophys. Acta*, 1973, **323**: 23–42.
354 Papahadjopoulos, D., Poste, G., Vail, W. J., Biedler, J. L.: Use of lipid vesicles as carriers to introduce actinomycin D into resistant tumor cells. *Cancer Res.*, 1976, **36**: 2988–2994.
355 Parker, R. J., Hartman, K. D., Sieber, S. M.: Lymphatic absorption and tissue disposition of liposome-entrapped ^{14}C-adryamycin following intraperitoneal administration to rats. *Cancer Res.*, 1981, **41**: 1311–1317.
356 Parker, R. J., Priester, E. R., Sieber, S. M.: Comparison of lymphatic uptake, metabolism, excretion, and biodistribution of free and liposome-entrapped (^{14}C)-cytosine β-D-arabinofuranoside following intraperitoneal administration to rats. *Drug. Metabol. Dispos.*, 1982, **10**: 40–46.
357 Parker, R. J., Sieber, S. M., Weinstein, J. N.: Effect of liposome encapsulation of a fluorescent dye on its uptake by the lymphatics of the rat. *Pharmacology*, 1981, **23**: 128–136.
358 Patel, H. M.: Liposomes: bags of challenge. *Biochem. Soc. Trans.*, 1984, **12**: 333–335.
359 Patel, H. M., Harding, N. G. L., Logue, F., Kesson, C., McCuish, A. C., McKenzie, J. C., Ryman, B. E., Scobie, I.: Intrajejunal absorption of liposomally entrapped insulin in normal man. *Biochem. Soc. Trans.*, 1978, **6**: 784–785.
360 Patel, H. M., Ryman, B. E.: Oral administration of insulin by encapsulation within liposomes. *FEBS Lett.*, 1976, **62**: 60–63.
361 Patel, H. M., Ryman, B. E.: Alpha-mannosidase in zinc-deficient rats. Possibility of liposomal therapy in mannosidosis. *Biochem. Soc. Trans.*, 1974, **2**: 1014–1017.
362 Patel, H. M., Ryman, B. E.: Systemic and oral administration of liposomes. In *Liposomes: from Physical Structure to Therapeutic Applications*, Knight, C. G. Ed., Amsterdam, New York: Elsevier/North Holland, 1981, Vol. 7: pp. 409–441.
363 Patel, H. M., Tuzel, N. S., Stevenson, R. W.: Intracellular digestion of saturated and unsaturated phospholipid liposomes by mucosal cells. Possible mechanism of transport of liposomally entrapped macromolecules across the isolated vascularly perfused rabbit ileum. *Biophys. Biophys. Acta*, 1985, **839**: 40–49.
364 Pecht, I., Mazurek, N., Petrank, A., Margel, S.: Drug conjugates of polymeric microspheres as tools in cell biology. In *Targeting of Drugs*, Gregoriadis, G., Senior, J. and Trouet, A. Eds, New York: Plenum Press, 1982, Vol. 47: pp. 109–124.
365 Pidgeon, C., Schreiber, R. D., Schultz, R. M.: Macrophage activation: synergism between hybridoma MAF and poly(I).poly(C) delivered by liposomes. *J. Immunol.*, 1983, **131**: 311–314.

366 Pirson, P., Steiger, R. F., Trouet, A.: Primaquine liposomes in the chemotherapy of experimental murine malaria. *Ann. Trop. Med. Parasitol.*, 1980, **74**: 383–391.
367 Pirson, P., Steiger, R. F., Trouet, A., Gillet, J., Herman, F.: Liposomes in the chemotherapy of experimental murine malaria. *Trans. Roy. Soc. Trop. Med. Hyg.*, 1979, **73**: 347.
368 Pitt, C. G., Gratzl, M. M., Jeffcoat, A. R., Zweidinger, R., Schindley, A.: Sustained drug delivery systems. II. Factors affecting release rates from poly (-caprolactone) and related biodegradable polyesters. *J. Pharm. Sci.*, 1979, **68**: 1534–1538.
369 Polmar, S. H., Stern, R. C., Schwartz, A. L., Wetzler, E. M., Chase, P. A., Hirschhorn, R.: Enzyme replacement therapy for adenosine deaminase deficiency and severe combined immunodeficiency. *New Engl. J. Med.*, 1976, **295**: 1337–1343.
370 Poste, G.: Liposomes as a carrier system for improved delivery of biologically-active materials to cells *in vitro* and *in vivo*. In *Liposome Methodology*, Leserman, L. D. and Barbet, J. Eds, Paris: Editions INSERM, 1982, Vol. 107: pp. 65–77.
371 Poste, G.: Drug targeting in cancer therapy. In *Receptor-mediated targeting of drugs*, Gregoriadis, G., Poste, G., Senior, J. and Trouet, A. Eds, Plenum Publishing Corporation, 1985, pp. 427–474.
372 Poste, G., Allison, A. C.: Membrane fusion reaction: a theory. *J. Theor. Biol.*, 1971, **32**: 165–184.
373 Poste, G., Bucana, C., Fidler, I. J.: Stimulation of host response against metastatic tumors by liposome-encapsulated immunomodulators. In *Targeting of Drugs*, Gregoriadis, G., Senior, J. and Trouet, A. Eds, New York, London: Plenum Press, 1982, Vol. 47: pp. 261–284.
374 Poste, G., Bucana, C., Raz, A., Bugelski, P., Kirsh, R., Fidler, I. J.: Analysis of the fate of systemically administered liposomes and implications for their use in drug delivery. *Cancer Res.*, 1982, **42**: 1412–1422.
375 Poste, G., Fidler, I. J.: Stimulation of macrophage-mediated destruction of lung metastases by administration of immunomodulators encapsulated in liposomes. In *Liposome Drugs and Immunocompetent Cell Functions*, Nicolau, C. and Paraf, A. Eds, London, New York: Academic Press, 1981, pp. 147–161.
376 Poste, G., Kirsh, R.: Rapid decay of tumoricidal activity and loss of responsiveness to lymphokines in inflammatory macrophages. *Cancer Res.*, 1979, **39**: 2582–2590.
377 Poste, G., Kirsh, R.: Site-specific (targeted) drug delivery in cancer therapy. *Biotechnology*, 1983, **1**: 869–878.
378 Poste, G., Kirsh, R., Bugelski, P.: Liposomes as drug delivery system in cancer therapy. *Novel approaches to cancer chemotherapy*, Sunkara, P. S. Ed., London, New York: Academic Press, 1984, pp. 165–230.
379 Poste, G., Kirsh, R., Fogler, W. E., Fidler, I. J.: Activation of tumoricidal properties in mouse macrophages by lymphokines encapsulated in liposomes. *Cancer Res.*, 1979, **39**: 881–892.
380 Poste, G., Kirsh, R., Koester, T.: The challenge of liposome targeting *in vivo*. In *Liposome Technology*, Gregoriadis, G. Ed., Boca Raton: CRC Press, 1984, Vol. III: pp. 1–28.
381 Poste, G., Kirsh, R., Raz, A., Sone, S., Bucana, C., Fogler, W., Fidler, I. J.: Activation of tumoricidal properties in macrophages by liposome-encapsulated lymphokines: *in vitro* studies. In *Liposomes and Immunobiology*, Tom, B. H. and Six, H. R. Eds, New York, Amsterdam: Elsevier/North Holland, 1980, pp. 93–107.
382 Poste, G., Papahadjopoulos, D.: Drug containing lipid vesicles render drug resistant tumor cells sensitive to actinomycin D. *Nature*, 1976, **261**: 699–701.
383 Potter, H., Weir, L., Leder, P.: Enhancer-dependent expression of human κ immunoglobulin genes introduced into mouse pre-B lymphocytes by electroporation. *Proc. Natl. Acad. Sci. USA*, 1984, **81**: 7161–7165.
384 Poznansky, M. J., Juliano, R. L.: Biological approaches to the controlled delivery of drugs: a critical review. *Pharmacol. Rev.*, 1984, **36**: 277–336.
385 Prasad Sarkar, D., Das M. K.: Binding of anti-galactosyl antibodies to galactosylated liposomes. *Immunol. Letters*, 1984, **8**: 257–260.
386 Primus, F. J., McDonald, R., Goldenberg, D. M., Hansen, H. J.: Localization of GW-39 human tumors in hamsters by affinity purified antibody to carcinoembryonic antigen. *Cancer Res.*, 1977, **37**: 1544–1547.
387 Proffitt, R. T., Williams, L. E., Presant, C. A., Tin, G. W., Uliana, J. A., Gamble, R. C., Baldeschwieler, J. D.: Liposome blockade of the reticuloendothelial system: improved tumor imaging with small unilamellar vesicles. *Science*, 1983, **220**: 502–505.
388 Prujansky-Jakobovits, A., Volsky, D. L., Loyter, A., Sharon, N.: Alteration of lymphocyte

surface properties by insertion of foreign functional components of plasma membrane. *Proc. Natl. Acad. Sci. USA*, 1980, **77**: 7247–7251.
389 Puisieux, F., Delattre, J. (Eds): *Les liposomes: applications thérapeutiques*. Technique et Documentation, Paris, 1985.
390 Quinones, R. R., Youle, R. J., Kersey, J. H., Zanjani, E. D., Azemove, S. M., Soderling, C. G., Le Bien, T. W., Beverley, P. C., Neville, D. M. Jr., Vallera, D. A.: Anti-T-cell monoclonal antibodies conjugated to ricin as potential reagents for human GVHD prophylaxis. Effect on the generation of cytotoxic T cells in both peripheral blood and bone marrow. *J. Immunol.*, 1984, **132**: 678–683.
391 Rahman, Y. E.: Liposomes and chelating agents. In *Liposomes in Biological Systems*, Gregoriadis, G. and Allison, A. C. Eds, Chichester, New York: John Wiley and Sons, 1980, pp. 265–298.
392 Rahman, Y. E., Cerny, E. A., Patel, K. R., Lau, E. H., Wright, B. J.: Differential uptake of liposomes varying in size and lipid composition by parenchymal and kupffer cells of mouse liver. *Life Sci.*, 1982, **31**: 2061–2071.
393 Rahman, Y. E., Cerny, E. A., Tollaksen, S. L., Wright, B. J., Nance, S. L., Thompson, J. F.: Liposome-encapsulated actinomycin D: potential in cancer chemotherapy. *Proc. Soc. Exp. Biol. Med.*, 1974, **146**: 1173–1176.
394 Rahman, Y. E., Hanson, W. R., Bharucha, J., Ainsworth, E. J., Jaroslow, B. N.: Mechanisms of reduction of antitumor drug toxicity by liposome encapsulation. In *Liposomes and their Uses in Biology and Medicine*, Papahadjopoulos, D. Ed. *Ann. N.Y. Acad. Sci.*, 1978, Vol. **308**: pp. 325–342.
395 Rahman, A., Kessler, A., More, K., Sikic, B., Rowden, G., Woolley, P., Schein, P. S.: Liposomal protection of adriamycin-induced cardiotoxicity in mice. *Cancer Res.*, 1980, **40**: 1532–1537.
396 Rahman, Y. E., Lau, E. H., Wright, B. J.: Applications of liposomes to metal chelation therapy. In *Liposomes and Immunobiology*, Tom, B. H. and Six, H. R. Eds, New York, Amsterdam: Elsevier/North Holland, 1980, pp. 285–299.
397 Rahman, A., More, N., Chein, P. S.: Doxorubicin-induced chronic cardiotoxicity and its protection by liposomal administration. *Cancer Res.*, 1982, **42**: 1817–1825.
398 Rahman, Y. E., Rosenthal, M. W., Cerny, E. A.: Intracellular plutonium: removal by liposome-encapsulated chelating agents. *Science*, 1973, **180**: 300–302.
399 Rahman, Y., Wright, B. J.: Liposomes containing chelating agents. Cellular penetration and a possible mechanism of metal removal. *J. Cell. Biol.*, 1975, **65**: 112–122.
400 Raso, V., Basala, M.: A highly cytotoxic human transferrin-ricin A chain conjugate used to select receptor-modified cells. *J. Biol. Chem.*, 1984, **259**: 1143–1149.
401 Raso, V., Griffin, T.: Specific cytotoxicity of a human immunoglobulin directed Fab'-ricin A conjugate. *J. Immunol.*, 1980, **125**: 2610–2616.
402 Raso, V., Ritz, J., Basala, M., Schlossman, S. T.: Monoclonal antibody-ricin A-chain conjugate selectively cytotoxic for cells bearing the common acute lymphoblastic leukemia antigen. *Cancer Res.*, 1982, **42**: 457–564.
403 Richards, M. H., Gardner, C. R.: Effects of bile salts on the structural integrity of liposomes. *Biochim. Biophys. Acta*, 1978, **543**: 508–522.
404 Richardson, V. J., Curt, G. A., Ryman, B. E.: Liposomally trapped Ara CTP to overcome AraC resistance in a murine lymphoma *in vitro*. *Br. J. Cancer*, 1982, **45**: 559–564.
405 Richardson, V. J., Ryman, B. E.: Effect of liposomally trapped antitumour drugs on a drug-resistant mouse lymphoma *in vivo*. *Br. J. Cancer*, 1982, **45**: 552–558.
406 Ritz, J., Pesando, J. M., Notis-McConarty, J., Lazarus, H., Schlossman, S. F.: A monoclonal antibody to human acute lymphoblastic leukemia antigen. *Nature*, 1980, **283**: 583–585.
407 Roerdink, F., Dijkstra, J., Hartman, G., Bolscher, B., Scherphof, G.: The involvement of parenchymal, Kupffer and endothelial liver cells in the hepatic uptake of intravenously injected liposomes; effects of Lanthanum and Gadolinium salts. *Biochim. Biophys. Acta*, 1981, **677**: 79–89.
408 Roerdink, F. H., Dijkstra, J., Spanjer, H. H., Scherphof, G. L.: Interaction of liposomes with hepatocytes and Kupffer cells *in vivo* and *in vitro*. *Biochem. Soc. Trans.*, 1984, **12**: 335–336.
409 Roerdink, F., Regts, J., Van Leeuwen, B. Scherphof, G.: Intrahepatic uptake and processing of intravenously injected small unilamellar phospholipid vesicles in rats. *Biochim. Biophys Acta*, 1984, **770**: 195–202.

410 Roerdink, F. H., Wisse, E., Morselt, H. W. M., Van Der Meulen, J., Scherphof, G. L.: Cellular distribution of intravenously injected protein-containing liposomes in rat liver. In *Kupffer Cells and other Liver Sinusoidal Cells*, Wisee, E. and Knook, D. L. Eds, Amsterdam: Elsevier/North Holland, 1977, pp. 263–272.

411 Rome, L. H., Weissmann, G., Neufeld, E. F.: Direct demonstration of binding of a lysosomal enzyme, α-L-iduronidase, to receptors on cultured fibroblasts. *Proc. Natl. Acad. Sci. USA*, 1979, **76**: 2331–2334.

412 Ross, W. C. J., Thorpe, P. E., Cumber, A. J., Edwards, D. C., Hinson, C. A., Davies, A. J. S.: Increased toxicity of diphtheria toxin for human lymphoblastoid cells following covalent linkage to anti-(human lymphocyte) globulin or its $F(ab')_2$ fragment. *Eur. J. Biochem.*, 1980, **104**: 381–390.

413 Roth, J., Lesniak, M. A., Bar, R. S.: An introduction to receptors and receptor disorder. *Proc. Soc. Exp. Biol. Med.*, 1979, **162**: 3–12.

414 Rubens, R. D.: Antibodies as carriers of anticancer agents. *Lancet*, 1974, **I**: 498–499.

415 Rustum, Y., Dave, C., Mayhew, E., Paphadjopoulos, D.: Role of liposome type and route of administration in the anti-tumor activity of liposome-entrapped 1-β-D arabinofuranosylcytosine against mouse L1210 leukemia. *Cancer Res.*, 1979, **39**: 1390–1395.

416 Rutman, R. J., Ritter, C. A., Avadhani, N. G., Hansel, J.: Liposomal potentiation of the anti-tumor activity of alkylating drugs. *Cancer Treat. Rep.*, 1976, **60**: 617–618.

417 Ryman, B. E., Jewkes, R. F., Jeyasingh, K., Osborne, M. P., Patel, H. M., Richardson, V. J., Tattersall, M. H., Tyrrell, D. A.: Potential applications of liposomes to therapy. *Ann. N.Y. Acad. Sci.*, 1978, **308**: 281–307.

418 Ryman, B. E., Tyrrell, D. A.: Liposomes – bags of potential. *Essays Biochem.*, 1980, **16**: 49–98.

419 Schaefer-Ridder, M., Wang, Y., Hofschneider, P. H.: Liposomes as gene carrier: efficient transformation of mouse L cells by thymidine kinase gene. *Science*, 1982, **215**: 166–168.

420 Scherphof, G., Damen, J., Hoekstra, D.: Interactions of liposomes with plasma proteins and components of the immune system. In *Liposomes: from Physical Structure to Therapeutic Applications*, Knight, C. G. Ed., Amsterdam, New York: Elsevier/North Holland, 1981, Vol. 7: pp. 299–322.

421 Scherphof, G., Roerdink, F., Dijkstra, J., Ellens, H., De Zanger, R., Wisse, E.: Uptake of liposomes by rat and mouse hepatocytes and Kupffer cells. *Biol. Cell.*, 1983, **47**: 47–57.

422 Scherphof, G., Roerdink, F., Waite, M., Parks, J.: Disintegration of phosphatidylcholine liposomes in plasma as a result of interaction with high-density lipoproteins. *Biochim. Biophys. Acta*, 1978, **542**: 296–307.

423 Scherphof, G. L., Roerdink, F. H., Zborowski, J.: The use of liposomes to facilitate uptake of external substances by living cells: possible therapeutic applications. *Histochem. J.*, 1975, **7**: 508–510.

424 Schlegel, R., Rechsteiner, M.: Microinjection of thymidine kinase and bovine serum albumin into mammalian cells by fusion with red blood cells. *Cell*, 1975, **5**: 371–379.

425 Schlepper-Schäffer, J., Kolb-Bachofen, V., Kolb, H.: Analysis of lectin-dependent recognition of desialylated erythrocytes by Kupffer cells. *Biochem. J.*, 1980, **186**: 827–831.

426 Schlesinger, P. H., Rodman, J. S., Doebber, T. W., Stahl, P. D., Lee, V. C., Stowell, C. P., Kuhlenschmidt, T. B.: The role of extra-hepatic tissues in the receptor-mediated plasma clearance of glycoproteins terminated by mannose or N-acetyl-glucosamine. *Biochem. J.*, 1980, **192**: 597–606.

427 Schuster, B. G., Neibig, M., Alving, B. M., Alving, C. R.: Production of antibodies against phosphocholine, phosphatidylcholine, sphingomyelin and lipid A by injection of liposomes containing lipid A. *J. Immunol.*, 1979, **122**: 900–905.

428 Sene, C., Nicolau, C.: Liposome-mediated gene transfer in eucaryotic cells. In *Liposomes Drugs and Immunocompetent Cell Functions*, Nicolau, C. and Paraf, A. Eds, London, New York: Academic Press, 1981, pp. 67–77.

429 Segal, A. W.: Neutrophilic polymorphonuclear leucocytes. In *Drug Carriers in Biology and Medicine*, Gregoriadis, G. Ed., London, New York: Academic Press, 1979, pp. 155–165.

430 Segal, A. W., Gregoriadis, G., Black, C. D. V.: Liposomes as vehicles for the local release drugs. *Clin. Sci. Mol. Med.*, 1975, **49**: 99–106.

431 Segal, A. W., Gregoriadis, G., Lavender, J. P., Tarin, D., Peters, T. J.: Tissues and hepatic

subcellular distribution of liposomes containing bleomycin after intravenous administration to patients with neoplasms. *Clin. Sci. Mol. Med.*, 1976, **51**: 421–425.

432 Senior, J., Crawley, J. C. W., Gregoriadis, G.: Tissue distribution of liposomes exhibiting long half-lives in the circulation after intravenous injection. *Biochim. Biophys. Acta*, 1985, **839**: 1–8.

433 Senior, J., Gregoriadis, G.: Role of lipoproteins in stability and clearance of liposomes administered to mice. *Biochem. Soc. Trans.*, 1984, **12**: 339–340.

434 Senior, J., Gregoriadis, G., Mitropoulos, K. A.: Stability and clearance of small unilamellar liposomes. Studies with normal and lipoprotein-deficient mice. *Biochim. Biophys. Acta*, 1983, **760**: 111–118.

435 Sessa, G., Weissmann, G.: Incorporation of lysozyme into liposomes. *J. Biol. Chem.*, 1970, **245**: 3295–3301.

436 Sharkey, R. M., Primus, F. J., Goldenberg, D. M.: Second antibody clearance of radiolabeled antibody in cancer radioimmunodetection. *Proc. Natl. Acad. Sci. USA*, 1984, **81**: 2843–2846.

437 Sharma, P., Tyrrell, D. A., Ryman, B. E.: Some properties of liposomes of different sizes. *Biochem. Soc. Trans.*, 1977, **5**: 1146–1149.

438 Shaw, I. H., Dingle, J. T.: Liposomes as steroid carriers in the intra-articular therapy of rheumatoid arthritis. In *Liposomes in Biological Systems*, Gregoriadis, G. and Allison, A. C. Eds, Chichester, New York: John Wiley and Sons, 1980, pp. 299–324.

439 Shaw, I. H., Knight, C. G., Page Thomas, D. P., Phillips, N. C., Dingle, J. T.: Liposome incorporated corticosteroids: the interaction of liposomal cortisol palmitate with inflammatory synovial membrane. *Br. J. Exp. Path.*, 1979, **60**: 142–150.

440 Shek, P. N., Heath, T. D.: Immune response mediated by liposome-associated protein antigens. III. Immunogenicity of bovine serum albumin covalently coupled to vesicle surface. *Immunology*, 1983, **50**: 101–106.

441 Shek, P. N., Sabiston, B. H.: Immune response mediated by liposome-associated protein antigens. I. Potentiation of the plaque-forming cell response. *Immunology*, 1982, **45**: 349–356.

442 Shek, P. N., Sabiston, B. H.: Immune response mediated by liposome-associated protein antigens. II. Comparison of the effectiveness of vesicle-entrapped and surface-associated antigens in immunopotentiation. *Immunology*, 1982, **47**: 627–632.

443 Shen, W.-C., Ryser, H. J.-P.: Poly(L-lysine) and poly(D-lysine) conjugates to methotrexate: different inhibitory effect on drug resistant cells. *Mol. Pharmacol.*, 1979, **16**: 614–622.

444 Shen, W.-C., Ryser, H. J.-P.: Selective killing of Fc-receptor bearing tumor cells through endocytosis of a drug-carrying immune complex. *Proc. Natl. Acad. Sci. USA*, 1984, **81**: 1445–1447.

445 Shepherd, V. L., Lee, V. C., Schlesinger, P. H., Stahl, P. D.: L-fucose-terminated glycoconjugates are recognized by pinocytosis receptors on macrophages. *Proc. Natl. Acad. Sci. USA*, 1981, **78**: 1019–1022.

446 Shinozawa, S., Araki, Y., Oda, T.: Distribution of (^{3}H)-prednisolone entrapped in lipid layer of liposome after intramuscular administration in rats. *Res. Commun. Chem. Path. Pharm.*, 1979, **24**: 223–232.

447 Shinozawa, S., Tsutsui, K., Oda, T.: Enhancement of the antitumor effect of illudin S by including it into liposomes. *Experientia*, 1979, **35**: 1102–1103.

448 Siddiqui, W. A., Taylor, D. W., Kan, S. C., Kramer, K., Richmon-Crum, S. A., Kotani, S., Shiba, T., Kusumoto, S.: Vaccination of experimental monkeys against *Plasmodium faciparum*: a possible safe adjuvant. *Science*, 1978, **201**: 1237–1239.

449 Six, H. R., Uemura, K. I., Kinsky, S. C.: Effect of immunoglobulin class and affinity on the initiation of complement-dependent damage to liposomal model membranes sensitized with dinitrophenylated phospholipids. *Biochemistry*, 1973, **12**: 4003–4011.

450 Sone, S., Fidler, I. J.: Synergistic activation by lymphokines and muramyl dipeptide of tumoricidal properties in rat alveolar macrophages. *J. Immunol.*, 1980, **125**: 2454–2460.

451 Sone, S., Fidler, I. J.: *In vitro* activation of tumoricidal properties in rat alveolar macrophages by synthetic muramyl dipeptide encapsulated in liposomes. *Cell. Immunol.*, 1981, **57**: 42–50.

452 Sone, S. G., Poste, G., Fidler, I. J.: Rat alveolar macrophages are susceptible to activation by free and liposome-encapsulated lymphokines. *J. Immunol.*, 1980, **124**: 2197–2202.

453 Soriano, P., Dijkstra, J., Legrand, A., Spanjer, H., Londos-Gagliardi, D., Roerdink, F., Scherphof, G., Nicolau, C.: Targeted and nontargeted liposomes for *in vivo* transfer to rat liver cells of a plasmid containing the preproinsulin I gene. *Proc. Natl. Acad. Sci. USA*, 1983, **80**: 7128–7131.

454 Souhami, R. L.: The effect of colloidal carbon on the organ distribution of sheep red cells and the immune response. *Immunology*, 1972, **22**: 685–694.
455 Souhami, R. L., Patel, H. M., Ryman, B. E.: The effect of reticuloendothelial blockade on the blood clearance and tissue distribution of liposomes. *Biochim. Biophys. Acta*, 1981, **674**: 354–371.
456 Staal, G. E., Stoop, J. W., Zegers, B. J., Siegenbeck Van Heukelom, L. H., Van Der Vlist, M. D., Wadman, S. K., Martin, D. W.: Erythrocyte metabolism in purine nucleoside phosphorylase deficiency after enzyme replacement therapy by infusion of erythrocytes. *J. Clin. Invest.*, 1980, **65**: 103–108.
457 Steinkamp, J. A., Wilson, J. S., Saunders, G. C., Stewart, C. C.: Phagocytosis: flow cytometric quantification with fluorescent microspheres. *Science*, 1982, **215**: 64–66.
458 Stevenson, R. W., Tsakok, T. I., Parsons, J. A.: Matched glucose responses to insulin administered subcutaneously and intravenously. Evidence for subcutaneously inactivation of insulin. *Diabetologia*, 1980, **18**: 423–426.
459 Stirpe, F., Olsnes, S., Pihl, A.: Gelonin, a new inhibitor of protein synthesis, non toxic to intact cells. Isolation, characterization and preparation of complexes with concanavalin A. *J. Biol. Chem.*, 1980, **255**: 6947–6953.
460 Straubinger, R. M., Duzgünes, N., Papahadjopoulos, D.: pH-sensitive liposomes mediate cytoplasmic delivery of encapsulated macromolecules. *FEBS Letters*, 1985, **179**: 148–154.
461 Strejan, G. H., Smith, P. M., Grant, C. W., Surlan, D.: Naturally occurring antibodies to liposomes. I. Rabbit antibodies to sphingomyelin-containing liposomes before and after immunization with unrelated antigens. *J. Immunol.*, 1979, **123**: 370–378.
462 Sweet, C., Zull, J. E.: The binding of serum albumin to phospholipid liposomes. *Biochim. Biophys. Acta*, 1970, **219**: 253–262.
463 Szoka, F., Papahadjopoulos, D.: Comparative properties and methods of preparation of lipid vesicles (liposomes). *Ann. Rev. Biophys. Bioeng.*, 1980, **9**: 467–508.
464 Tadakuma, T., Ikewaki, N., Yasuda, T., Tsutsumi, M., Saito, S., Saito, K.: Treatment of experimental salmonellosis in mice with streptomycin entrapped in liposomes. *Antimic Agent and Chemother.*, 1985, **28**: 28–32.
465 Tall, A. R., Hogan, V., Askinarzi, L., Small, D. M.: interaction of plasma high density lipoproteins with dimyristoyllecithin multilamellar liposomes. *Biochemistry*, 1978, **17**: 322–326.
466 Tanaka, T., Taneda, K., Kobayashi, H., Okumura, K., Muranishi, S., Sezaki, H.: Application of liposomes to the pharmaceutical modification of the distribution characteristics of drugs in the rat. *Chem. Pharm. Bull. (Tokyo)*, 1975, **23**: 3069–3074.
467 Teradaira, R., Kolb-Bachofen, V., Schlepper-Schäffer, J., Kolb, H.: Galactose-particle receptor on liver macrophages. Quantitation of particle uptake. *Biochim. Biophys. Acta*, 1983, **759**: 306–310.
468 Thistlethwaite, Jr., J. R., Cosini, A. B., Delmonico, F. L., Rubin, R. H., Talkoff-Rubin, N., Nelson, P. W., Fang, L., Russell, P. S.: Evolving use of OKT3 monoclonal antibody for treatment of renal allograft rejection. *Transplantation*, 1984, **38**: 695–701.
469 Thorpe, P. E., Brown, A. N. F., Ross, W. C. J., Cumber, A. J., Detre, S. I., Edwards, D. C. Davies, A. J. S., Stirpe, F. S.: Cytotoxicity acquired by conjugation of an anti-Thy-1.1 monoclonal antibody and the ribosome-inactivating protein gelonin. *Eur. J. Biochem.*, 1981, **116**: 447–454.
470 Thorpe, P. E., Cumber, A. J., Williams, N., Edwards, D. C., Ross, W. C. J., Davies, A. J. S.: Abrogation of the non-specific toxicity of abrin conjugated to anti-lymphocyte globulin. *Clin. Exp. Immun.*, 1981, **43**: 195–200.
471 Thorpe, P. E., Mason, D. W., Brown, A. N. F., Simmonds, S. J., Ross, W. C. J., Cumber, A. J., Forrester, J. A.: Selective killing of malignant cells in a leukaemic rat bone marrow using an antibody-ricin conjugate. *Nature*, 1982, **297**: 594–596.
472 Tolleshaug, H., Hobgood, K. K., Brown, M., Goldstein, J. L.: The LDL receptor locus in familial hypercholesterolemia: multiple mutations disrupt transport and processing of a membrane receptor. *Cell*, 1983, **32**: 941–951.
473 Tom, B. H.: An overview: liposomes and immunobiology — macrophages, liposomes and tailored immunity. In *Liposomes and Immunobiology* Tom, B. H. and Six, H. R. Eds, New York, Amsterdam: Elsevier/North Holland, 1980, pp. 3–22.
474 Tom, B. H., Six, H. R. (Eds): *Liposomes and Immunobiology*, New York, Amsterdam: Elsevier/North Holland, 1980.
475 Tragl, K. H., Pohl, A., Kinast, H.: Oral administration of insulin by means of liposomes in animal experiments. *Wien Klin. Wochenschr.*, 1979, **91**: 448–451.

476 Trouet, A.: Increased selectivity of drugs by linking to carriers. *Eur. J. Cancer*, 1978, **14**: 105–111.
477 Trouet, A., Baurain, R., Depres-De Campeneere, D., Masquelier, M., Pirson, P.: Targeting of antitumour and antiprotozoal drugs by covalent linkage to protein carriers. In *Targeting of Drugs*, Gregoriadis, G., Senior, J. and Trouet, A. Eds, New York, London: Plenum Press, 1982, Vol. 47: pp. 19–30.
478 Trouet, A., Deprez-De Campeneere, D., De Duve, C.: Chemotherapy through lysosomes with a DNA-daunorubicin complex. *Nature*, 1972, **239**: 110–112.
479 Trouet, A., Jolles, G.: Targeting of daunorubicin by association with DNA or proteins: a review. *Seminars in Oncology*, 1984, **11**: 64–72.
480 Trouet, A., Pirson, P., Steiger, R. S., Masquelier, M., Baurain, R., Gillet, J.: Development of new derivatives of primaquine by association with lysosomotropic carriers. *Bul. WHO* 1981, **59**: 449–450.
481 Trowbridge, I. S., Domingo, D. L.: Anti-transferrin receptor monoclonal antibody and toxin-antibody conjugates affect growth of human tumour cells. *Nature*, 1981, **294**: 171–173.
482 Trudel, M., Ravaoarinoro, M., Payment, P.: Reconstitution of rubella haemagglutinin on liposomes. *Can. J. Microbiol.*, 1980, **26**: 899–904.
483 Tsuju, K., Sunamoto, J., Fendler, J. H.: Improved entrapment of drugs in modified liposomes. *Life Sci.*, 1976, **19**: 1743–1750.
484 Tuzel, S. N., Patel, H. M., Ryman, B. E.: The fate *in vivo* of liposomally entrapped drugs in pregnant rats. *Biochem. Soc. Trans.*, 1980, **8**: 559–560.
485 Tyrrell, D. A., Heath, T. D., Colley, C. M., Ryman, B. E.: New aspects of liposomes. *Biochim. Biophys. Acta*, 1976, **457**: 259–302.
486 Tyrrell, D. A., Richardson, V. J., Ryman, B. E.: The effect of serum protein fractions on liposome-cell interactions in cultured cells and the perfused rat liver. *Biochim. Biophys. Acta*, 1977, **497**: 469–480.
487 Tyrrell, D. A., Ryman, B. E., Keeton, B. R., Dubowitz, V.: Use of liposomes in treating type II glycogenosis. *Br. Med. J.*, 1976, **1**: 88.
488 Uchida, T., Kim, J., Yamaizumi, M., Miyake, Y., Okada, Y.: Reconstitution of lipid vesicles associated with HVJ (Sendai virus) spikes. Purification and some properties of vesicles containing non toxic fragment A of Diphtheria toxin. *J. Cell Biol.*, 1979, **80**: 10–20.
489 Uchida, T., Mekada, E., Okada, Y.: Hybrid toxin of the A chain of ricin toxin and a subunit of *Wistaria floribunda* lectin. *J. Biol. Chem.*, 1980, **255**: 6687–6693.
490 Uchida, T., Yamaizumi, M., Mekala, F., Okada, Y., Tsuda, M., Kurokawa, T., Sugino, Y.: Reconstitution of hybrid toxin from fragment A of diphtheria toxin and a subunit of *Wistaria floribunda* lectin. *J. Biol. Chem.*, 1978, **253**: 6307–6310.
491 Uchida, T., Yamaizumi, M., Okada, Y.: Reassembled HVJ (Sendai virus) envelopes containing non-toxic mutant proteins of diphtheria toxin show toxicity to mouse L-cells. *Nature*, 1977, **266**: 839–840.
492 Uckun, F. M., Ramakrishnan, S., Houston, L. L.: Increased efficiency in selective elimination of leukemia cells by a combination of a stable derivative of cyclophosphamide and a human B-cell-specific immunotoxin containing pokeweed antiviral protein. *Cancer Res.*, 1985, **45**: 69–75.
493 Uckun, F. M., Strong, R. C., Youle, R. J., Vallera, D. A.: Combined *ex vivo* treatment with immunotoxins and mafosfamid: a novel immunochemotherapeutic approach for elimination of neoplastic T cells from autologous marrow grafts. *J. Immunol.*, 1985, **134**: 3504–3515.
494 Uemura, K. I., Nicolotti, R. A., Six, H. R., Kinsky, S. C.: Antibody formation in response to liposomal model membranes sensitized with N-substituted phosphatidylethanolamine derivatives. *Biochemistry*, 1974, **13**: 1572–1578.
495 Umezawa, F., Eto, Y., Tokoro, T., Ito, F., Maekawa, K.: Enzyme replacement with liposomes containing beta-galactosidase from *choronia lumpas* in murine globoid cell leukodystrophy (Twitcher). *Biochem. Biophys. Res. Commun.*, 1985, **127**: 663–667.
496 Vainstein, A., Atidia, J., Loyter, A.: Reconstituted Sendai virus envelopes as a biological carrier for microinjection of proteins and DNA molecules into animal cells. In *Liposome, Drugs and Immunocompetent Cell Functions*, Nicolau, C. and Paraf, A. Eds, London, New York: Academic Press, 1981, pp. 95–108.
497 Vakirtzi-Lemonias, C., Gregoriadis, G.: Uptake of liposome-entrapped agents by the trypanosome *Cristhidia fasciculata*. *Biochem. Soc. Trans.*, 1978, **6**: 1241–1244.
498 Vallera, D. A., Ash, R. C., Zanjani, E. D., Kersey, J. H., Le Bien, T. C., Beverley, P. C. L., Neville, D. M. Jr, Youle, R. J.: Anti-T-cell reagents for human bone marrow transplantation: ricin linked to three monoclonal antibodies. *Science*, 1983, **222**: 512–514.

499 Vallera, D. A., Quinones, R. R., Azemove, S. M., Soderling, C. C. B.: Monoclonal antibody-toxin conjugates reactive against human T lymphocytes. A comparison of antibody linked to intact ricin toxin with antibody linked to ricin A chain. *Transplantation*, 1984, **37**: 387–392.
500 Vallera, D. A., Soderling, C. C. B., Carlson, G. J., Kersey, J. H.: Bone marrow transplantation across major histocompatibility barriers in mice: effect of elimination of T cells from donor grafts by treatment with monoclonal Thy-1.2 plus complement or antibody alone. *Transplantation*, 1981, **31**: 218–222.
501 Vallera, D. A., Youle, R. J., Neville, D. M. Jr., Kersey, J. H.: Bone marrow transplantation across major histocompatibility barrier. V. Protection of mice from lethal graft-vs-host disease by pretreatment of donor cells with monoclonal anti-Thy-1.2 coupled to the toxin ricin. *J. Exp. Med.*, 1982, **155**: 949–954.
502 Vallera, D. A., Youle, R. J., Neville, D. M. Jr., Soderling, C. C. B., Kersey, J. H.: Monoclonal antibody-toxin conjugates for experimental graft-versus-host disease prophylaxis: reagents selectively reactive with T cells and not murine stem cells. *Transplantation*, 1983, **36**: 73–80.
503 Van Berkel, T. J. C., Kruijt, J. K., Spanjer, H. H., Nagelkerke, J. F., Harkes, L., Kempen, H-J. M.: The effect of a water-soluble tris-galactoside-terminated cholesterol derivative of the fate of low density lipoproteins and liposomes. *J. Biol. Chem.*, 1985, **260**: 2694–2699.
504 Van Rooijen, N., Van Nieuwmegen, R.: Liposomes in immunology: evidence that their adjuvant effect results from surface exposition of the antigens. *Cell. Immunol.*, 1980, **49**: 402–407.
505 Varga, J. M., Asato, N., Lande, S., Lesner, A. B.: Melanotropin-daunomycin conjugate shows receptor-mediated cytotoxicity in cultured murine melanoma cells. *Nature*, 1977, **267**: 56–58.
506 Venkatakrishnam, R., Leung, J., Mason, D. T., Wikman-Coffelt, J.: Liposomes for the transport of an impermeable fluorescent dye into muscle fibers. *Biochem. Med.*, 1979, **21**: 209–214.
507 Vitteta, E. S.: Immunotoxins, a new approach to cancer therapy. *Science*, 1983, **219**: 644–650.
508 Volsky, Z. I., Cabantchik, M., Beigel, M., Loyter, A.: Implantation of the isolated human erythrocyte anion channel into plasma membranes of Friend erythroleukemic cells by use of Sendai virus envelopes. *Proc. Natl. Acad. Sci. USA*, 1979, **76**: 5440–5444.
509 Wall, M. E., Abernethy, G. S., Carroll, F. I.: The effects of some steroidal alkylating agents on experimental animal mammary tumour and leukemia systems. *J. Med. Chem.*, 1969, **12**: 810–818.
510 Wassef, N. M., Roerdink, F., Richardson, E. C., Alving, C. R.: Suppression of phagocytic function and phospholipid metabolism in macrophages by phosphatidylinositol liposomes. *Proc. Natl. Acad. Sci. USA*, 1984, **81**: 2655–2659.
511 Wassef, N. M., Roerdink, F., Swartz, Jr., G. M., Lyon, J. A., Berson, B. J., Alving, C. R.: Phosphate-binding specificities of monoclonal antibodies against phosphoinositides in liposomes. *Mol. Immunol.*, 1984, **21**: 863–868.
512 Weil-Hillman, G., Runge, W., Jansen, F. K., Vallera, D. A.: Cytotoxic effect of anti-Mr 67,000 protein immunotoxins on human tumors in a nude mouse model. *Cancer Res.*, 1985, **45**: 1328–1336.
513 Weinstein, J. N.: Liposomes as 'targeted' drug carriers: a physical chemical perspective. *Pure and Appl. Chem.*, 1981, **53**: 2241–2254.
514 Weinstein, J. N.: Target-direction of liposome: four strategies for attacking tumor cells. In *Rational Basis for Chemotherapy*, Chabner, B. Ed., New York: Liss, 1983, pp. 441–473.
515 Weinstein, J. N., Magin, R. L., Cysyk, R. L., Zaharko, D. S.: Treatment of solid L1210 murine tumors with local hyperthermia and temperature-sensitive liposomes containing methotrexate. *Cancer Res.*, 1979, **40**: 1388–1395.
516 Weinstein, J. N., Magin, R. L., Yatvin, M. B., Zaharko, D. S.: Liposomes and local hyperthermia: selective delivery of methotrexate to heated tumors. *Science*, 1979, **204**: 188–191.
517 Weinstein, J. N., Magin, R. L., Yatvin, M. B., Zaharko, D. S.: Liposomes and local hyperthermia: selective delivery of methotrexate to heated tumors. *Science*, 1980, **204**: 188–191.
518 Weiss, L., Zeigel, R., Jung, O. S., Bross, I. D.: Binding of positively charged particles to glutaraldehyde-fixed human erythrocytes. *Exp. Cell Res.*, 1972, **70**: 57–64.
519 Weissmann, G., Korchak, H., Finkelstein, M., Smolen, J., Hoffstein, S.: Uptake of enzyme-laden liposomes by animal cells *in vitro* and *in vivo*. *Ann. N.Y. Acad. Sci.*, 1978, **308**: 235–249.
520 Wetterau, J. R., Jonas, A.: Effect of dipalmitoyl phosphatidylcholine vesicle curvature on the reaction with human apolipoprotein A-I. *J. Biol. Chem.*, 1982, **257**: 10961–10966.
521 Widder, K., Flouret, G., Senyei, A.: Magnetic microspheres: synthesis of a novel parental drug carrier. *J. Pharm. Sci.*, 1979, **68**: 79–83.
522 Widder, K. J., Senyei, A. E., Ranney, D. F.: *In vitro* release of biologically active adriamycin by magnetically responsive albumin microspheres. *Cancer Res.*, 1980, **40**: 3512–3517.

523 Widder, K., Senyei, A. E., Sears, B.: Experimental methods in cancer therapeutics. *J. Pharmaceutic. Sci.*, 1982, **71**: 379–387.
524 Wiels, J., Fellous, M., Tursz, T.: Monoclonal antibody against a Burkitt lymphoma-associated antigen. *Proc. Natl. Acad. Sci. USA*, 1981, **78**: 6485–6488.
525 Williams, J. C., Murray, A. K.: Enzyme replacement therapy in Pompe disease with an α-glycosidase-low density lipoprotein complex. In *Enzyme Therapy in Genetic Diseases*, Desnick, R. J. Ed., New York: Alan R. Liss Inc., 1980, Vol. 2: pp. 415–423.
526 Williams, M. R., Perkins, A. C., Campbell, F. C., Pimm, M. V., Hardy, J. G., Wastie, M. L., Blamey, R. W., Baldwin, R. W. The use of monoclonal antibody 791T/86 in the immunoscintigraphy of primary and metastatic carcinoma of the breast *Clin. Oncol.*, 1984, **10**: 375–381.
527 Wilschut, J. C., Regts, J., Westenberg, H., Scherphof, G.: Hydrolysis of phosphatidylcholine liposomes by phosphlipase A2. Effects of the local anesthetic dibucaine. *Biochim. Biophys. Acta*, 1976, **433**: 20–31.
528 Wilschut, J. C., Regts, J., Westenberg, H., Scherphof, G.: Action of phospholipase A2 on phosphatidylcholine bilayers; effects of the phase transition, bilayer curvature and structural defects. *Biochim. Biophys. Acta*, 1978, **508**: 185–196.
529 Wilson, T., Papahadjopoulos, D., Taber, B.: Biological properties of poliovirus encapsulated in lipid vesicles: antibody resistance and infectivity in virus-resistant cells. *Proc. Natl. Acad. Sci. USA*, 1977, **74**: 3471–3475.
530 Wilson, T., Papahadjopoulos, D., Taber, R. The introduction of poliovirus RNA into cells via lipid vesicles (liposomes). *Cell*, 1979, **17**: 77–84.
531 Wisse, E.: An electron microscopic study of the fenestrated endothelium lining of rat liver sinusoids. *J. Ultrastruct. Res.*, 1970, **31**: 125–142.
532 Wisse, E., Gregoriadis, G., Daems, W. T.: Electron microscopic cytochemical localization of intravenously injected liposome-encapsulated horseradish peroxidase in rat liver cells. *Adv. Exp. Med. Biol.*, 1976, **73**: 237–245.
533 Wong, T.-K., Nicolau, C., Hofschneider, P. H.: Appearance of β-lactamase activity in animal cells upon liposome-mediated gene transfer. *Gene*, 1980, **10**: 87–94.
534 Woodbury, R. G., Brown, J. P., Yeh, M.-Y., Hellstrom, I., Hellstrom, K. E.: Identification of a cell surface protein, p97, in human melanomas and certain other neoplasms. *Proc. Natl. Acad. Sci. USA*, 1980, **77**: 2183–2186.
535 Wu, G. Y., Wu, C. H., Stockert, R. J.: Model for specific rescue of normal hepatocytes during methotrexate treatment of hepatic malignancy. *Proc. Natl. Acad. Sci. USA*, 1983, **80**: 3078–3080.
536 Yamaguchi, T., Kato, R., Beppu, M., Terao, T., Inoue, Y. Ikawa, Y., Osawa, T.: Preparation of *concanavalin A*-ricin A-chain conjugate and its biologic activity against various cultured cells. *J. Natl. Cancer Inst.*, 1979, **62**: 1387–1395.
537 Yatvin, M. B., Gree, T. C., Gipp, J. J.: Hyperthermia-mediated targeting of liposomes-associated anti-neoplastic drugs. In *Targeting of Drugs*, Gregoriadis, G., Senior, J. and Trouet, A. Eds, New York, London: Plenum Press, 1982, Vol. 47: pp. 223–234.
538 Yatvin, M. B., Krentz, W., Horwitz, B. A., Shinitzky, M.: pH-sensitive liposomes: possible clinical applications. *Science*, 1980, **210**: 1253–1255.
539 Yatvin, M. B., Muhlensiepen, H., Porschen, W., Weinstein, J. N., Feinendegen, L. E.: Selective delivery of liposome encapsulated cis-dichlorodiammineplatinum (II) by heat: influence on tumor drug uptake and growth. *Cancer Res.*, 1981, **41**: 1602–1607.
540 Yatvin, M. B., Weinstein, J. N., Dennis, W. H., Blumenthal, R.: Design of liposomes for enhanced local release of drugs by hyperthermia. *Science*, 1978, **202**: 1290–1293.
541 Youle, R. J., Murray, G. J., Neville, D. M. Jr.: Ricin linked to monophosphopentamannose binds to fibroblast lysosomal hydrolase receptors, resulting in a cell-type-specific toxin. *Proc. Natl. Acad. Sci. USA*, 1979, **76**: 5559–5562.
542 Youle, R. J., Neville, D. M. Jr.: Anti-Thy-1.2 monoclonal antibody linked to ricin is a potent cell-type-specific toxin. *Proc. Natl. Acad. Sci. USA*, 1980, **77**: 5483–5486.
543 Youle, R. J., Neville, D. M. Jr.: Kinetics of protein synthesis inactivation by ricin-anti-Thy-1.1 monoclonal antibody hybrids: role of the ricin B subunit demonstrated by reconstitution. *J. Biol. Chem.*, 1982, **257**: 1598–1601.
544 Young, S. P., Baker, E., Huehns, E. R.: Liposome entrapped desferrioxamine and iron transporting inoophores: a new approach to iron chelation therapy. *Brit. J. Haematol.*, 1979, **41**: 357–363.

545 Zachman, R. D., Tsae, F. H.: Pulmonary uptake of liposomal phosphatidylcholine. *Pediat. Res.*, 1980, **14**: 24–27.
546 Zajac-Kaye, M., Ts'O, P. O. P.: DNAase I encapsulated in liposomes can induce neoplastic transformation of Syrian hamster embryo cells in culture. *Cell*, 1984, **39**: 427–437.
547 Zborowski, J., Roerdink, F., Scherphof, G.: Leakage of sucrose from phosphatidylcholine liposomes induced by interaction with serum albumin. *Biochim. Biophys. Acta*, 1977, **497**: 183–191.

3

Interactions entre cellules et liposomes

Introduction	98
Interactions aspécifiques entre cellules et liposomes in vitro	99
Interactions spécifiques entre cellules et liposomes in vitro et in vivo	105
Les lectines : molécules de reconnaissance	105
Les protéines virales exposées sur la surface des liposomes	113
Les immunoglobulines : médiateurs de la fixation des liposomes sur une cellule cible	114
Agrégation des immunoglobulines : médiation par le récepteur Fc	114
Utilisation des immunoglobulines spécifiques d'un antigène déterminé	116
Les anticorps monoclonaux : couplage covalent aux liposomes	122
Références	155

Résumé

Les études réalisées in vivo avec les liposomes révèlent une grande hétérogénéité de comportement suivant leur taille, leur composition lipidique et leur voie d'administration dans un organisme. Afin de mieux caractériser les interactions entre cellules et liposomes, qui sont déterminantes pour leur utilisation en thérapeutique, il est nécessaire de recourir à des systèmes expérimentaux in vitro. Dans cette optique, les résultats d'un laboratoire à l'autre sont souvent assez disparates du fait que jusqu'à présent, les liposomes n'étaient pas dirigés sélectivement vers un type cellulaire déterminé. Par contre, dans les interactions spécifiques entre cellules et liposomes, médiées par un ligand approprié (lectines, protéines virales, immunoglobulines), les résultats soulèvent des questions importantes quant à la physiologie du transfert du contenu des liposomes dans la cellule. Plus récemment, l'utilisation des anticorps monoclonaux, qui représentent un outil de choix pour la sélectivité, a suscité un vif intérêt en biologie cellulaire et en thérapeutique. Les travaux initiaux ont été orientés sur le couplage covalent des anticorps sur la surface des liposomes sans perte de leur spécificité et sans fuite du contenu des liposomes. Grâce à l'emploi d'agents hétérobifonctionnels, il est possible de fixer les anticorps (ou toute autre protéine) sur la surface des liposomes et de leur conférer ainsi une spécificité : celle de l'anticorps. Il devient possible d'introduire spécifiquement le contenu des liposomes à l'intérieur de sa cible cellulaire. Cependant, l'endocytose qui représente le mécanisme par lequel les liposomes et leur contenu entrent dans la cellule, est directement liée à la dynamique du récepteur cellulaire cible et de la cellule qui l'exprime. Sur cette base, les liposomes et leur couplage covalent à des anticorps ou ligands spécifiques représentent un système expérimental extrêmement puissant en biologie cellulaire. D'autre part, les études réalisées in vivo révèlent un certain optimisme pour leur utilisation en thérapeutique.

Introduction

Afin de caractériser les interactions des liposomes avec les cellules et leur devenir dans celles-ci, de nombreuses équipes se sont orientées vers des études in vitro plutôt qu'in vivo. Les liposomes peuvent interagir avec les cellules par plusieurs mécanismes. La figure 3-1 schématise les différentes possibilités que l'on peut, a priori, envisager. Après leur adsorption aspécifique (interactions électrostatiques) ou spécifique (médiée par des ligands) sur la cellule, les liposomes peuvent fusionner avec la cellule ou être internalisés, par endocytose ou par phagocytose. L'interaction peut aboutir aussi à une adsorption stable dans laquelle les liposomes restent associés à la membrane cellulaire. Il peut y avoir également une libération locale du contenu des liposomes sur la cellule ou un échange de lipides entre la membrane cellulaire et la membrane des liposomes. Ces diverses voies ne sont évidemment pas mutuellement exclusives. Les contributions relatives de chacune des interactions sont déterminées par la composition des liposomes, le type cellulaire et les conditions d'incubation [175].

Dans l'espoir de pouvoir acheminer avec succès le contenu des liposomes dans des organes ou tissus sélectionnés, les techniques de « pilotage » des liposomes devraient favoriser leur association avec des cellules cibles et augmenter ainsi l'effet thérapeutique tout en diminuant la toxicité (cas des drogues cytotoxiques). Les différentes tentatives décrites dans le chapitre 2, tendant à améliorer l'index thérapeutique des liposomes, démontrent que de nombreux facteurs comme la voie d'administration, la fluidité, la charge et la taille des liposomes sont importants. L'approche la plus prometteuse consiste

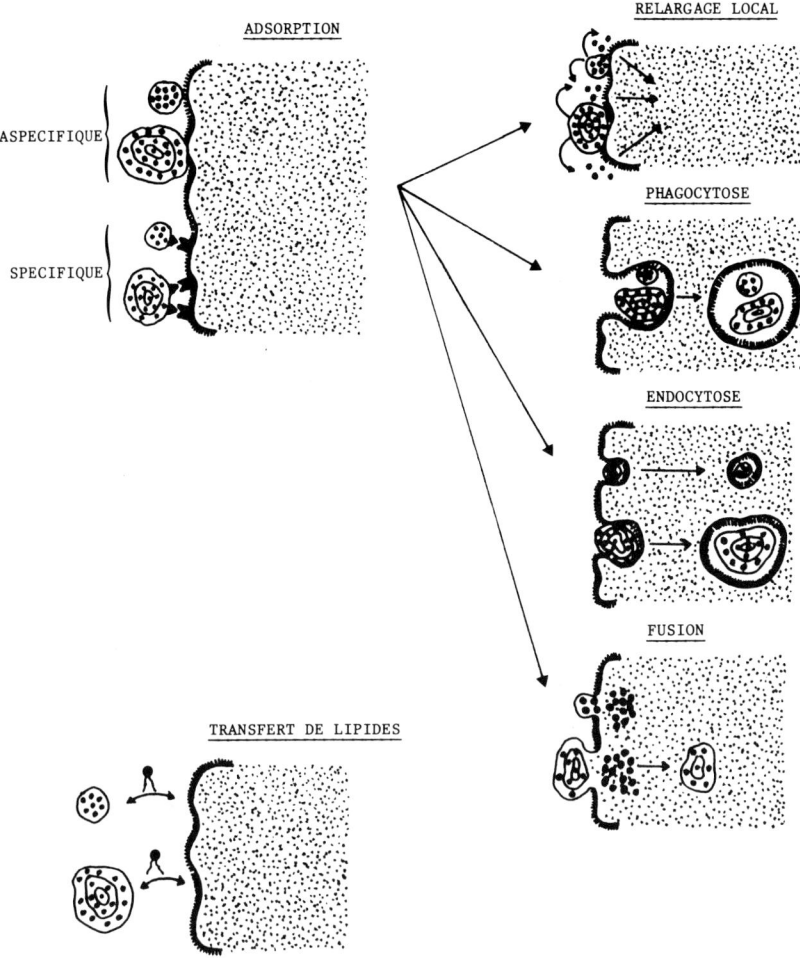

Fig. 3-1 Représentation schématique des interactions entre cellules et liposomes. ⋏ : Phospholipides, • : Soluté encapsulé. D'après Weinstein et Leserman [245].

donc à conférer aux liposomes une spécificité en leur associant des ligands capables de reconnaître une structure membranaire.

Interactions aspécifiques entre cellules et liposomes in vitro

Deux mécanismes prédominants ont été proposés pour décrire l'internalisation des liposomes par les cellules : l'endocytose qui aboutit à la séquestration des vésicules uni- ou multilamellaires dans des compartiments intracellulaires [15, 38, 84, 159, 189, 247] ou la fusion qui permet d'introduire directement le contenu des liposomes dans le cytoplasme cellulaire [169, 178, 189]. Néanmoins, pendant la fusion, une partie du soluté encapsulé peut être libérée dans le milieu, surtout lorsqu'il s'agit de liposomes unilamellaires [78]. Lorsque des liposomes multilamellaires fusionnent avec la membrane plasmique, ils se localisent dans le cytoplasme, avec une bicouche lipidique en moins (détruite dans la fusion) [15, 157, 249]. Ils peuvent alors être dégradés progressivement in situ ou fusionner avec d'autres systèmes membranaires comme les lysosomes [59, 188].

L'interaction des liposomes avec les leucocytes phagocytaires a été étudiée dans différents systèmes cellulaires : phagocytes circulants de poisson [247], leucocytes totaux du sang humain (sédimentés sur dextran) [38], macrophages péritonéaux murins [26, 84, 159, 187] et leucocytes polymorphonucléaires péritonéaux de lapin [42, 217]. A l'exception du dernier exemple, les résultats obtenus avec les différents types cellulaires étudiés sont en accord avec une phagocytose des liposomes. Cependant, certaines données doivent être interprétées avec prudence car elles sont basées sur l'acquisition d'une activité biologique par la cellule (invertase [84] ; hexosaminidase A [38] ; peroxydase [247] ; activité antibactérienne de la streptomycine [26] ; activité tumoricide après une stimulation par le facteur d'activation des macrophages [187]) ou sur la détection d'un marqueur de la phase lipidique uniquement [42, 159, 217]. Ces études n'ont pas été réalisées avec des marqueurs multiples qui pourraient permettre de suivre à la fois le compartiment aqueux et la phase lipidique des liposomes. D'autre part, les analyses ultrastructurales sont délicates à interpréter sans une sonde adéquate [252].

Finkelstein et coll. [60] ont utilisé la phosphatidylcholine tritiée comme marqueur de la phase lipidique et l'inuline marquée au carbone 14 comme marqueur de la phase aqueuse, pour évaluer l'interaction des liposomes avec les leucocytes. Ils ont aussi réalisé des études cytochimiques avec la peroxydase encapsulée dans les liposomes. Ils démontrent que l'entrée des liposomes dans des leucocytes polymorphonucléaires est linéaire pendant 10 à 15 minutes et décroît ensuite avec le temps. En 10 minutes, l'inuline apportée par les liposomes se retrouve dans les cellules à une concentration 7,5 fois plus élevée que lorsqu'elle est libre ; ce taux se maintient pendant au moins une heure. L'inuline libre semble entrer dans la cellule par pinocytose alors que son internalisation médiée par les liposomes fait intervenir un mécanisme dépendant d'énergie. En effet, une incubation à 0 °C ou l'introduction de glutaraldéhyde, d'iodoacétamide ou de N-éthylmaléimide, inhibe fortement la capture des liposomes par la cellule. Des analyses structurales cytochimiques révèlent que les monocytes sont plus actifs que les polymorphonucléaires et les lymphocytes pour l'internalisation des liposomes. Néanmoins, les liposomes adhèrent aussi bien sur les membranes de toutes les cellules. Ce résultat a été reproduit avec des cellules isolées et confirme bien que les monocytes sont beaucoup plus phagocytaires que les autres leucocytes. Quand les liposomes sont incubés avec des cellules non-phagocytaires, des cellules pulmonaires de hamster par exemple, il existe un échange lipidique et de soluté encapsulé entre les liposomes et la cellule, par l'intermédiaire d'une fusion ou d'un transfert de lipides [111, 169, 170, 211, 212]. La fusion est réalisée à 37 °C, alors qu'à 2 °C ou en présence d'inhibiteurs métaboliques, l'échange de lipides devient majoritaire. La fusion est évaluée par l'association de la phase aqueuse ([^{3}H] inuline) et lipidique ([^{14}C] phosphatidylcholine) des liposomes avec la cellule. Dans les conditions favorisant l'échange de lipides, seuls les phospholipides radiomarqués [169], ou fluorescents [211-212] se retrouvent sur la cellule. Pagano et Huang [169] démontrent que la vitesse d'association des liposomes aux cellules est indépendante de la charge nette des liposomes. L'endocytose (phagocytose) est exclue, car des mesures d'autoradiographie en microscopie électronique montrent que les lipides radiomarqués des liposomes restent sur la surface cellulaire et ne se retrouvent pas dans les lysosomes. De même, les cellules HeLa interagissent avec des petits liposomes unilamellaires (SUV : phosphatidylcholine/phosphatidylsérine, 9:1) ; il s'ensuit une fusion et non une endocytose [103]. Dans cette étude, la ferritine (marqueur pour la microscopie électronique) encapsulée dans les liposomes est introduite directement dans le cytoplasme et s'accumule dans les lysosomes par un mécanisme incompris. La demi-vie de la ferritine dans le cytosol est de 11 heures. Il faut néanmoins préciser que la ferritine n'est pas une sonde de choix pour étudier le devenir des petits liposomes unilamellaires. Cette molécule est de nature protéique et ne peut s'encapsuler convenablement dans de tels liposomes. Il est certainement préférable d'utiliser d'autres marqueurs beaucoup plus petits et moins dégradables ou alors, d'utiliser la ferritine encapsulée dans de grands liposomes unilamellaires. Blumenthal et coll. [25] ont d'ailleurs préféré utiliser la carboxyfluorescéine (fluorophore hydrosoluble) pour étudier les interactions des SUV (dioléoyl phosphatidylcholine) avec des lymphocytes humains isolés. Malheureusement, dans ce travail, le fluorophore n'est pas convenablement purifié et il a tendance à fuir hors des liposomes. Il est donc, là aussi difficile d'apprécier la phénoménologie de l'interaction liposomes-cellules qui de surcroît n'a rien de physiologique car les cellules sont cultivées en absence de protéines (sans sérum).

Poste et Papahadjopoulos [189] observent soit une endocytose, soit une fusion des liposomes avec des fibroblastes murins 3T3. Les liposomes chargés négativement, dans un état « fluide », favorisent la fusion alors que des liposomes neutres, dans un état « fluide », ou chargés négativement, dans un état « solide », favorisent l'endocytose. Celle-ci est inhibée à 80-90 % par les inhibiteurs métaboliques tels que le déoxyglucose (inhibiteur de la glycogénolyse) et l'azide de sodium (inhibiteur de la respiration cellulaire). Dans ces mêmes conditions, l'internalisation du contenu des liposomes « fluides », chargés négativement, n'est réduite que de 30 à 40 %. De même, en prétraitant les cellules avec la cytochalasine B, inhibiteur de la phagocytose (microfilaments) ou en les fixant par le glutaraldéhyde, on observe une réduction de l'internalisation de seulement 20 à 30 % pour les vésicules « négatives et fluides », contre 80 à 85 % pour les liposomes « solides ». Les résultats de Poste et Papahadjopoulos [189] sont donc entièrement dépendants de la composition lipidique (charge et fluidité) des liposomes. Ils sont donc en contradiction avec ceux de Pagano et Huang [169]. Cependant, les travaux de ces deux équipes n'ont pas été réalisés dans les mêmes conditions d'expérimentation (cellules, liposomes et milieux de culture différents).

Une étude réalisée avec l'amibe phagocytaire *Acanthamoeba castellani* montre que, selon la nature des phospholipides des liposomes, on observe soit une fusion, soit une endocytose [15]. A 28 °C, la phosphatidylcholine d'œuf et la dimyristoyl phosphatidylcholine favorisent une phagocytose des liposomes. En revanche, la dipalmitoyl et la distéaroyl phosphatidylcholine influencent préférentiellement la fusion des liposomes. Là encore, la phagocytose est inhibée par une incubation à 4 °C. La charge des liposomes a été étudiée : les liposomes chargés positivement sont plus facilement internalisés par phagocytose que ceux chargés négativement ou neutres (dans le cas de la phosphatidylcholine d'œuf). Il en est de même pour la fusion avec des liposomes composés de dipalmitoyl phosphatidylcholine. La fusion probable des liposomes avec l'amibe aboutit à une perte de 60 % de la phase aqueuse ($[^3H]$ glucose) des liposomes. Grant et McConnell [78] observent le même résultat pour le mycoplasme *Acholeplasma laidlawii* : 96 % du soluté encapsulé sont libérés après la fusion des liposomes (dipalmitoyl phosphatidylcholine) avec le mycoplasme.

Le groupe de Scherphof démontre que les grandes vésicules unilamellaires sont internalisées par endocytose dans les cellules de Kupffer [45]. Des études de microscopie de fluorescence avec des liposomes contenant des marqueurs fluorescents, ou de microscopie électronique avec des liposomes contenant de la peroxydase et des études métaboliques suivant le devenir des phospholipides radiomarqués ainsi que celui de l'inuline et de l'albumine radiomarquées encapsulées, démontrent clairement qu'après leur adsorption sur la membrane cellulaire, les liposomes sont internalisés par endocytose (phagocytose) et passent intacts dans les lysosomes. Il est d'ailleurs intéressant de noter que certains agents lysosomotropiques (NH_4Cl et chloroquine) connus pour augmenter le pH des lysosomes et des endosomes, inhibent la libération du contenu des liposomes dans la cellule [47] et le catabolisme des molécules encapsulées, l'albumine, notamment [45, 49]. Ce même groupe montre, avec les cellules de Kupffer, que les liposomes neutres ou chargés positivement adhèrent aux mêmes sites de fixation sur la membrane cellulaire, alors que les liposomes chargés négativement se fixent sur d'autres sites [49]. De plus, après internalisation, les liposomes sont détruits et les phospholipides dégradés, mais la cellule utilise la partie choline pour synthétiser de novo ses propres phospholipides (phosphatidylcholine) [46]. Enfin, ces mêmes auteurs concluent que les cytochalasines (actives sur les microfilaments du cytosquelette) inhibent partiellement l'internalisation des liposomes par les cellules de Kupffer, et qu'elles inhibent totalement l'entrée dans les lysosomes, des liposomes internalisés par la cellule [48]. La colchicine (active sur les microtubes du cytosquelette) a pour effet de ralentir l'ensemble du processus normal ; la monensine, un ionophore à protons, a le même effet que la colchicine, mais elle inhibe la dégradation des liposomes internalisés, accumulés dans un compartiment intracellulaire [48]. La trifluopérazine (un inhibiteur de la calmoduline) exerce un effet à plusieurs niveaux sur la capture et le devenir des liposomes une fois internalisés ; ces effets dépendent de la concentration de trifluopérazine utilisée [48].

Par contre, d'autres auteurs [62, 249] n'observent aucune internalisation des liposomes multilamellaires avec des cellules lymphoïdes humaines ou des fibroblastes. Dans leur système, l'incorporation de lysophosphatidylcholine (fusiogène) dans les liposomes est nécessaire pour apprécier l'introduction du contenu des liposomes (enzyme peroxydase) dans au moins trois lignées cellulaires testées.

Les liposomes chargés positivement (introduction de stéarylamine) restent adsorbés sur la membrane des cellules HeLa. Les interactions électrostatiques entre liposomes cationiques et membranes cellulaires anioniques favorisent l'apport de matériels biologiques [152, 157]. Des analyses structurales (cytochimie) démontrent l'association de liposomes individuels ou agglomérés sur la surface cellulaire. Magee et coll. [153] suggèrent qu'après leur adsorption électrostatique, les liposomes peuvent quelquefois fusionner avec la cellule ou être internalisés par endocytose. Néanmoins, il semble que dans certains cas, il y ait rupture de l'interaction avant la fusion ou l'internalisation. D'une manière analogue, le groupe de Papahadjopoulos [221] montre par des techniques de fluorescence (réapparition de la fluorescence après destruction des molécules par la lumière : « photobleaching ») que plus de 90 % des SUV utilisées (chargées négativement) s'adsorbent sur les membranes plasmiques de cellules L929. En outre, l'adhérence de SUV « solides » sur des fibroblastes V79 de hamster semble impliquer deux mécanismes : l'un sensible à la température et nécessitant des protéines de la surface cellulaire, l'autre étant indépendant de la température [174].

L'ensemble de ces données met en évidence que d'un laboratoire à l'autre, il est difficile de reproduire certains résultats. Des analyses plus fines, basées sur la fluorescence [92, 222, 246, 259] ou l'autoradiographie [174], indiquent que la fusion des liposomes avec les cellules n'est que très peu probable. Des critères expérimentaux beaucoup plus fiables ont été proposés pour appréhender les divers mécanismes impliqués dans l'interaction des liposomes avec les cellules [171, 175]. L'une des approches consiste à employer des vésicules unilamellaires ayant une asymétrie membranaire pour un radioisotope [198] ou contenant un marqueur fluorescent [173]. L'asymétrie permet de considérer indépendamment la monocouche interne de la monocouche externe. De plus, les fluorophores permettent de distinguer les différents compartiments subcellulaires empruntés par les liposomes [218, 246]. Une troisième possibilité consiste à utiliser la microscopie électronique pour localiser les liposomes dans la cellule. Un travail récent combinant les techniques de fluorescence (carboxyfluorescéine et calcéine) et la microscopie électronique (l'or colloïdal étant utilisé comme marqueur [105]) indique que des liposomes chargés négativement sont internalisés dans la cellule par « coated pits » ; ils passent ensuite dans des vacuoles non rugueuses (réceptosomes), puis sont acheminés dans la région du Golgi où ils résident avant d'être dégradés par les lysosomes [218].

Il a été suggéré que le contenu hydrosoluble des liposomes pourrait pénétrer dans la cellule après destruction des liposomes sur la surface cellulaire. Ce mécanisme (qui fait peut-être intervenir un processus cellulaire provoquant la fuite) pourrait alors engendrer, près de la surface cellulaire, une forte concentration du soluté qui en favoriserait sa pénétration cytoplasmique. Il faut alors supposer que ce relargage n'entraîne pas une dilution des molécules dans le surnageant et que la cellule puisse capter ces molécules rapidement. Blumenthal et coll. [24] montrent, par des analyses cinétiques, qu'un tel phénomène peut être exploité à condition que le coefficient de diffusion des liposomes soit plus grand que celui du soluté. En fait, en raison de la taille des complexes macromoléculaires, le coefficient de diffusion des liposomes ne peut excéder celui des petites molécules.

D'autres tentatives ont été réalisées pour essayer d'augmenter le transfert du contenu des liposomes dans les cellules in vitro. Ainsi, le polyéthylène glycol [223] ou le glycérol [64, 199] sont utilisés pour promouvoir une fusion ou une endocytose non spécifique des liposomes (voir page 67). Dans le même but, l'« appareillage » protéique viral qui permet la pénétration du virus dans la cellule, a été inséré dans la membrane des liposomes (appelés alors virosomes) [22, 31]. Cependant, les mécanismes impliqués, fusion ou endocytose ne sont pas encore clairement démontrés. Aucune de ces techniques n'est évidemment possible in vivo où une fusion n'a jamais été prouvée. De plus, la plupart de ces expériences ont été réalisées en l'absence de macromolécules biologiques dans le milieu (absence de sérum) et ne sont, de ce fait, peut-être pas réalisables dans des conditions physiologiques où les cellules et les liposomes pourraient réagir de façon différente.

Enfin, les liposomes « vides » peuvent affecter les cellules avec lesquelles ils interagissent. A doses très élevées, les liposomes entraînent une mortalité cellulaire et peuvent être toxiques in vivo, notamment lorsqu'ils sont constitués de cardiolipides ou de stéarylamine [124, 175, 180]. A faible concentration, les liposomes, constitués de phospholipides à acides gras saturés, inhibent l'extension des microvillosités [154, 172] et augmentent la réponse mitogénique des lectines végétales [167] sur les lymphocytes. De plus, les liposomes constitués de phosphatidylcholine et de phosphatidylsérine inhibent l'activation des macrophages par les lymphokines [73]. D'après cette étude, il semble que les liposomes interfèrent au niveau des événements primaires de l'activation des macrophages (interaction macrophages-lymphokines), sans altérer le mécanisme cytotoxique lui-même. L'inhibition de l'activation est spécifique car elle est détectée uniquement sur l'activité anti-microbienne des macrophages et pas sur l'activité anti-tumorale, induite après traitement avec des lymphokines. La charge positive des liposomes favorise le transport du méthotrexate encapsulé dans des cellules tumorales d'ascites d'Ehrlich, alors qu'une charge négative l'inhibe [65, 66]. Cette différence est la conséquence d'une modification des caractéristiques intrinsèques de la membrane cellulaire, influençant ainsi le transport spécifique de la drogue.

En conclusion, les paramètres étudiés pour connaître et favoriser les interactions entre cellules et liposomes ne semblent être limités que par l'imagination des expérimentateurs, tout au moins in vitro. Néanmoins, les résultats obtenus sont quelquefois délicats à interpréter et surtout difficiles à reproduire. Ils dépendent principalement des conditions de culture et aussi des sondes utilisées pour apprécier ces interactions. L'approche la plus prometteuse, la moins douteuse et la plus directe, consiste à conférer une spécificité aux liposomes en leur associant un ligand capable d'interagir avec une structure membranaire déterminée (voir Fig. 2-1B).

Interactions spécifiques entre cellules et liposomes in vitro et in vivo

Lorsque l'interaction est spécifique, les molécules insérées dans les liposomes reconnaissent une molécule complémentaire présente sur la surface membranaire d'une cellule. Nous nous orienterons ici sur l'emploi de tels liposomes pour obtenir des effets spécifiques sur les cellules cibles. Nous ne discuterons pas des études, de plus en plus nombreuses et non pas moins intéressantes, dans lesquelles les liposomes sont porteurs d'haptènes, d'antigènes de transplantation ou d'autres molécules, pour tenter de répondre à des questions immunologiques d'ordre fondamental. De telles perspectives d'utilisation pourraient cependant être plus enrichissantes pour caractériser certains processus biologiques fondamentaux que des utilisations thérapeutiques ou de diagnostic. L'intérêt des liposomes en immunologie a été traité dans d'excellentes revues [3, 125] et ouvrages [83, 227] que le lecteur est invité à consulter.

Différentes sortes de ligands ont été employées pour conférer une spécificité aux liposomes, en particulier des sucres, des lectines, des hormones peptidiques, des glycoprotéines, des glycolipides, des antigènes (haptènes) et des immunoglobulines, entre autres protéines. La littérature est brièvement résumée dans les tableaux 3-I et 3-II.

Les lectines : molécules de reconnaissance

Les lectines, souvent des glycoprotéines, sont des molécules naturelles ayant des sites récepteurs pour des carbohydrates. Elles peuvent donc être utilisées pour fixer, de façon spécifique, les liposomes aux cellules. Ainsi, la sialoglycoprotéine d'érythrocytes humains est reconstituée dans la membrane de petits liposomes unilamellaires [122]. Cette glycoprotéine agit en tant que récepteur pour les lectines WGA (« wheat germ agglutinin ») et PHA (« phytohemagglutinin ») et pas pour la concanavaline A. La reconstitution de la glycoprotéine fonctionnelle est réellement exposée sur la surface externe des liposomes, car elle peut en être détachée par la trypsine. Après 4 heures d'incubation, les liposomes portant la sialoglycoprotéine entraînent une agglutination 5 fois plus importante des érythrocytes lorsqu'ils sont traités par WGA. L'agrégation ainsi obtenue des liposomes avec les cellules n'est pas réversée par la N-acétylglucosamine, même à une concentration à laquelle ce sucre inhibe la formation des agrégats. Dans un système similaire, la RCA (« *Ricinus communis* agglutinin ») agglutine les liposomes qui ont inséré dans leur bicouche le lactosylcéramide, un glycolipide [41]. Dans ce système, l'agrégation est réversée par addition de lactose et de galactose. Des analyses en microscopie électronique indiquent que les liposomes désagrégés n'ont pas fusionné entre eux. Les récepteurs érythrocytaires de la concanavaline A ont également été reconstitués dans les liposomes [14]. Ces récepteurs gardent leur activité, car les liposomes fixent la concanavaline A exogène. De même, certaines glycoprotéines (molécules du complexe majeur d'histocompatibilité en particulier) ont été reconstituées dans des liposomes. Ces liposomes sont alors capables de

Suite tableau 3-I

Glycolipides ou glycoprotéines associés aux liposomes	Interactions : directe ou indirecte	Cellule cible	Évaluation de l'activité du complex	Références
Dérivés polysaccharidiques : conjugués entre palmitoyl et pullulan ou pullulan phosphate ou amylopectine ou amylopectine phosphate ou amylopectine sulfate, insérés dans la bicouche de MLV composées de cholestérol et de phosphatidylcholine d'œuf	Directe	Étude in vivo	Augmentation de la stabilité des liposomes. Augmentation de la concentration des liposomes dans les poumons pendant les 30 premières minutes après l'injection. Localisation des liposomes visualisée par double marquage : (^{3}H) insuline à l'intérieur des liposomes et (^{14}C) coenzyme Q10 dans la membrane lipidique	224
Protéines du complexe majeur d'histocompatibilité reconstituées dans des liposomes	Différentes lectines	Lymphocytes et érythrocytes	Fixation des liposomes aux cellules	57, 58
	Directe	Semliki forest virus	Fixation du virus sur les liposomes. Inhibition de la fixation des protéines virales sur les cellules	102
Protéines du virus Sandaï reconstituées dans des liposomes	Directe	Cellules tumorales d'Ehrlich, cellules L	Fixation des liposomes aux cellules et introduction dans la cellule de la chaîne A de la toxine diphtérique contenue dans les liposomes	238
Protéines du virus Herpes Simplex reconstituées dans des liposomes	Directe	Cellules HEp-2	Fixation des liposomes aux cellules et fusion des liposomes avec elles	119
Protéine lam B de bactéries (Escherichia coli et Shigelle) reconstituée dans des liposomes	Directe	Bactériophage Lambda	Fixation des phages sur les liposomes et introduction de l'ADN du phage dans les liposomes	196

WGA : wheat germ agglutinin ; PHA : phytohemagglutinin A ; PEG : polyéthylène glycol ; DPH : diphényl hexatriène ; MLV : multilamellar vesicles ; LUV : large unilamellar vesicles ; SUV : small unilamellar vesicles ; DPPC : dipalmitoyl phosphatidylcholine ; DSPC : distéaroyl phosphatidylcholine ; DMPC : dimyristoyl phosphatidylcholine ; PS : phosphatidylsérine ; DCP : dicétylphosphate ; PE : phosphatidyléthanolamine.

se fixer sur des globules rouges ou des lymphocytes, en présence de différentes lectines incubées avec les cellules et les liposomes porteurs de glycoprotéines [57, 58].

Cependant, certaines lectines, telles que la concanavaline A, réagissent fortement avec des liposomes constitués uniquement de phospholipides, engendrant une fusion [242, Machy et Leserman, résultat non publié]. De plus, la concanavaline A, complexée avec les liposomes, perd son activité mitogénique (Machy et Leserman, résultat non publié). Il est donc probable que les résultats des travaux de Barratt et coll. [14] ne puissent être utilisés pour conférer une spécificité aux liposomes avec cette lectine.

Les glycolipides sont donc aussi des ligands capables de présenter des résidus carbohydrates reconnus par des lectines. L'acide sialique des monosialogangliosides sont des récepteurs pour la lectine WGA [192]. De petits liposomes unilamellaires, présentant ces résidus sur leur surface, sont agglutinés et fusionnent en présence de la lectine. Par contre, Curatolo et coll. [41] n'obtiennent pas de tels résultats avec la lectine RCA, lorsque le galactocérébroside est inséré dans la bicouche lipidique. Il est important de préciser que l'encombrement stérique du glycolipide avec les phospholipides empêche, dans ce dernier cas, l'accessibilité de la lectine au résidu galactose. Dans le même sens, des glycolipides synthétiques, formés à partir d'un couplage covalent entre des ligands carbohydrates et le cholestérol, insérés dans la phase lipidique de petits liposomes, permettent de les agréger en présence de lectines [191]. L'agrégation dépend de la concentration du sucre approprié incorporé dans la membrane des liposomes [191, 192] et aussi de l'encombrement stérique entre le carbohydrate et la surface des liposomes [210].

Contrairement aux méthodes indirectes utilisant des lectines exogènes, les méthodes directes sont basées sur la reconnaissance du ligand, exposé sur les liposomes, par la cellule qui possède le récepteur adéquat. Ce sont les carbohydrates des glycoprotéines et des glycolipides qui peuvent interagir sélectivement avec leurs récepteurs cellulaires. De tels récepteurs pour le galactose, la N-acétylglucosamine, le mannose et le 6-phosphomannose, ont été identifiés sur des fibroblastes, des hépatocytes et les cellules réticuloendothéliales [213, 225]. Ainsi, des vésicules multilamellaires possédant le lactocérébroside (synthétique), qui a un résidu galactose terminal, sont adsorbées 5 à 7 fois plus par les cellules HeLa que les mêmes liposomes n'ayant pas incorporé le glycolipide. Cette interaction est spécifique du galactose et dépendante de la présence du récepteur [30]. Les ligands carbohydrates sur les liposomes fixent aussi la toxine cholérique [63] et l'hormone glycoprotéique thyrotropine [2, 53]. De tels liposomes pourraient être utilisés pour se débarrasser ou inhiber la fixation de certaines molécules nuisibles pour l'organisme, des toxines par exemple.

Les liposomes porteurs de carbohydrates ont été étudiés in vivo [4, 85, 121, 162, 220, 224]. Des liposomes multilamellaires sont préparés de façon à ce qu'ils présentent sur leur surface des molécules de fétuine. Après une injection intraveineuse à des rats, le galactose exposé par l'asialofétuine (fétuine dont les acides sialiques sont éliminés par traitement à la neuraminidase) sert de

Tableau 3-II Antigènes (haptènes) portés par les liposomes

Haptène	Fixation directe ou par l'intermédiaire d'anticorps	Cellule et déterminant cibles	Évaluation de l'activité du complexe	Références
DNP-cap-PE sur des SUV formées de DOPC ou de DPPC ± cholestérol	Anticorps anti-TNP de mouton (forte réaction croisée avec le DNP)	Leucocytes périphériques humains présentant le TNP après modification par le TNBS	Association de la CF encapsulée dans les liposomes aux cellules	244
"	Directe	Myélome MOPC 315 exprimant les immunoglobulines anti-DNP	"	138
"	Directe	"	Association de la CF encapsulée dans les liposomes aux cellules. Étude de l'endocytose par l'effet du MTX contenu aussi dans les liposomes	140
"	Anticorps anti-TNP de lapin (forte réaction croisée avec le DNP)	Cellules tumorales récepteur Fc positives (P388 et P388D1) ou négatives (EL4) pour les IgG	"	139
PC-cap-PE sur SUV formées de DOPC ± cholestérol	Directe	Myélome TEPC 15 exprimant les immunoglobulines anti-PC	"	140
DNP-cap-PE sur des LUV formées de DMPC sans cholestérol	Anticorps anti-DNP de lapin	Macrophages péritonéaux de cobaye	Association de (^{14}C)-DPPE et de NBD-PE aux cellules. Microscopie électronique avec des liposomes contenant la ferritine	184
DNP-cap-PE sur des SUV formées de DPPC et de cholestérol	Anticorps monoclonaux de souris anti-DNP	Étude in vivo	Inhibition de la disparition des liposomes de la circulation sanguine après blocage du système réticuloendothélial par un anticorps anti-récepteur Fc	5

DNP-cap-PE sur des SUV composées de 88 % de DOPE et de 12 % de DNP-cap-PE	Anticorps de lapin anti-DNP	Étude in vitro	Immunoessai : liposomes lysés après redistribution du DNP-cap-PE à un pôle des liposomes grâce aux anticorps anti-DNP fixés sur une phase solide, compétition avec l'anticorps libre	104
Haptène nitroxyde-DPPE (marqueur de spin en RMN) sur des LUV et MLV composées de DMPC ou de DPPC ± cholestérol	Anticorps anti-nitroxyde (4-amino-2,2,6,6-tétra-méthyl-pipéridinyl-N-oxy) de lapin	Neutrophiles du sang périphérique humain (récepteur Fc positifs)	Stimulation de la production de superoxydes (H_2O_2) par les cellules	90, 91
"	"	Macrophages murins en culture (récepteur Fc positifs)	Fixation des liposomes aux cellules, mesurée par fluorescence (NBD-PE)	141
"	"	Neutrophiles humains et macrophages murins (récepteur Fc positifs)	Mesure de l'oxydation du glucose et de la consommation d'oxygène	90
DNP-cap-PE sur MLV et SUV formées de phosta-tidylcholine, DCP, cho-lestérol et α-tocophérol (anti-oxydant)	Anticorps anti-DNP de lapin	Macrophages péritonéaux murins (récepteur Fc positifs)	Association du fluorophore ANTS(+DPX) contenu dans les liposomes aux cellules	67
GM1, GM2, sulfatides et cérébrosides sur des MLV et SUV formées de phosphatidylcholine, DCP, cholestérol et α-tocophérol	Anticorps de lapin anti-ces haptènes	"	"	67

DNP-cap-PE : N-dinitrophénylaminocaproyl phosphatidyléthanolamine ; TNP : trinitrophényl ; MTX : méthotrexate ; CF : carboxyfluorescéine ; TNBS : trinitrobenzène sulfonate ; PC : phosphatidylcholine ; NBD-PE : N-(4-nitrobenzo-2-oxa-1,3-diazolyl) phosphatidyléthanolamine ; ANTS : aminonaphta-lène-3,6,8-trisulfonate ; DPX : bis-pyridinium-p-xylène (« quencher ») ; GM1, GM2 : gangliosides ; RMN : résonance magnétique nucléaire ; DOPC, DMPC, DPPC : dioléoyl, dimyristoyl et dipalmitoyl phosphatidylcholine ; DPPE, DOPE : dipalmitoyl et dioléoyl phosphatidyléthanolamine ; DCP : dicétylphosphate ; SUV : small unilamellar vesicles ; LUV : large unilamellar vesicles ; MLV : multilamellar vesicles.

ligand pour faire interagir les liposomes avec les tissus hépatiques qui expriment le récepteur du β-galactose. Il en résulte une augmentation de 50 % de la quantité de liposomes dans le foie, comparé à des liposomes dépourvus de ligand [85]. Les liposomes contenant des glycolipides tels que les gangliosides (GM1) s'accumulent plus rapidement et à plus forte concentration dans le foie que des liposomes témoins, après une injection intraveineuse à des rats. Là aussi, le résidu β-galactose terminal interagit avec les cellules du foie [220]. Des études similaires ont été réalisées avec 11 glycolipides différents avec des liposomes multilamellaires [121]. La capture hépatique des liposomes est favorisée avec les galactocérébrosides et inhibée avec les sialogangliosides (résidu galactose non exposé). Alving et coll. [4] rapportent que des liposomes contenant les glycolipides galactosyl, glucosyl ou lactosylcéramide sont particulièrement efficaces dans le traitement intrahépatique de la malaria chez des souris infectées. Une des étapes du cycle cellulaire (sporozoïte) du parasite (*Plasmodium berghei*) est dépendante de la présence des récepteurs hépatiques alors bloqués et probablement internalisés par les liposomes. Par contre, le ganglioside GM1 qui favorise la fixation des liposomes sur les mêmes cellules (et a priori sur le même récepteur) ne permet pas de supprimer la malaria induite par les sporozoïtes [220]. Or, les grands liposomes multilamellaires n'ont pas d'accessibilité directe aux cellules du parenchyme hépatique. Les résultats contradictoires exposés, dans les deux dernières références, reflètent probablement l'utilisation de liposomes hétérogènes en taille. En effet, seuls les petits liposomes peuvent atteindre les hépatocytes en passant la barrière endothéliale discontinue du foie [253]. Les grands liposomes, comme d'ailleurs les petits, se localisent préférentiellement dans les cellules sinusoïdales, en particulier les cellules de Kupffer. De plus, les deux types cellulaires possèdent les mêmes récepteurs pour le β-galactose [225]. On peut donc supposer que les résultats de Alving et coll. [4] ont été obtenus avec des préparations de liposomes multilamellaires mais que seuls les petits ont pu bloquer les récepteurs du parasite. Par contre, chez Surolia et Bachhawat [220], la préparation de liposomes doit contenir une majorité de grandes vésicules, incapables d'entrer en compétition avec les sporozoïtes.

Plus récemment, le groupe de Scherphof [195, 215] démontre qu'avec le glycolipide lactosylcéramide inclus dans leur bicouche lipidique, les petits liposomes unilamellaires se retrouvent deux à trois fois plus concentrés dans les cellules du parenchyme hépatique que les liposomes contrôles. Environ 50 % des liposomes qui se localisent dans le foie sont associés aux hépatocytes, et 20 à 30 %, aux cellules sinusoïdales. Cette interaction galactose-récepteur hépatique est spécifique car les glycoprotéines portant le résidu galactose (asialofétuine) inhibent la fixation des liposomes sur ces cellules. Le groupe de Nicolau [214] décrit ainsi l'expression du gène de l'insuline chez des rats ayant reçu des liposomes contenant le lactosylcéramide et renfermant le gène de la préproinsuline I. Après une injection intraveineuse, le contenu des liposomes est effectivement délivré dans le foie et, dans une plus faible mesure, dans la rate. Ces résultats ont été vérifiés par la présence du gène, apporté par les liposomes, dans les cellules [214] ou encore, par des mesures fluorimétriques grâce à la carboxyfluorescéine encapsulée dans les liposomes [88]. De même, Gregoriadis et Senior [87] confirment qu'il est possible de fixer spécifiquement les petits liposomes sur les hépatocytes in vivo en couplant de façon covalente l'orosomucoïde (glycoprotéine) sur la surface de ces liposomes. L'orosomucoïde traité par la neuraminidase (asialo-orosomucoïde) favorise de façon prépondérante la capture des liposomes par le foie en faisant chuter de 50 % la concentration circulante des liposomes. La même approche a été employée par Ghosh [71, 72], Bachhawat [8] et coll., avec des glycolipides synthétiques ou des analogues de glycosides couplés de façon covalente aux liposomes par le glutaraldéhyde. Les liposomes porteurs de carbohydrates, injectés à des rats, se localisent dans les cellules hépatiques lorsque le sucre est le β-galactose et dans les cellules sinusoïdales lorsque le sucre est l'α-mannose. Dans l'hépatite induite par injection de D-galactosamine, ces liposomes contenant de l'uridine qui inhibe l'action de la D-galactosamine, sont plus efficaces que l'uridine libre [71]. Finalement, l'administration sous-cutanée de petits liposomes portant des dérivés du cholestérol aminogalactose ou aminomannose, entraîne la formation de complexes entre les leucocytes polymorphonucléaires et les liposomes [161]. Les liposomes non fixés aux cellules restent intacts pendant plusieurs heures (600 heures) au site d'injection, alors que ceux qui interagissent avec les leucocytes sont dégradés dans le cytoplasme cellulaire et libèrent leur contenu. Takada et coll. [224] démontrent, quant à eux, que des liposomes multilamellaires porteurs de résidus amylopectine se concentrent de 3 à 5 fois plus dans les poumons que les liposomes témoins, après une injection intraveineuse chez le cobaye. Cette augmentation dans les poumons est attribuée à une affinité du polysaccharide pour les macrophages alvéolaires ; elle n'est que transitoire car après quelques heures, le foie reste l'organe majeur de la capture des liposomes. Notons également que des liposomes porteurs de gangliosides (GM1) et saturés en polypeptides (poly-L-phénylalanine, poly-L-tyrosine, poly-L-leucine, poly-L-lysine ou poly-L-alanine), ont été utilisés dans des études de distribution tissulaire [53, 54]. Cinq minutes après l'injection intraveineuse, l'accumulation des liposomes dans le foie et la rate est accrue de 3 fois avec la poly-L-phénylalanine et de 2 fois avec la poly-L-tyrosine, par rapport à ces mêmes petits liposomes non saturés [54].

Il est évident que si certaines données permettent d'envisager avec espoir l'utilisation des liposomes portant des carbohydrates, pour l'instant, leur emploi ne se limite en grande partie qu'aux cellules hépatiques. Il est probable que l'identification de nouveaux récepteurs, spécifiques d'organes ou de cellules tumorales, ayant une affinité pour un résidu glucidique particulier, pourra apporter d'autres perspectives dans l'utilisation des liposomes en thérapeutique. De plus, Wu et coll. [258] démontrent que des liposomes portant le dérivé galactosyl céramide sont moins stables in vivo que les mêmes liposomes portant le dérivé galactosyl cholestérol. Il est donc nécessaire de tenir compte de ces différentes données pour des buts thérapeutiques in vivo.

Les protéines virales exposées sur la surface des liposomes

L'efficacité et la spécificité des interactions entre les virus et les cellules hôtes (adsorption et pénétration) peuvent être transférées aux liposomes en leur incorporant les protéines virales appropriées (Tableau 3-I). Uchida et coll. [238] incorporent les protéines du virus Sandaï dans des liposomes contenant le fragment A (α) de la toxine diphtérique. Ces liposomes sont alors capables de se fixer et d'induire une fusion des liposomes avec les cellules L (fibroblastes murins). Il en résulte la mort cellulaire avec une efficacité 100 fois plus importante que celle engendrée avec les mêmes liposomes sans les protéines du virus. Ces auteurs suggèrent que la protéine F du virus (probablement impliquée dans la fusion du virus avec la membrane cellulaire) agit en synergie avec la partie hémagglutinine (HN) pour promouvoir la fusion des liposomes avec les cellules eucaryotes. En effet, plus récemment Heath et coll. [99] confirment que la protéine HN est nécessaire à l'activité fusiogène de la protéine F et que ces protéines testées indépendamment n'engendrent pas de fusion. De même, les protéines du virus VSV (« Vesicular stomatitis virus ») [183, 251], du SFV (« Semliki forest virus ») [163], du virus de l'influenza [1] et du HSV (« Herpes simplex virus ») [119] ont été reconstituées dans les liposomes pour des buts similaires. Ces liposomes, appelés alors virosomes, n'ont pas encore été testés in vivo pour diriger du matériel biologique ou des drogues vers des cellules particulières. Il semble néanmoins que ces liposomes ne soient pas spécifiques d'un type cellulaire car les protéines virales ainsi reconstituées peuvent interagir avec l'ensemble des tissus de l'organisme. De plus, ces liposomes sont immunogéniques (voir page 66) et sont obtenus à partir de l'élimination de détergents (fuite probable des molécules encapsulées, voir conclusion du chapitre I). Dans un système différent, la protéine lam B de bactéries a aussi été reconstituée dans des liposomes. Le bactériophage lambda se fixe et injecte son matériel génétique dans la phase aqueuse des liposomes [196]. Dans un système analogue de reconstitution membranaire, les protéines de classe I du complexe majeur d'histocompatibilité servent de récepteurs pour le virus SFV [102].

Les immunoglobulines : médiateurs de la fixation des liposomes sur une cellule cible

Les immunoglobulines sont des molécules de choix pour conférer une spécificité aux liposomes. En effet, que ce soit par méthode directe (agrégation des immunoglobulines aspécifiques pour favoriser l'apport des liposomes sur des cellules par l'intermédiaire du récepteur Fc ou insertion des anticorps spécifiques d'une structure membranaire cible) ou indirecte (utilisation de l'anticorps en technique de « sandwich »), ces molécules peuvent être obtenues pour une grande variété de structures membranaires. Ces structures pouvant être spécifiques d'organes ou de tissus, il est raisonnable de penser que les immunoglobulines sont de bonnes sondes pour « armer » les liposomes.

Agrégation des immunoglobulines : médiation par le récepteur Fc   Une des approches consiste à agréger des immunoglobulines pour mimer la configuration des complexes immuns dans le but de favoriser une phagocytose des liposomes saturés avec ces immunoglobulines, par l'intermédiaire du récepteur Fc membranaire. Les résultats obtenus avec cette méthode, par plusieurs groupes de recherche [38, 60, 61, 200, 201, 247, 248] peuvent se résumer ainsi :

1) seules les immunoglobulines agrégées, par la chaleur, s'associent aux liposomes (une partie des protéines étant encapsulée). Plus de 98 % d'IgG humaines agrégées s'associent à des liposomes multilamellaires (phosphatidylcholine : 70 % ; dicétylphosphate : 20 % ; cholestérol : 10 %) par interactions électrostatiques et hydrophobes avec 10 µg de protéines/µmole de phospholipides [248] ;

2) les IgG agrégées provoquent une perturbation de la bicouche lipidique, mesurée par RPE (résonance paramagnétique électronique) grâce à une sonde hydrophobe, alors que les immunoglobulines natives n'ont aucun effet. Il en résulte une augmentation de la diffusion passive de l'anion chromate encapsulé dans les liposomes chargés négativement [61, 62, 201] ;

3) les conditions d'agrégation influencent la taille des agrégats et leur obtention [200]. Les IgG humaines, agrégées par chauffage à 62 °C, 30 minutes, sont séparées par chromatographie en 3 fractions I, II et III qui, respectivement, ont un coefficient de sédimentation de 24-28, 14-23 et 3-13 S [61, 62, 200] ;

4) la fixation des IgG agrégées sur les liposomes est fonction de leur hydrophobicité, c'est-à-dire du degré de leur agrégation, mesurée par RMN (résonance magnétique nucléaire), grâce au 16-hydroxy acide stéarique. L'intégration des IgG sur la surface des liposomes est meilleure avec la fraction I qu'avec les fractions II et III (I > II > III) [61, 62, 200] ;

5) ces quatre premiers points suggèrent que l'agrégation thermique induit un changement de conformation des molécules d'IgG, leur permettant ainsi d'interagir avec les bicouches lipidiques des liposomes par associations hydrophobes avec les chaînes acylées des phospholipides ;

6) les parties Fc des IgG se retrouvent aussi bien à l'intérieur qu'à l'extérieur des liposomes et favorisent l'association des liposomes avec les cellules exprimant le récepteur Fc ;

7) la phagocytose des liposomes est alors effective et permet de délivrer l'hexosaminidase A encapsulée dans des leucocytes de malades atteints d'une déficience en cette enzyme (maladie de Tay-Sachs). Ce résultat n'est pas obtenu avec l'enzyme libre en solution, avec les IgG natives ou des liposomes non saturés en protéines [38]. Le même procédé est utilisé avec des IgM agrégées non fractionnées et la peroxydase (dans la phase aqueuse). La phagocytose de tels liposomes par les phagocytes de poisson (*Mustelus canis*) permet de détecter une activité enzymatique 120 fois supérieure à celle qu'engendre l'enzyme libre alors qu'elle n'est que de 60 et 50 fois supérieure avec des IgM natives ou des liposomes non saturés, respectivement [247] ;

8) les liposomes avec les immunoglobulines agrégées entrent probablement dans la cellule par une phagocytose résultant de l'internalisation de la membrane plasmique sur laquelle se trouvent les complexes liposomes-immunoglobulines-récepteurs Fc. Des analyses microscopiques montrent que les liposomes arrivent dans les lysosomes après leur internalisation [38, 247] ;

9) la phagocytose du récepteur Fc est une fonction de la présence des agrégats d'immunoglobulines. Elle a été étudiée en mesurant la stimulation de la sécrétion extralysosomiale de l'enzyme β-glucuronidase. En absence de

stimulus de la phagocytose, les leucocytes humains ne sécrètent que 1,1 % de la β-glucuronidase lysosomiale. Lorsque les cellules sont incubées en présence de 150 µg/ml d'IgG agrégées, la libération de l'enzyme dépend de la taille des agrégats : fraction I > II > III [60]. De plus, les fractions II et III sur les liposomes n'engendrent pas l'internalisation des liposomes, alors que la fraction I permet d'accroître de 48 %, dans les leucocytes, le taux d'inuline préalablement encapsulée dans les liposomes [60] ;

10) la phagocytose par le récepteur Fc des immunoglobulines n'est possible qu'avec des cellules phagocytaires. Des analyses cytochimiques ultrastructurales montrent que dans une population hétérogène de leucocytes, 83 % des monocytes ont des liposomes multilamellaires dans le cytoplasme [60]. La peroxydase encapsulée permet de distinguer les structures lamellaires des liposomes par rapport aux structures myéliniques [247]. Par contre, 28 % seulement des neutrophiles ont un marquage intracellulaire par ces mêmes liposomes saturés en IgG agrégées (fraction I). Aucun lymphocyte n'est positif. Ce résultat a été reproduit avec des sous-populations cellulaires enrichies [61, 62].

D'autres laboratoires ont utilisé ce type d'approche pour optimiser la capture des liposomes par les cellules phagocytaires. Ainsi, la glucose oxydase encapsulée dans des liposomes sur lesquels sont exposées des IgG agrégées, est directement internalisée par les monocytes humains [116]. D'une manière similaire, l'hexosaminidase A humaine et la ferritine sont encapsulées dans des liposomes analogues. Wiktorowicz et coll. [252] montrent en microscopie électronique que les liposomes sont internalisés par des macrophages péritonéaux murins et se retrouvent dans les lysosomes à partir des vacuoles de phagocytose. Il est démontré que les γ-globulines solubles inhibent la fixation des liposomes portant des γ-globulines aspécifiques, sur des macrophages qui sont prétraités par l'iodoacétamide afin de bloquer l'endocytose (mais pas l'adsorption et la fusion) [229]. L'association des liposomes avec les macrophages est donc médiée par le récepteur membranaire. Dans cet exemple, les γ-globulines utilisées sont agrégées par le glutaraldéhyde et couplées de façon covalente aux liposomes par le même réactif ; des liposomes non modifiés ou couplés à l'albumine sérique servent de contrôles [229].

Quelques tentatives ont été réalisées in vivo [54, 250]. Lorsqu'on compare la distribution tissulaire des liposomes ayant les IgG agrégées avec celle des liposomes non traités, on n'observe aucune différence. Que ce soit avec des IgG de lapin ou avec des IgG humaines, associées aux liposomes, injectées par voie intrapéritonéale chez des lapins [250] ou par voie intraveineuse chez des souris [54], les résultats obtenus ne sont pas concluants.

Utilisation des immunoglobulines spécifiques d'un antigène déterminé Gregoriadis et Neerunjun [85] sont les premiers à montrer que l'association des liposomes avec des IgG spécifiques de souches cellulaires, augmente de 3 à 25 fois le nombre de liposomes fixés aux cellules. Dans leur système, des cellules HeLa, des fibroblastes humains ainsi que des cellules leucémiques murines AKR-A sont incubés avec des liposomes multilamellaires (phosphatidylcholine : 70 % ; cholestérol : 20 % ; acides phosphatidiques : 10 %) portant l'IgG spécifique. L'insertion des IgG sur la surface des liposomes est réalisée en mélangeant vigoureusement la solution de phospholipides contenant les IgG. Par ce moyen, 14 à 18 % seulement des IgG associées aux liposomes sont sur la surface extérieure des liposomes comme l'indique la digestion par les protéases. La majorité des IgG est encapsulée (voir paragraphe précédent). L'interaction des liposomes avec les cellules est quantifiée par l'emploi de molécules radiomarquées telles que (^{125}I) IgG et (^{111}In) bléomycine (encapsulée) et le cholestéryl-(^{14}C)-palmitate. Le rapport des différents marqueurs reste constant pendant la durée de l'incubation, démontrant que les liposomes gardent leur intégrité. Les fractionnements subcellulaires indiquent que 79,5 % de la bléomycine encapsulée se concentrent dans la fraction lysosomiale et que 20,5 % sont associés à la fraction membranaire.

Dans une étude similaire, l'équipe de Magee [152] réussit à faire pénétrer l'ARN « immun » dans des lymphocytes de cobaye en incorporant des IgG anti-lymphocytes dans des liposomes multilamellaires chargés positivement. Le nombre de liposomes associés aux cellules, appréhendé par le (^{14}C)-cholestérol, dépend de la quantité d'anticorps incorporé, uniquement à faible concentration de liposomes. Lorsque des liposomes chargés négativement et contenant l'actinomycine D, sont dirigés sur des hépatocarcinomes de cobaye par des anticorps anti-lignée 1 ou 10, ils entraînent la mort des cellules tumorales. Magee et son groupe [152] montrent que cet effet est spécifique mais ne présentent aucune preuve de l'internalisation des liposomes par ces cellules.

Afin d'optimiser le nombre de molécules actives d'IgG sur la surface des liposomes, les IgG et les phospholipides ont été mélangés et soniqués pendant 20 à 30 minutes [110, 155]. Les différentes variables (temps de sonication, rapport molaire protéine/lipide et composition en phospholipides), nécessaires pour une association maximale des anticorps avec les liposomes, ont été caractérisées [110].

Les IgG ainsi fixées sur les vésicules unilamellaires conservent 30-50 % de leur capacité de liaison antigénique et restent associées sur la surface des liposomes pendant plus de 20 heures à 37 °C [110]. Dans un système modèle de l'interaction cellules-liposomes, des cellules spléniques murines sont préincubées avec la concanavaline A, une lectine qui sert d'antigène exogène [155]. Ces cellules sont ensuite incubées avec des liposomes portant des IgG de lapin anti-concanavaline A. Par microscopie de fluorescence (le marqueur fluorescent est introduit dans la préparation des liposomes), il est clairement mis en évidence que la fixation des liposomes par les cellules traitées est spécifique. Lorsque les liposomes contiennent de l'inuline tritiée, 13 fois plus de matériel s'associe aux cellules cibles qu'aux cellules non traitées par la concanavaline A. Cependant, ce système a des limites. En effet, la sonication en présence d'immunoglobulines aboutit à la formation de complexes vésicules-IgG-vésicules de taille importante [110].

Cela pourrait représenter un inconvénient pour des applications in vivo car ces agrégats de liposomes seraient éliminés plus rapidement de la circulation que les particules plus petites. Il pourrait alors être difficile de diriger les liposomes vers les cellules cibles, autres que celles du système réticuloendothé-

118 Les liposomes en biologie cellulaire et pharmacologie

lial. Un autre désavantage est que la sonication dénature les macromolécules telles que les immunoglobulines.

Depuis, d'autres modèles ont été proposés (tableau 3-II). Weinstein et coll. [244], pour évaluer l'efficacité de l'interaction spécifique des liposomes avec des cellules non-phagocytaires, utilisent un ingénieux système dans lequel les liposomes portent des haptènes [137]. Ces travaux dérivent d'un modèle initial développé par Uemura et Kinsky [239], qui rend compte de la base moléculaire du complément. Dans ce modèle, la phosphatidyléthanolamine est modifiée,

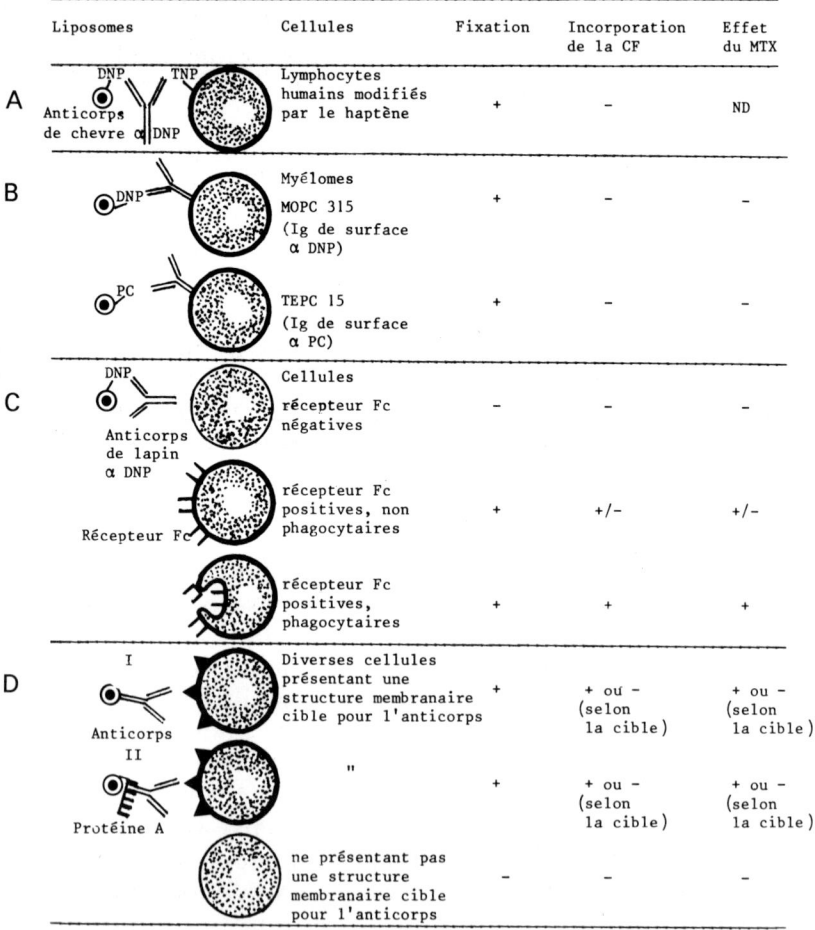

Fig. 3-2 Modèles d'interactions spécifiques entre cellules et liposomes par l'intermédiaire des anticorps. A : Interaction avec des immunoglobulines exogènes. B : Fixation par des immunoglobulines de surface. C : Interaction avec le récepteur Fc. D : I, fixation directe par des anticorps monoclonaux ou II, indirecte par la protéine A. CF, carboxyfluorescéine, MTX, méthotrexate ; DNP, dinitrophényl ; TNP, trinitrophényl ; PC, phosphatidylcholine ; ND, non déterminé.

sur son groupe aminé, par le dérivé dinitrophénylé (DNP) de l'acide caproïque (DNP-cap-PE). Ce phospholipide modifié est intégré dans la membrane des liposomes qui peuvent ainsi fixer un anticorps anti-DNP de lapin. En présence de complément, il y a une lyse des liposomes. La libération du glucose qui témoigne de la destruction des liposomes, est mesurée enzymatiquement [128, 239]. Une modification de ce modèle initial consiste à encapsuler, en remplacement du glucose, un fluorophore : la carboxyfluorescéine qui permet une mesure plus directe des liposomes par fluorimétrie [246]. Ces liposomes ont été employés par Weinstein et coll. [244] dans un système faisant intervenir des cellules lymphocytaires humaines modifiées par le trinitrobenzène sulfonate (TNBS). L'haptène TNP (trinitrophényl), couplé aux groupes aminés libres des protéines de la membrane cellulaire, a une réaction croisée très importante avec le DNP. Les lymphocytes modifiés par le TNBS, qui présentent alors les groupes TNP, incubés avec des anticorps anti-TNP, fixent les liposomes fluorescents porteurs de DNP (petits liposomes unilamellaires composés de dioléoyl phosphatidylcholine et de DNP-cap-PE) (Fig. 3-2A). La spécificité de cette interaction est vérifiée par la nécessité d'avoir des liposomes portant le DNP, des cellules modifiées par le TNBS et des anticorps anti-TNP. D'autre part, l'haptène sous forme soluble (TNP-lysine) inhibe l'interaction. Aucune internalisation des liposomes par les cellules modifiées n'est observée. La carboxyfluorescéine encapsulée reste localisée sur la membrane cellulaire.

Avec ces mêmes liposomes, un système plus physiologique utilisant des cellules myélomateuses murines MOPC 315 a été développé [138, 140]. Ces cellules qui expriment sur leur surface des immunoglobulines (IgA), possédant une affinité pour le DNP, fixent directement les liposomes porteurs du DNP (Fig. 3-2B). Il n'est donc pas nécessaire d'avoir recours à une modification chimique des cellules et à l'utilisation d'anticorps exogènes divalents, conditions qui peuvent respectivement altérer la membrane cellulaire et induire une association des liposomes entre eux. Ce résultat a permis d'exploiter des liposomes porteurs de DNP ou de phosphatidylcholine (PC) contenant un analogue de l'acide folique : le méthotrexate (MTX), ou encore améthoptérine, qui inhibe l'enzyme cytoplasmique dihydrofolate réductase (DHFR) (Fig. 3-3). Les liposomes porteurs de l'haptène PC sont incubés avec les cellules TEPC 15 qui expriment des immunoglobulines de surface (IgA) anti-PC. Dans le cas des cellules MOPC 315 comme dans celui des cellules TEPC 15, aucune internalisation évidente de la drogue encapsulée n'est observée, malgré la fixation des liposomes aux cellules. L'inhibition de l'incorporation de la déoxyuridine radiomarquée reflète directement l'efficacité de la drogue (Fig. 3-3) et permet de s'assurer que les cellules sont néanmoins sensibles au MTX libre [140]. Ces études sont, évidemment, exclusivement limitées à quelques tumeurs ayant une affinité connue pour des antigènes pouvant être insérés dans la membrane des liposomes.

Des liposomes modifiés par un haptène peuvent être opsonisés par des immunoglobulines anti-haptène, reconnues par le récepteur Fc de cellules normales ou tumorales (tableau 3-II) [67, 90, 91, 139, 141]. Cette approche est similaire à celle que nous avons déjà évoquée pour les immunoglobulines agrégées par la chaleur [38, 247] (voir page 114). Les liposomes-DNP, opsonisés par un anticorps (IgG) de lapin anti-TNP, se fixent sur les cellules P388 Dl

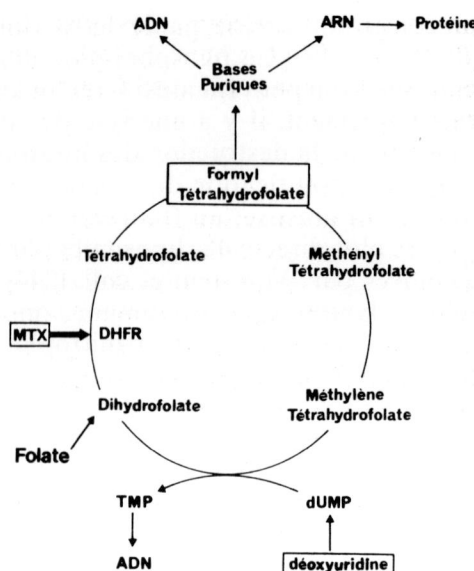

Fig. 3-3 Site d'action du méthotrexate (MTX, améthoptèrine) dans le cytoplasme cellulaire. DHFR, dihydrofolate réductase ; dUMP, déoxyuridine monophosphate ; TMP, thymidine monophosphate ; ARN, acide ribonucléique ; ADN, acide déoxyribonucléique.

par l'intermédiaire du récepteur Fc spécifique de la classe IgG (Fig. 3-2 C) [139]. Des IgA anti-DNP ou le fragment F(ab')$_2$ d'IgG ne permettent pas la fixation des liposomes aux cellules. Les cellules EL4 qui sont négatives pour le récepteur Fc servent de contrôle. Dans le cas de la cellule phagocytaire P388 Dl, une très forte internalisation des liposomes est observée ; celle-ci est quantifiée par la mesure de l'inhibition de l'incorporation de la déoxyuridine tritiée, due au MTX encapsulé [139]. Par contre, les cellules P388, non phagocytaires et qui sont positives pour le récepteur Fc, fixent les liposomes opsonisés mais ne les internalisent que très faiblement par rapport aux cellules P388 Dl. En visant le récepteur Fc, il est donc possible de montrer que les liposomes peuvent être dirigés spécifiquement vers un déterminant membranaire et être éventuellement internalisés. Il est cependant évident que des liposomes opsonisés par des immunoglobulines (haptènes et immunoglobulines agrégées) ne doivent pas être considérés comme spécifiques d'une cellule ou d'un tissu donné, puisque le récepteur Fc est ubiquitaire.

Des tentatives ont été réalisées in vivo. Gregoriadis et coll. [86] incorporent des IgG, isolées à partir d'antisérums anti-Meth « A » et anti-6C3HED de cellules tumorales murines, dans ou sur des liposomes contenant de la bléomycine marquée à l'indium 111. Environ 20 % des IgG se retrouvent sur la surface des liposomes. La capacité de liaison de l'anticorps Meth « A » avec sa cible cellulaire est conservée après son association avec les liposomes. Par contre, l'IgG anti-6C3HED, associée aux liposomes, ne se fixe plus. L'injection des liposomes radiomarqués anti-Meth « A », par voie intraveineuse chez des souris portant la tumeur, provoque une accumulation des liposomes qui est augmentée de 70 à 100 % dans la tumeur, dans le foie et dans la rate, par rapport à des liposomes témoins. S'il existe un acheminement spécifique des liposomes vers la tumeur, il semble que celui-ci ne soit pas préférentiel par rapport au foie et à la rate. Les auteurs indiquent néanmoins que leur préparation d'anticorps n'est pas pure et qu'elle peut contenir des immunoglobulines dirigées vers d'autres déterminants membranaires, présents aussi bien sur la tumeur que sur d'autres tissus de l'organisme, comme le foie et la rate.

D'autres applications sont proposées avec les liposomes portant des immunoglobulines spécifiques d'antigènes. Certaines drogues ou métabolites toxiques peuvent être éliminés de la circulation en injectant des anticorps anti-agents toxiques (anticorps anti-digoxine, par exemple). Cependant, ces complexes immuns peuvent rester dans la circulation pendant une période assez longue et engendrer, à leur tour, une toxicité. En associant ces anticorps aux liposomes, les complexes drogues-anticorps-liposomes sont très rapidement captés par le foie et la rate où ils sont dégradés et éliminés [32]. Ainsi, des anticorps de mouton anti-digoxine incorporés dans des liposomes, permettent d'éliminer cette drogue cardiotoxique de la circulation chez des rats. Il est clairement indiqué que l'excrétion urinaire de la digoxine radiomarquée, ou de son produit de dégradation, est plus importante lorsque la digoxine est complexée par l'anticorps associé aux liposomes que lorsqu'elle l'est par l'anticorps libre [32].

Ce procédé permet d'envisager pour les liposomes un rôle d'« éboueurs » de molécules indésirables, toxiques pour l'organisme. Dans le même ordre d'idées, on peut tenter de traiter certaines maladies autoimmunes. En incorporant à des liposomes, des anticorps anti-idiotypiques spécifiques du site de reconnaissance de l'autoanticorps, on peut espérer réduire la concentration sanguine des autoanticorps grâce à leur élimination par le foie et la rate [179]. Toujours dans le même esprit, certains laboratoires proposent d'utiliser les liposomes pour la radioimmunodétection des tumeurs. La détection précoce des tumeurs et de leurs métastases par les anticorps radiomarqués spécifiques de ces tumeurs, ouvre des possibilités très intéressantes de diagnostic et de dépistage par radioimmunodétection [21, 76, 202]. Cependant, le bruit de fond important en scintigraphie empêche une bonne résolution nécessaire à la localisation précise de la tumeur. Plusieurs solutions peuvent être apportées à ce problème : l'administration ultérieure d'un second anticorps dirigé contre le premier anticorps radiomarqué [202] ou l'injection de liposomes portant ce second anticorps [13, 20]. Dans le premier cas, la formation de complexes immuns permet d'obtenir une meilleure résolution. Dans le second cas (liposomes), la radioimmunodétection est rendue encore plus performante, grâce à l'élimination plus rapide des anticorps radiomarqués non fixés sur la tumeur. Enfin, Caride [33, 34] propose l'utilisation directe de ces liposomes, spécifiques d'un antigène donné, pour le diagnostic en radiologie. Les liposomes contiennent alors des marqueurs radioactifs, radioopaques, sonoréfléchissants ou paramagnétiques, afin d'obtenir une amplification du signal.

Toutes ces études démontrent la spécificité de l'interaction liposomes-cellules. In vitro, il n'apparaît donc pas difficile d'obtenir une fixation spécifique, même si elle n'est encore que limitée. D'autre part, l'encapsulation de fluorophores convenablement purifiés dans les liposomes [190] qui permet d'amplifier considérablement le signal de l'interaction détecté par microscopie de fluorescence [107, 219] ou par cytométrie de flux [244], ouvre des perspectives intéressantes pour des études de biologie cellulaire. Par contre, les résultats ne sont pas toujours satisfaisants in vivo. Une des causes provient de l'utilisation de sérums immuns contenant les immunoglobulines spécifiques d'un antigène donné, mélangées à d'autres anticorps qui reconnaissent d'autres structures membranaires. Si l'on admet que la fixation des liposomes aux cellules est spécifique, deux questions fondamentales doivent être formulées : 1) la fixation des liposomes engendre-t-elle obligatoirement le passage du contenu des liposomes dans la cellule cible ? 2) si oui, ce contenu peut-il atteindre son site d'action dans le cytoplasme ou dans le noyau ?

L'internalisation n'est pas nécessaire lorsque les composés « marqués » sont utilisés dans un but de diagnostic en radiodétection. Par contre, pour la plupart des propositions thérapeutiques, l'internalisation est indispensable. Comme nous l'avons déjà signalé, il est probable que c'est l'endocytose, et non la fusion, qui est responsable du transfert du contenu des liposomes dans la cellule in vivo. Il faut donc s'assurer qu'une structure membranaire cible donnée représente, par rapport à d'autres, la molécule de choix pour médier l'endocytose des liposomes porteurs d'anticorps. De plus, si l'on admet l'endocytose des liposomes intacts dans la cellule, il faut également s'assurer que le contenu des liposomes puisse sortir des liposomes ainsi que des vacuoles d'endocytose et qu'il ne soit pas dégradé après son passage dans les lysosomes, s'il a lieu. Pour de petites molécules anioniques telles que le méthotrexate et la carboxyfluorescéine, il semble que cela soit le cas [139] comme d'ailleurs pour d'autres molécules, mais ces études n'ont pas toujours été systématiques.

Le concept de l'utilisation des liposomes porteurs d'immunoglobulines en thérapeutique (apport de drogues et d'autres molécules biologiques ou « ébouage » de composés toxiques) ou en diagnostic (radioimmunodétection) est très prometteur. Néanmoins, le succès de cette stratégie dépend d'une meilleure maîtrise des critères évoqués ci-dessus. Si l'on admet que la spécificité de l'anticorps est déterminante, on peut alors affirmer que les anticorps monoclonaux dirigés contre un déterminant antigénique cible individuel sont, à ce jour, les candidats les plus favorables pour conférer une spécificité aux liposomes (Fig. 3-2C et D et fig. 2-2C). Les questions qui se posent alors sont 1. par quel mécanisme peut-on accrocher un anticorps sur la surface des liposomes sans perte de leur capacité de liaison à la cible ? 2. le complexe ainsi formé est-il stable dans des conditions physiologiques ?

Les anticorps monoclonaux : couplage covalent aux liposomes

Il n'est théoriquement possible d'insérer une protéine intacte sur un liposome que si la molécule possède un fragment hydrophobe capable de s'intercaler dans la bicouche lipidique. Jusqu'à présent, les protéines hydrophiles, telles que les anticorps monoclonaux, ne pouvaient être intégrées dans la membrane des liposomes qu'à l'état polymérisé. La littérature apporte la preuve que ce type de couplage, non covalent, par agrégation de certaines classes d'immunoglobulines (voir page 114) tend à dénaturer les protéines et que leur incorporation dans les liposomes agglutine ceux-ci entre eux. En fait, cette technique est inefficace et favorise les interactions avec le récepteur Fc. Pour ces raisons, d'autres méthodes de couplage ont été développées.

Il existe environ une quinzaine de techniques différentes de couplage covalent des protéines aux liposomes. La majorité de ces techniques a été revue par Leserman [132], Gregoriadis [81, 82 volume III], Weinstein et Leserman [245], Torchilin [228] et Connor et coll. [40]. Ces techniques peuvent se subdiviser en deux catégories, suivant que la protéine est couplée aux lipides avant ou après la formation des liposomes ; elles sont résumées dans le tableau 3-III.

La première technique de couplage covalent d'anticorps purifiés (et de chymotrypsine) aux liposomes est celle décrite par Torchilin et coll. [230, 232]. Leurs travaux, basés sur une immobilisation des protéines sur la surface des liposomes par l'utilisation de réactifs bifonctionnels classiques (glutaraldéhyde et diméthylsubérimidate), dérivent de ceux de Dunnick et coll. [53, 54] qui utilisent le carbodiimide dans le même but mais pour des immunoglobulines totales et des polyaminoacides. Le couplage est vérifié par la présence d'anticorps de lapin anti-myosine de chien, purifiés par chromatographie d'affinité, dans le volume mort d'une colonne de Sepharose 4B, à la même place que les liposomes. 70 % des groupes aminés de la phosphatidyléthanolamine (20 % des phospholipides des liposomes) sont substitués par le glutaraldéhyde pour former une association covalente avec des IgG ou d'autres protéines. Environ 60 % des IgG se couplent aux liposomes de façon stable. Il est établi que les vésicules multi- ou unilamellaires fixent 1 à 2 molécules d'anticorps pour 10 000 molécules de lipides et que les anticorps conservent leur activité [230]. Le même résultat est obtenu avec le diméthylsubérimidate [230].

Plusieurs équipes ont tenté de reproduire ces expériences en utilisant le glutaraldéhyde et d'autres protéines [80, 132]. Que ce soit avec les anticorps, l'albumine, la protéine A du *Staphylococcus aureus* ou le dipeptide Gly-Tyr, aucune trace de radioactivité des protéines marquées n'est éluée dans le volume mort de la colonne. En effet, si le glutaraldéhyde est éliminé de façon plus rigoureuse par gel-filtration sur une colonne de Sephadex plutôt que par dialyse, l'anticorps de lapin se trouve alors inclus dans le gel [132]. Ce résultat suggère que le réactif bifonctionnel des amines (glutaraldéhyde résiduel dans la préparation de liposomes) provoque une agrégation des anticorps qui sont coélués avec les liposomes sans qu'ils leur soient couplés pour autant. De plus, le glutaraldéhyde forme des ponts covalents intra- et inter-liposomes, et peut ne plus être disponible pour les protéines.

Le système utilisé par l'équipe de Torchilin a été testé in vivo. Les liposomes couplés aux IgG purifiées de lapin anti-myosine cardiaque de chien et contenant du chlorure d'indium radioactif sont injectés par voie intra-artérielle à des chiens. Des analyses gamma-scintigraphiques révèlent une localisation du radioisotope (^{111}In) dans les régions nécrosées du cœur (infarctus expérimental induit du myocarde) [232]. La distribution tissulaire du traceur radioactif dans d'autres tissus n'est pas déterminée dans ce modèle animal après une injection de liposomes, couplés ou non à l'anticorps. Or, les liposomes, même non couplés, s'accumulent préférentiellement dans les tissus

Tableau 3-III Principales méthodes de couplage covalent des protéines aux liposomes

Réactif de couplage et molécules impliquées	Type de protéines couplées	Évaluation de l'activité du complexe	Références
A. Protéines couplées aux lipides avant la formation des liposomes			
N-ε-(5-diméthylaminonaphtaline-1-sulfonyl)-L-lysine couplé sur le groupe aminé de PE	Protéines de Bence-Jones (chaînes λ des immunoglobulines humaines) et fragments Fab' d'immunoglobulines anti-lactose	Agrégation des liposomes par un anticorps de lapin anti-chaîne λ et fixation des liposomes sur colonne d'affinité avec les Fab'-liposomes	206-208
Ester de l'hydroxysuccinimide et de l'acide palmitique	Anticorps monoclonal	Fixation spécifique aux cellules (lymphocytes et érythrocytes)	39, 93, 106-109, 205
F(ab')$_2$ citraconylé (groupes aminés bloqués par l'anhydride citraconique) couplé à PE par la carbodiimide	F(ab')$_2$ de chèvre couplé par les groupes carboxyliques (insertion dans les liposomes par élimination de détergent)	Précipitation des liposomes par un anticorps anti-IgG de chèvre et par la protéine A de *S. aureus*	118
PE modifiée par l'ester biotine-N-hydroxysuccinimide	L'avidine est utilisée pour associer les liposomes aux cellules par l'intermédiaire d'un anticorps de lapin anti-cellules tumorales murines substitué par la biotine également	Précipitation des liposomes par l'avidine et fixation spécifique aux cellules tumorales	240
Ester de l'hydroxysuccinimide et de l'acide palmitique	α-bungarotoxine	Co-élution de la toxine couplée aux liposomes par chromatographie (90 % de la toxine s'associe aux liposomes). Inhibition de la fixation de la toxine libre iodée sur le récepteur de l'acétylcholine purifié. Fixation des liposomes sur le récepteur cholinergique membranaire	79
PE ou PS ou cholestérylamine modifiées par l'ester formé à partir de la biotine et du N-hydroxysuccinimide	Aucune autre protéine impliquée	Fixation des liposomes sur des érythrocytes ou des billes de Sepharose ou de Sephadex couplés à l'avidine. Fixation non spécifique sur d'autres cellules évaluée avec la ferritine couplée à l'avidine (microscopie électronique)	17, 18, 216

B. Protéines couplées après la formation des liposomes

Méthode	Protéine	Description	Réf.
Protéines couplées à PE par le carbodiimide [réactif hétérobifonctionnel qui agit d'une part sur les groupes aminés (PE) et d'autre part sur les groupes carboxyliques (protéines)]	Immunoglobulines et polyaminoacides	Co-élution des protéines couplées avec les liposomes	53, 54
PE activée par le glutaraldéhyde ou le diméthylsubérimidate (réactifs bifonctionnels des groupes aminés)	• α-chymotrypsine et anticorps de lapin anti-myosine de chien	• Fixation de la myosine marquée à l'iode 125 sur les liposomes. Interaction des liposomes avec le cœur de chien in vivo. Pour la chymotrypsine, mesure de l'activité enzymatique par pH-stat sur le substrat N-acétyl-L-tyrosine éthyl ester	230, 232
	• Lysozyme	• Fusion des liposomes avec des fantômes d'érythrocytes à pH acide	7
PE activée par le glutaraldéhyde	γ-globulines non spécifiques ou albumine	Interaction des liposomes avec récepteur Fc des macrophages in vitro avec les γ-globulines. Pas de fixation avec l'albumine	229
PI activité par l'acide périodique ou un de ses sels (périodate). Formation de groupes aldéhydes par oxydation des carbohydrates	α-chymotrypsine : formation d'une base de Schiff	Mesure de l'activité enzymatique de la chymotrypsine sur les liposomes, après séparation de l'excès d'enzyme non couplée	233
PE activée par le glutaraldéhyde ou protéines couplées à l'acide palmitique (ester de l'hydroxysuccinimide et de l'acide palmitique)	γ-globulines de lapin anti-myosine de chien et fétuine	Fixation de l'antigène sur les liposomes et inhibition de l'absorption des liposomes par les macrophages (la fétuine co-couplée aux liposomes avec les immunoglobulines inhibe la capture exhaustive des liposomes par les macrophages qui a lieu lorsque ces liposomes sont couplés aux immunoglobulines uniquement). Inhibition de la capture des liposomes par le foie in vivo de la même manière	231

Suite tableau 3-III

Réactif de couplage et molécules impliquées	Type de protéines couplées	Évaluation de l'activité du complexe	Références
PE activée par le tolylène-2,4-diisocyanate (réactif bifonctionnel qui se fixe sur les groupes aminés)	Dansyl-sérum albumine bovine	Précipitation des liposomes par des anticorps anti-dansyl ou anti-albumine	55
PE activée par l'éthyl diméthylamino-propyl carbodiimide	Anticorps de lapin anti-globules rouges de mouton	Agrégation des liposomes par l'anticorps. Fixation des liposomes sur les érythrocytes plus performantes qu'avec les IgG adsorbées (non couplées) sur les liposomes. Lyse des érythrocytes par le complément inhibée en partie.	56
PE dans des LUV et SUV	Oxydation de la peroxydase par l'acide périodique. Une fois les groupes aldéhydiques obtenus, l'enzyme se fixe après réduction sur le groupe aminé de PE des liposomes	Co-élution de la peroxydase avec les liposomes par chromatographie	100
Lactosylcéramide (glycosphingolipide) activé par l'acide périodique. Formation de groupes aldéhydes réactifs sur les groupes aminés après réduction	F(ab')$_2$ de lapin anti-érythrocytes humains	Fixation des liposomes sur les globules rouges humains	96, 98
Céramides et gangliosides activés par le périodate	Concanavaline A et d'autres lectines	Fixation de grands liposomes aux protoplastes de plantes	203
F(ab')$_2$ citraconylé couplé à PE par le carbodiimide	F(ab')$_2$ de chèvre non spécifiques (insertion dans les liposomes par incubation de PE-F(ab')$_2$ avec des liposomes préformés par sonication	Précipitation des liposomes par un anticorps anti-immunoglobulines de chèvre et pas par les bactéries *S. aureus*	117, 118
PE et protéines traitées par le SPDP (réactifs hétérobifonctionnel des amines primaires)	• Protéine A et anticorps monoclonaux dirigés contre des protéines de surface	• Précipitation des liposomes porteurs d'anticorps par *S. aureus*. Fixation spécifique des liposomes aux cellules	9, 133, 143
	• Orosomucoide (glycoprotéine)	• Mesure de la disparition des liposomes in vivo. Capture des liposomes par les cellules hépatiques après interaction avec le récepteur cellulaire du galactose	87
	• IgG humaines	• Lyse des liposomes en présence d'immunoglobulines anti-IgG humaines et de complément	115

	Protéine A	Fixation des liposomes aux cellules en présence d'anticorps monoclonal anti-NCAM et introduction d'inhibiteur d'enzyme dans les cellules	193, 194
Stéarylamine et protéines modifiées par le SPDP	Immunoglobulines de lapin anti-albumine bovine	Fixation de l'albumine aux liposomes	77
PE substituée par le SPDP. Anticorps réduits : groupes sulfhydryls des Fab' disponibles pour le couplage	Fab' de lapin anti-globules rouges humains et anti-fluorescéine	Fixation spécifique des liposomes sur les globules rouges humains. Fixation de la carboxyfluorescéine aux liposomes	156
PE traitée par le SMPB (réactif hétérobifonctionnel des amines primaires. Permet un couplage covalent irréversible avec les protéines). Anticorps réduits (SH libres)	Fab' (SH libres) de lapin anti-érythrocytes humains	Fixation des liposomes sur les globules rouges humains	158
	Anticorps monoclonal (IgG) réduit anti-antigène MM (spécifique de tumeurs murines). L'IgM réduite aboutit à 5 sous unités ayant des groupes sulfhydryls libres sur la région Fc des anticorps	Fixation des liposomes sur les cellules tumorales exprimant le déterminant antigénique cible. Perte de la toxicité complément dépendante des immunoglobulines et abrogation de l'interaction avec le récepteur Fc (partie Fc des immunoglobulines indisponible car engagée dans le couplage)	94
	Fab' de lapin (IgM anti-facteur rhumatoïde humain)	Agrégation des particules de latex couplées à des IgG dénaturées par la chaleur (anti-facteur rhumatoïde) par des liposomes portant aussi un anticorps (anti-facteur rhumatoïde) en présence de sérum agglutinant (contenant le facteur rhumatoïde) (test de diagnostic clinique)	129
PE substituée par le SMPB. Anticorps traités par le SATA (réactif hétérobifonctionnel des amines qui après traitement à l'hydroxylamine possède des fonctions thiols réactives)	IgG bovines	Séparation des protéines non couplées aux liposomes par centrifugation sur gradient de densité	44
PE traitée par le SMPB. Protéines traitées par le SPDP puis réduites	Anticorps monoclonaux (IgG) dirigés contre des protéines de surface	Fixation spécifique des liposomes sur les cellules cibles	100, 160

Suite tableau 3-III

Réactif de couplage et molécules impliquées	Type de protéines couplées	Évaluation de l'activité du complexe	Références
	• Sérum albumine bovine	• Séparation de l'excès de protéines non couplée sur gradient de métrizamide (obtention d'anticorps anti-albumine chez des souris : effet adjuvant des liposomes)	204
PE modifiée par le SPDP. Protéine traitée par l'HCTL (thiolation des protéines sur leurs groupes aminés)	LDL humaines thiolées (LDL modifiées par l'homocystéinethiolactose)	Co-élution des LDL radiomarquées à l'iode 125 et des liposomes fluorescents (calcéine). Interactions spécifiques des liposomes avec les cellules récepteur LDL positives	243
PE des liposomes ou groupes aminés des fantômes d'érythrocytes modifiés par l'ester biotine-N-hydroxysuccinimide ou par le SPDP. Protéines modifiées par le SPDP	Anticorps monoclonaux, immunoglobulines de lapin ou de chèvre anticellules murines (lymphocytes spléniques et fibroblastes), couplés à la biotine (méthode indirecte) ou aux liposomes ou aux fantômes d'érythrocytes (méthode directe). Avidine couplée aux liposomes ou aux fantômes (système avec anticorps-biotine). Biotine couplée aux vésicules (avidine utilisée en « sandwich » pour associer les vésicules-biotine avec l'anticorps-biotine)	Fixation de l'avidine fluorescente aux vésicules biotinylées. Interaction entre vésicules et cellules cibles détectées par fluorescence (carboxyfluorescéine encapsulée). Fusion induite des liposomes avec les cellules	74, 75, 89
PE modifié par le NHIA ou le SBAB ou le SPDP. Protéines réduites (Fab' ou ricine A) ou substituées par le SPDP	Fab', ricine A, cystéine (SH libres) ou sérum albumine humaine et anticorps monoclonaux dirigés contre la molécule Thy-1	Co-élution des liposomes avec les protéines après chromatographie sur gel. Fixation des liposomes porteurs d'anticorps sur les cellules in vitro. Fixation supposée sur les cellules cibles in vivo	254

GM3 (N-glycolyl hématoside, glycolipide entrant dans la constitution des liposomes) traité par le méta-périodate de sodium (oxydation des carbohydrates). Protéine modifiée par le cyanoborohydrure de sodium (réduction de la protéine)	Avidine	Co-élution de l'avidine avec les liposomes. Migration électrophorétique modifiée pour l'avidine couplée (gel de polyacrylamide en présence de sodium docécyl sulfate). Fixation sur les cellules par l'intermédiaire de l'anticorps biotinylé	240
GM1 et GM2 (glycolipides entrant dans la constitution des liposomes) oxydés par le périodate de sodium. Protéine modifiée par le borohydrure de sodium	Biotine-hydrazone	Fixation des liposomes sur des érythrocytes ou des billes de Sepharose ou de Sephadex couplés à l'avidine. Interaction des liposomes avec l'avidine fluorescente, radiomarquée ou radio-opaque (ferritine). Fixation des liposomes aux cellules par le récepteur spécifique des carbohydrates (appréciée par microscopie électronique avec de l'avidine couplée à la ferritine)	19, 216
Céramide (galactoglycolipide entrant dans la constitution des liposomes). Galactose terminal couplé à la protéine (réduite) par la galactose-oxydase	Biotine-hydrazone	"	19
Acide palmitique, cholestérol hémi-succinate et succinyl-PE couplés à l'hydroxysuccinimide par le carbodiimide	Dinitrophényl-lysine	Fixation du dinitrophényl-lysine aux liposomes. Production d'anticorps anti-dinitrophényl in vivo	127
Ester de l'hydroxysuccinimide et du subéryl-PE	Dinitrophényl-lysine	Immunogénicité in vivo	126
Acide phosphatidique modifié par le TCFPD. Incorporation dans la membrane des liposomes et réduction par le borohydrure de sodium	Dansyl-ribonucléase, -hémoglobine, -albumine et myoglobine humaine	Association des protéines aux liposomes (pourcentage de couplage faible). Lyse des liposomes avec des anticorps de lapin anti-myoglobine et complément	29

PE : phosphatidyléthanolamine ; PS : phosphatidylsérine ; PI : phosphatidylinositol ; LUV et SUV : large et small unilamellar vesicles respectivement ; SPDP : N-hydroxysuccinimidyl-3(2-pyridyldithio) propionate ; SMPB : N-hydroxysuccinimidyl 4-(p-maléimidophényl) butyrate ; SATA : N-hydroxysuccinimidyl-S-acétylthioacétate ; NHIA : N-hydroxysuccinimidyl iodoacétate ; SBAB : N-hydroxysuccinimidyl-4-(2-bromoacétylamino) benzoate ; TCFPD : N,N,N'-tris(2-chloroéthyl)-N'(n-formylphényl)-propylène-1,3-diamine ; HCTL : homocystéine thiolactone ; LDL : low density lipoproteins ; GM1, GM2, GM3 : gangliosides ; NCAM : neuron cell adhesion molecule.

cardiaques ayant subi un infarctus [35, 36, 165]. De plus, aucun contrôle de spécificité n'est rapporté avec d'autres anticorps ni d'ailleurs la preuve évidente permettant de conclure que l'indium ne se fixe pas par lui-même au myocarde (après destruction des liposomes ou après fixation à des complexes d'anticorps libres) [80, 123, 132]. Les conclusions de cette étude doivent donc être approchées avec prudence.

L'idée d'utiliser le groupe aminé disponible de la phosphatidyléthanolamine reste néanmoins valable pour produire une interaction covalente dans des conditions appropriées. Sinha et Karush [206] utilisent un réactif alkylant : N-(N^{α}-iodoacétyl, N^{ε}-dansyl-lysyl)-phosphatidyléthanolamine : iodo-DLPEA qui se lie aux résidus sulfhydryls des cystéines des chaînes légères monomériques réduites, des protéines de Bence-Jones, purifiées par électrophorèse en gel de polyacrylamide en présence de dodécyl sulfate de sodium. Le couplage irréversible du groupement hydrophobe (phosphatidyléthanolamine) sur la chaîne λ permet l'insertion passive de la protéine dans des liposomes préformés composés de dioléoyl ou de dimyristoyl phosphatidylcholine. L'association de la protéine aux liposomes est vérifiée par chromatographie sur colonne et par agglutination des vésicules à l'aide d'un antisérum anti-chaîne λ humaine [206]. Ces expériences ont été étendues au couplage des fragments Fab' d'anticorps anti-lactose de lapin. Dans ce cas, les anticorps monovalents, fixés aux liposomes, gardent leur spécificité. Seuls ces liposomes, et non ceux couplés à des fragments Fab' d'immunoglobulines normales de lapin, se fixent sur une résine d'affinité de lactose [207, 208]. Cette technique a l'inconvénient de faire appel à la réduction des anticorps, manipulation qui peut éventuellement en altérer la spécificité. De plus, les détergents sont nécessaires à la préparation des réactifs. Il est donc probable que des traces de détergents soient utiles à l'introduction du complexe phosphatidyléthanolamine-protéine dans la membrane des liposomes préformés. Cette hypothèse est renforcée par les travaux de Uemura et Kinsky [239] qui montrent que seul le dérivé dinitrophénylé de la lysophosphatidyléthanolamine, et pas celui de la phosphatidyléthanolamine, s'insère passivement dans la bicouche lipidique des liposomes déjà formés. D'autre part, la présence de détergent, même à de très faibles concentrations pour lesquelles la bicouche lipidique n'est pas détruite, tend à augmenter la fuite du contenu des liposomes et rend difficile l'encapsulation des solutés de faibles poids moléculaires [114]. Il faut aussi préciser que le iodo-DLPEA permet bien d'insérer des protéines sur la membrane des liposomes, à la seule condition que celles-ci possèdent des résidus cystéines. Certaines protéines dépourvues de cet acide aminé, comme par exemple la protéine A [209], ne peuvent donc être couplées aux liposomes par cette méthode.

L'idée d'introduire un fragment hydrophobe dans la protéine est aussi rapportée par Grant [79], Huang [106], Harsch [93] et Shen [205] et leurs collaborateurs. Le couplage covalent entre anticorps ou α-bungarotoxine est effectué grâce à l'ester du N-hydroxysuccinimide et de l'acide palmitique ; dans ce dernier cas, l'intégration du complexe lipide-protéine dans les liposomes est réalisée en présence de détergent. L'application de cette technique aux anticorps montre qu'une grande quantité d'anticorps sur chaque liposome est nécessaire pour produire une interaction spécifique.

Ces résultats ne sont pas encore suffisants pour donner une conclusion définitive, car ils n'ont jamais été comparés pour une même protéine, couplée par différentes techniques à des préparations similaires de liposomes, d'un laboratoire à l'autre ou jamais reproduits et poursuivis avec rigueur.

Il peut y avoir certains avantages à coupler les anticorps sur des liposomes préformés :
- lorsque les liposomes sont préparés en présence de solvants organiques ou par sonication, la protéine à coupler peut être dégradée ou agrégée, si elle est déjà présente [110] ;
- lorsque les liposomes sont formés en présence de détergent, il faut, en premier lieu, éliminer extensivement le détergent de la préparation afin de réduire les risques de fuite liés à l'utilisation du détergent ;
- lorsque les liposomes sont formés en présence de détergent, des micelles phospholipides-protéines peuvent contaminer la préparation [206] et entrer en compétition avec les liposomes pour leur fixation aux cellules ;
- dans le cas des liposomes multilamellaires, la plupart des protéines à coupler sont inutilisables car elles sont encapsulées ;
- la présence de protéines pendant la préparation des liposomes peut affecter la synthèse de ces derniers.

D'autre part, pour pallier d'autres inconvénients tels que l'homopolymérisation et l'agrégation dues aux réactifs bifonctionnels classiques, le glutaraldéhyde notamment, et l'impossibilité de pouvoir fixer certaines protéines, comme la protéine A, sur la surface des liposomes, d'autres réactifs plus efficaces ont été proposés.

Une méthode de couplage d'anticorps à des liposomes préformés est décrite par Heath et coll. [96, 98]. Dans cette technique, les grands liposomes unilamellaires, contenant des glycosphingolipides (lactosylcéramide) insérés dans leur membrane, sont couplés à des anticorps fluorescents. Une oxydation des liposomes par l'acide periodique ou le periodate de sodium fait apparaître, à partir des carbohydrates du lactosylcéramide, des fonctions aldéhydes qui réagissent avec les protéines par réduction aminée, grâce au cyanoborohydrure de sodium [101, 240]. Cette réaction qui aboutit à la formation d'une base de Schiff, permet de coupler une quantité importante d'anticorps aux liposomes (500 µg de protéines/mole de lipide), sans provoquer de fuite significative de leur contenu. Grâce à cette technique, il est possible d'augmenter de plus de 300 fois la fixation des liposomes porteurs d'anticorps anti-érythrocytaires humains sur leur cible [96, 98] ; cependant, la spécificité du complexe sur d'autres cellules n'a pas été démontrée. Il en est de même pour les travaux de Harch et coll. [93].

Des méthodes plus efficaces ont été développées avec des réactifs hétérobifonctionnels qui minimisent l'agrégation des liposomes entre eux ou celle des anticorps entre eux. Ces réactifs sont des amines primaires : N-hydroxysuccinimidyl-3-(2-pyridyldithio)-propionate = SPDP, N-hydroxysuccinimidyl 4-(p-maléimidophényl) butyrate = SMPB, N-hydroxysuccinimidyl-S-acétylthioacétate = SATA, qui permettent d'établir des liaisons covalentes entre les anticorps monoclonaux et les liposomes par l'intermédiaire d'un pont disulfure, sans perte de l'immunoréactivité des anticorps et sans fuite des solutés de faible poids moléculaire encapsulés (carboxyfluorescéine, par exemple) [44, 100, 133]. Dans cette méthode, la phosphatidyléthanolamine est modifiée sur son groupe aminé par le SPDP [133], le SMPB [44, 158], le N-hydroxysuccinimidyl iodoacétate = NHIA [254] ou le N-hydroxysuccinimidyl-4-(2-bromoacétylamino)-benzoate : SBAB [254]. Le phospholipide substitué qui en résulte est incorporé dans la membrane des liposomes pendant leur préparation. Ces liposomes possèdent alors des groupes accessibles de thiopyridone, de maléimidophényl butyrate, d'iodoacétate ou de bromoacétylamino benzoate ; la protéine peut leur être couplée directement, lorsqu'il s'agit de fragments Fab' d'IgG [156, 158, 254] ou d'IgM réduites [94] qui expriment des fonctions thiols très réactives, ou indirectement, en greffant le SPDP sur les protéines [9, 100, 133, 160, 254].

Dans notre laboratoire, nous avons caractérisé la réaction du couplage covalent d'anticorps monoclonaux et de la protéine A du *Staphylococcus aureus* aux liposomes [9, 10, 133, 136, 143]. La méthode que nous avons utilisée consiste à modifier par le même réactif [SPDP], la céphaline phosphatidyléthanolamine et les protéines. Après modification des lysines de la protéine par le SPDP, les fonctions thiols sont obtenues par réduction à pH 4,5 (pour les anticorps) ; les ponts disulfures intrinsèques de ces protéines ne sont pas ou peu affectés dans ces conditions [37]. La réaction chimique, résumée dans la figure 3-4, aboutit à un couplage covalent qui est réversible en présence de dithiothréitol [136, 143], de glutathion ou d'autres agents réducteurs [156].

Avec le SMPB qui est un agent alkylant, aucune réversibilité de la liaison covalente n'est possible [158]. Le pont thioester formé par le SMPB est donc, en principe, plus stable que celui formé par le SPDP. Cependant, plusieurs publications suggèrent que les deux types de couplage sont suffisamment stables pour la plupart des applications envisagées in vitro et in vivo. Wolff et Gregoriadis [254] rapportent, quant à eux, que le couplage entre les liposomes et les protéines substituées par le SPDP est plus efficace que celui obtenu par interaction des liposomes substitués par le NHIA ou le SBAB avec des protéines substituées par le SPDP. Avec le SATA, il semble que le couplage soit aussi très efficace (300 µg d'immunoglobulines par µmole de lipides). De plus, avec ce réactif hétérobifonctionnel couplé aux protéines, l'utilisation d'hydroxylamine, nécessaire pour éliminer le résidu acétylate, empêche l'oxydation des résidus sulfhydryl ainsi libérés. Cela peut être un avantage par rapport à l'utilisation du SPDP [44].

En utilisant un marqueur fluorescent convenablement purifié (carboxyfluorescéine) [190], il est facile de constater que la réaction du couplage n'induit pas de fuite significative du contenu des liposomes [9, 133]. D'autre part, dans des conditions optimales qui permettent d'obtenir un couplage stable, efficace, reproductible et généralement applicable, plus de 50 % des protéines se fixent aux liposomes [9, 10, 136, 143]. Quand il s'agit de classes d'anticorps qui interagissent avec la protéine A, 90 % des liposomes sont précipités par le *Staphylococcus aureus* fixé par le paraformaldéhyde, indiquant que la majorité des liposomes possède au moins un anticorps qui présente la région Fc. En

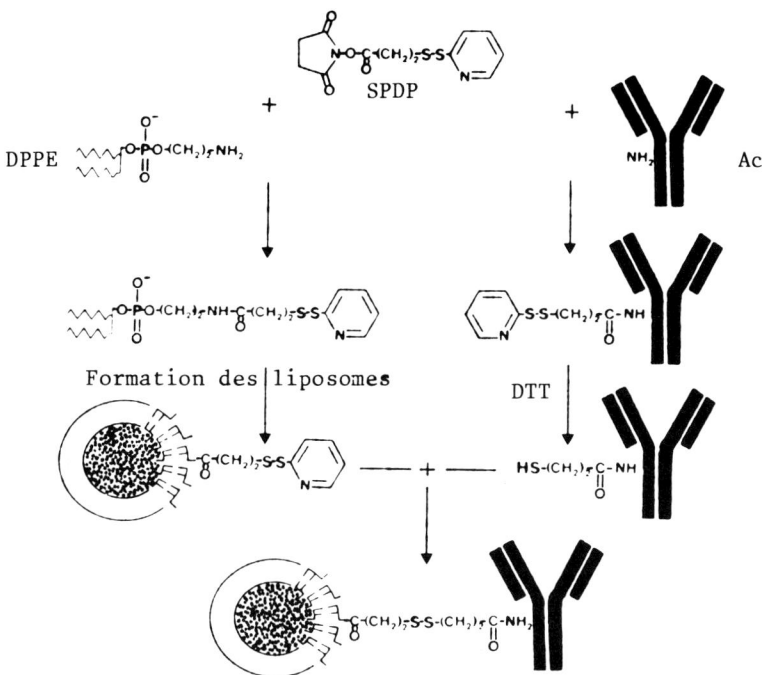

Fig. 3-4 Représentation schématique du couplage covalent des protéines (anticorps monoclonaux et protéine A) aux liposomes préformés. SPDP, N-hydroxysuccinimidyl-3(2-pyridyldithio)propionate ; DPPE, dipalmitoyl phosphatidyléthanolamine ; Ac, anticorps ; DTT, dithiothréitol. Réduction à pH acide pour les anticorps et à pH neutre pour la protéine A.

fait, lorsqu'il s'agit d'IgG chaque liposome fixe de 1 à 10 molécules d'anticorps [9, 133, 143]. Dans un système analogue Hashimoto et coll. [94] indiquent que si des IgM réduites (pentamère dissocié en monomères possèdant des fonctions thiols sur la région Fc) se fixent par la région Fc aux liposomes, la lyse complément-dépendante et l'interaction avec le récepteur Fc sont inhibées. Ces liposomes sont stables lorsqu'ils sont incubés avec du sérum de veau fœtal et peuvent se conserver indéfiniment à 4 °C, lorsqu'ils sont stérilisés, ou congelés à −180 °C [148].

La fixation de ces liposomes ainsi couplés aux anticorps a été rigoureusement étudiée sur différentes cellules en culture. Le couplage des anticorps confère leur spécificité aux liposomes. L'immunospécificité des liposomes, mesurée par fluorescence, est vérifiée par l'inhibition de leur fixation aux cellules par l'anticorps libre correspondant ou son fragment F(ab')$_2$ ou encore par l'antigène cible lui-même [9, 10, 143, 254]. Avec une méthode analogue, Martin et coll. [156, 95] ont testé l'affinité de leur complexe sur des globules rouges ; l'affinité de l'anticorps couplé aux liposomes est plus grande que celle de l'anticorps libre. Cependant, dans ce système, les anticorps sont dirigés contre la fluorescéine greffée sur la membrane érythrocytaire par l'isothiocyanate de fluorescéine. Cet antigène n'est donc pas une molécule endogène et se trouve présent en plus grande quantité que tout autre constituant cellulaire.

L'association spécifique de ces liposomes amène à considérer leur potentialité à délivrer leur contenu dans des cellules cibles en culture. Pour une telle analyse, il est nécessaire de faire appel à des sondes qui permettent de le démontrer. Une des possibilités est d'utiliser des drogues cytotoxiques. Certaines drogues bien caractérisées, telles que le méthotrexate et le méthotrexate-γ-aspartate (compétiteurs de l'acide folique), ont été utilisées en priorité car la détection de leurs effets intracytoplasmiques peut se faire aisément en mesurant l'inhibition de l'incorporation de la déoxyuridine tritiée dans l'ADN (Fig. 3-3) ou en estimant la mort cellulaire [28, 100, 108, 135]. On constate que l'effet spécifique de la drogue n'est pas proportionnel à la quantité de liposomes fixés aux cellules, mais dépend plutôt de la nature des déterminants antigéniques cibles. Nous avons étudié l'internalisation des liposomes couplés à des anticorps spécifiques des molécules H-2K ou H-2I E dans l'haplotype k pour les molécules du complexe majeur d'histocompatibilité murin. Les cellules étudiées sont des lymphocytes spléniques stimulés par le mitogène LPS (lipopolysaccharide d'*Escherichia coli*) qui induit préférentiellement la prolifération polyclonale des lymphocytes d'origine B. La fixation des liposomes (mesurée par fluorescence), ainsi que le transfert du méthotrexate dans les cellules sont spécifiques. Cependant, il n'y a pas de corrélation entre le nombre de liposomes qui se fixent et l'internalisation. Les liposomes couplés à l'anticorps anti-H-2K^k se fixent environ deux fois plus sur les lymphoblastes que les liposomes couplés à l'anticorps anti-H-2I-E^k (tableau 3-IV). Néanmoins, les liposomes spécifiques de la molécule H-2I-E^k sont plus efficaces pour provoquer un effet de la drogue encapsulée (Fig. 3-5A). Seuls les liposomes fixés aux cellules sont capables d'engendrer cet effet (Fig. 3-5B). Lorsqu'on élimine par lavage les liposomes non fixés aux cellules

Tableau 3-IV **Fixation spécifique des liposomes contenant de la carboxyfluorescéine et couplés à des anticorps monoclonaux sur les cellules cibles, évaluée par fluorescence.** Les cellules murines spléniques de la souche CBA (H-2^k) et C57BL/6 (H-2^b) sont stimulées pendant 40 heures avec le LPS (stimulation des lymphocytes B). Les cellules (3×10^5) sont ensuite incubées avec du milieu de culture ou des anticorps monoclonaux libres en solution (20 µg/ml final). Après 15 minutes d'incubation, les liposomes contenant la carboxyfluorescéine sont rajoutés à une concentration de 220 picomoles de carboxyfluorescéine. Au bout de 3 heures d'incubation à 37 °C, les cellules sont lavées et lysées par le Triton X-100. La fluorescence associée aux cellules est mesurée par fluorimétrie en comparaison avec une solution témoin de carboxyfluorescéine de 20 nM. ND, non déterminé. D'après Leserman et coll. [135].

Liposomes couplés aux anticorps	Anticorps libres en solution	Carboxyfluorescéine associée aux cellules (picomoles)	
		Souche CBA	Souche C57BL/6
anti-H-2K^k	-	29,0	0,4
anti-H-2K^k	anti-H-2K^k	0,5	ND
anti-H-2K^k	anti-β2 microglobuline humaine	25,0	ND
anti-H-2IE^k	-	13,7	1,2
anti-H-2IE^k	anti-H-2IE^k	0,5	ND
anti-H-2IE^k	anti-β2 microglobuline humaine	14,5	ND

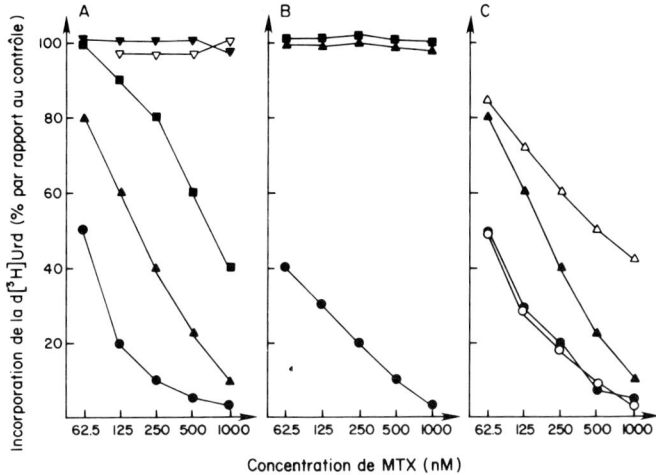

Fig. 3-5 Transfert spécifique du méthotrexate dans des cellules cibles par l'intermédiaire des liposomes couplés de façon covalente à des anticorps monoclonaux. Les lymphocytes spléniques murins sont stimulés par le LPS (mitogène pour les lymphocytes B) pendant 40 heures et répartis dans des puits de culture à raison de 2×10^5 cellules par puits. Le MTX libre ou contenu dans les liposomes couplés à des anticorps monoclonaux est ajouté à différentes concentrations dans les cultures cellulaires. Au bout de 3 heures d'incubation à 37 °C, 0,5 µCi de d[³H]Urd sont additionnées. Au bout de 16 heures d'incubation la radioactivité incorporée par les cellules est mesurée. ●, MTX libre ; ▲, MTX contenu dans des liposomes couplés à un anticorps monoclonal anti-H-2IE^k ; ■, anti-H-2K^k ou ▼, anti-β2 microglobuline humaine (contrôle) ; ▽, liposomes ne contenant pas de MTX et couplés à un anticorps monoclonal anti-H-2IE^k. A : cellules spléniques de la souche CBA (H-2^k). B : cellules spléniques de la souche C57BL/6 (H-2^b). C : cellules spléniques de la souche CBA incubées avec le MTX libre (●, ○) ou avec le MTX contenu dans des liposomes couplés à un anticorps anti-H-2IE^k (▲, △), en absence (●, ▲) ou en présence (○, △) de 10 mM NH$_4$Cl.
LPS, lipopolysaccharide ; MTX, méthotrexate ; d[³H]Urd, déoxyuridine tritiée. D'après Leserman et coll. [135].

au bout de 3 heures d'incubation à 37 °C — conditions dans lesquelles la fixation est maximale et représente 5 à 10 % de la concentration de liposomes introduite —, aucune réduction de l'inhibition de l'incorporation de la déoxyuridine tritiée n'est observée [135]. En revanche, lorsque les cellules sont incubées en présence de la drogue libre pendant 3 heures, puis lavées, l'incorporation du traceur radiomarqué n'est pratiquement pas inhibée [135]. En fait, en présence de la drogue libre en solution, ce sont les rapports des concentrations intra- et extra-cytoplasmiques à l'équilibre qui déterminent son action. Avec les liposomes, associés aux cellules puis internalisés, l'infusion continue probable de la drogue à l'intérieur de la cellule engendre un effet constant sur le blocage de l'enzyme dihydrofolate réductase (DHFR). Si l'on admet que le transfert du contenu des liposomes se fait par fusion avec la cellule, on devrait s'attendre à ce que cette fusion soit directement reliée au nombre de liposomes qui se fixent sur la cellule. Or, cela n'est pas le cas. L'existence de sites privilégiés pour une fusion éventuelle sur la membrane cellulaire étant peu probable, il est possible que les liposomes entrent dans la cellule par un mécanisme impliquant l'endocytose.

L'hypothèse de l'endocytose des liposomes est basée sur des expériences réalisées en présence de chlorure d'ammonium (NH_4Cl) qui pénètre dans la cellule et neutralise le pH acide des lysosomes et des endosomes. L'inhibition de la DHFR provoquée par le méthotrexate libre n'est pas affectée par NH_4Cl. Par contre, elle est considérablement diminuée en présence de NH_4Cl lorsque le méthotrexate est encapsulé dans des liposomes (Fig. 3-5C). L'effet de NH_4Cl dépend de sa concentration : à une concentration de 10-14 mM, il provoque une inhibition de l'action de la drogue encapsulée, sans affecter la fixation des liposomes ou la viabilité des cellules [143]. Ces résultats ont été reproduits sur d'autres souches de souris de fond génétique différent, exprimant ou non l'haplotype k dans la région du complexe majeur d'histocompatibilité [143]. Ils confirment que l'effet différentiel entre les deux molécules testées (H-2K et H-2I-E) n'est pas une particularité de la souche CBA utilisée, mais bien une propriété des molécules cibles, et suggèrent que les liposomes entrent dans la cellule par endocytose plutôt que par fusion. Enfin, seuls les anticorps libres correspondants inhibent la fixation des liposomes aux cellules et donc, l'effet de la drogue, ce qui démontre la spécificité du complexe et la stabilité des liposomes en culture. Notons également qu'avec le même type d'approche méthodologique, les résultats sur l'endocytose des liposomes ont été depuis reproduits [28, 100, 108, 176].

En principe, avec le méthotrexate-γ-aspartate (endodrogue) il est possible d'éviter un effet toxique secondaire si celui-ci s'échappe des liposomes. En effet, cet analogue du méthotrexate qui inhibe aussi la dihydrofolate réductase cytoplasmique, ne peut pénétrer tel quel dans la cellule [185]. Toutefois, avec le méthotrexate, qui lui a la possibilité d'entrer dans la cellule lorsqu'il n'est pas encapsulé, aucune toxicité n'est observée sur des cellules non cibles, car sa fuite hors des liposomes est trop faible [135]. Les études révèlent que seules les cellules qui expriment le déterminant antigénique cible de l'anticorps couplé aux liposomes peuvent être affectées par la drogue transportée dans ces liposomes [28, 100, 108, 135].

Néanmoins, l'efficacité de la drogue encapsulée n'est pas identique si l'on teste ces liposomes sur différents types cellulaires. Un exemple caractéristique est montré avec des cellules lymphoïdes enrichies et stimulées par des mitogènes [134, 146]. La stimulation des lymphocytes B par le mitogène LPS n'élimine pas la possibilité d'une stimulation directe des lymphocytes T par ce mitogène, ou indirecte après la stimulation des cellules B. Cette éventualité nous a conduit à étudier l'endocytose de différents déterminants membranaires, codés ou non par le complexe majeur d'histocompatibilité, sur des populations enrichies en lymphocytes B et T après leur purification et leur stimulation par les mitogènes LPS, pour les cellules B et Con A (concanavaline A), pour les cellules T.

Dans cet exemple, nous démontrons que certains déterminants, présents sur deux sous-populations distinctes de cellules et reconnus par le même anticorps, peuvent différer dans leur capacité à induire l'endocytose des liposomes. Ainsi, la molécule H-2K^k, deux fois plus représentée sur les lymphocytes B que sur les lymphocytes T (tableau 3-V) est moins efficace pour engendrer un effet du méthotrexate encapsulé sur des cellules B que sur des cellules T (Fig. 3-6). De même, le déterminant LFA1 présent en quantité

Tableau 3-V Fixation des liposomes couplés à des anticorps monoclonaux sur des lymphocytes B et T et proportionnalité vis-à-vis de la densité antigénique. Les cellules B et T spléniques de la souche CBA sont enrichies et stimulées par le LPS (lipopolysaccharide), pour les lymphocytes B et la Con.A (concanavaline A), pour les lymphocytes T, pendant 40 heures. Les cellules spléniques de la souche C57BL/6 sont directement stimulées par le LPS ou la Con.A, pendant 40 heures. Les cellules (4×10^5) sont ensuite incubées en présence de liposomes contenant la carboxyfluorescéine. La quantité de carboxyfluorescéine incubée avec les cellules est de 213 picomoles. Au bout de 3 heures d'incubation à 37 °C, les cellules sont lavées et lysées par le Triton X-100. La fluorescence associée aux cellules est mesurée par fluorimétrie en comparaison avec une solution témoin de carboxyfluorescéine de 20 nM. ND, non déterminé.
Le nombre de sites de fixation est évalué par la méthode de Scatchard. Les cellules sont incubées en présence de concentrations variables d'anticorps non radiomarqués (de 5,5 à 0,005 µg) auxquels sont rajoutés les anticorps radiomarqués à l'iode 125 correspondant. Après 2 heures d'incubation à 4 °C, les cellules sont lavées et la radioactivité associée aux cellules est mesurée. D'après Machy et coll. [146].

Liposomes couplés aux anticorps	Carboxyfluorescéine associée aux cellules (picomoles)			
	Blastes CBA		Blastes C57BL/6	
	Cellules B	Cellules T	Blastes LPS	Blastes Con.A
anti-H-2K^k	30,0 ± 3,6	17,0 ± 2,9	0,4 ± 0,05	0,6 ± 0,05
anti-H-2IE^k	13,0 ± 2,5	1,2 ± 0,5	0,7 ± 0,07	0,7 ± 0,05
anti-H-2IA^k	11,0 ± 0,5	ND	0,6 ± 0,09	ND
anti-LFA1	2,6 ± 0,6	2,3 ± 0,6	2,9 ± 0,3	2,3 ± 0,3
anti-β2 microglobuline humaine	1,4 ± 0,3	0,5 ± 0,06	0,9 ± 0,2	0,5 ± 0,02

Anticorps	Nombre de sites de fixation			
	Blastes CBA		Blastes C57BL/6	
	Cellules B	Cellules T	Blastes LPS	Blastes Con.A
anti-H-2K^k	550 000	250 000	< 20 000	< 25 000
anti-H-2IE^k	350 000	< 10 000	< 30 000	< 20 000
anti-H-2IA^k	275 000	←	Non détectable	→
anti-LFA1	45 000	75 000	50 000	45 000

équivalente sur les deux types cellulaires, permet de transférer le contenu des liposomes très efficacement dans les cellules T et pas dans les cellules B. Or les deux types de cellules sont sensibles de manière identique à la drogue libre. De plus, les cellules B sont capables d'internaliser les liposomes lorsqu'ils sont dirigés vers d'autres molécules telles que H-2I-A^k et H-2I-E^k [146]. Ces cellules ne sont donc pas « déficientes » pour l'endocytose. Par analogie, les cellules T qui internalisent efficacement les liposomes spécifiques des molécules H-2K^k, LFA1 et L3T4 n'internalisent pas, ou très peu, les liposomes couplés à un anticorps anti-Lyt-1 ou anti-thy.1. Ces cellules internalisent donc les liposomes en fonction du déterminant cible. Par ailleurs, les anticorps qui lorsqu'ils sont couplés aux liposomes n'engendrent pas ou très peu d'endocytose, n'influencent en rien l'endocytose des liposomes dirigés vers des structures internalisables quand ils sont présents libres en solution. L'endocytose des liposomes, vérifiée par le chlorure d'ammonium sur les deux populations cellulaires, ne dépend pas de la quantité de liposomes fixés aux cellules qui,

Fig. 3-6 Endocytose des liposomes couplés à des anticorps monoclonaux par les lymphocytes B et T. Les lymphocytes spléniques murins B et T de la souche CBA sont enrichis et stimulés par le LPS pour les lymphocytes B et par la Con.A pour les lymphocytes T pendant 40 heures avant d'être répartis dans des puits de culture à raison de 2×10^5 cellules par puits. Le MTX libre ou contenu dans des liposomes couplés à des anticorps monoclonaux est ajouté à différentes concentrations dans les cultures cellulaires. Au bout de 3 heures d'incubation à 37 °C, on ajoute 0,5 µCi de d[^{3}H]Urd. La radioactivité incorporée par les cellules est mesurée après 16 heures d'incubation. ●, MTX libre ; ■, MTX contenu dans des liposomes couplés à un anticorps anti-H-2K^k ; □, anti-LFA1 ou ▼, anti-β2 microglobuline humaine (contrôle).
LPS, lipopolysaccharide ; Con.A, concanavaline A ; MTX, méthotrexate ; d[^{3}H]Urd, déoxyuridine tritiée. D'après Machy et coll. [146].

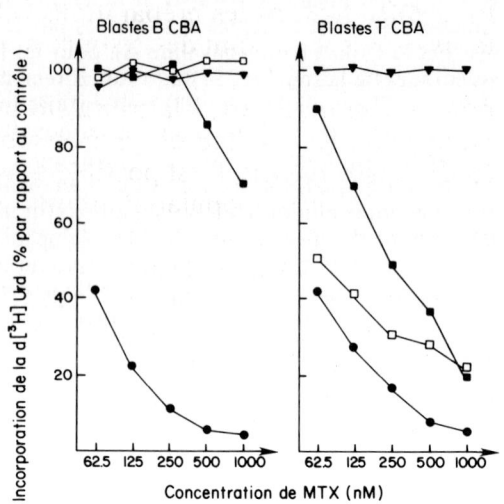

elle, est proportionnelle à la densité des déterminants membranaires cibles (tableau 3-V) [146]. On constate par exemple que le déterminant LFA1 permet d'obtenir un effet de la drogue encapsulée similaire à celui qu'induit la molécule H-2K^k, bien que le déterminant LFA1 soit beaucoup plus faiblement représenté que la molécule H-2K^k. D'autre part, nous avons pu vérifier que l'effet différentiel de l'endocytose médié par la molécule H-2K^k sur les cellules B et T est reproductible dans l'haplotype b.

Afin de vérifier que l'endocytose des liposomes et de leur contenu n'entraîne pas une libération du méthotrexate dans le milieu de culture qui provoquerait un effet indirect de la drogue sur des cellules autres que les cellules cibles, nous avons testé ces liposomes sur un mélange de cellules B et T. L'endocytose simultanée des liposomes anti-LFA1 et anti-H-2I-E^k est nécessaire pour produire, sur un mélange en partie égale de cellules B et T, un effet analogue à celui que provoquent les liposomes anti-LFA1 sur les cellules T ou ceux portant l'anticorps anti-H-2I-E^k sur les cellules B. Sur ce mélange cellulaire, les deux préparations de liposomes incubées individuellement ne provoquent qu'une inhibition beaucoup plus modérée de l'incorporation de la déoxyuridine tritiée. Les liposomes anti-H-2I-E^k provoquent donc un effet du méthotrexate encapsulé uniquement sur des cellules B ; inversement, des liposomes anti-LFA1 inhibent exclusivement la prolifération des cellules T [10]. Ce résultat montre qu'il est possible de transférer spécifiquement le contenu des liposomes dans une sous-population cellulaire cible sans affecter les autres, contrairement à ce qu'observe le groupe de Papahadjopoulos [177]. De plus, ces expériences confirment l'existence d'une endocytose différentielle des liposomes au niveau des déterminants membranaires et des cellules qui les expriment.

Dans ces analyses nous ne mentionnons pas la présence éventuelle de macrophages dans les préparations cellulaires. Les macrophages, présents en faible proportion, sont des cellules matures en fin de différenciation et qui ne prolifèrent plus. Or, les mesures d'inhibition de la prolifération sont reliées, pour une grande part, à la stimulation des cellules lymphoïdes B et T par des mitogènes ; les résultats observés semblent donc être propres aux lymphocytes étudiés. Néanmoins, il est possible que les liposomes soient fortement internalisés par la sous-population minoritaire phagocytaire (macrophages), qui exprime les molécules cibles, et qui libérerait la drogue dans le milieu de culture, inhibant ainsi la prolifération des cellules T ou B. Les expériences réalisées avec les populations cellulaires mélangées montrant que l'on peut inhiber spécifiquement la sous-population cible et d'autres expériences montrant des effets spécifiques sur des cellules tumorales en absence de macrophages [147, 149], semblent exclure cette hypothèse.

Enfin, l'endocytose différentielle des molécules de classe I du complexe majeur d'histocompatibilité sur des lymphocytes B et T vient d'être démontrée par un autre laboratoire utilisant un système différent avec des anticorps fluorescents [181, 182, 237].

Bien que ces différents arguments permettent d'avancer que les effets observés sont dus à une propriété des déterminants membranaires et des cellules qui les expriment, il n'est pas impossible que ces phénomènes d'endocytose soient corrélés à certaines particularités des anticorps utilisés. Il nous a donc paru nécessaire de vérifier l'action du méthotrexate encapsulé avec d'autres anticorps monoclonaux dirigés vers les mêmes sites ou des sites différents de ces déterminants membranaires. Pour cela, nous avons couplés les liposomes à la protéine A qui a une affinité pour la région Fc d'un grand nombre d'anticorps [151].

Lorsque les liposomes sont couplés à la protéine A (extraite de *Staphylococcus aureus*), il est possible d'obtenir une seule préparation de liposomes. Il est alors plus rationnel de comparer l'internalisation des liposomes par différentes cellules pour plusieurs déterminants membranaires. L'étude de l'endocytose des liposomes couplés à la protéine A a été réalisée avec un « panel » d'anticorps monoclonaux dirigés vers des sites identiques ou distincts des molécules $H-2K^k$, $H-2I-A^k$ et $H-2I-E^k$ du complexe majeur d'histocompatibilité [151]. L'endocytose des liposomes par l'intermédiaire de trois anticorps anti-$H-2K^k$ permet de confirmer la grande différence de comportement de cette molécule à la surface des lymphocytes B et T. L'entrée du méthotrexate encapsulé est très importante dans les cellules T, alors qu'elle est extrêmement réduite dans les cellules B (Fig. 3-7). Une autre molécule de classe I telle que $H-2D^k$ entraîne également l'endocytose des liposomes par un anticorps anti-$H-2D^k$ dans les cellules T et pas dans les cellules B (Fig. 3-7). La molécule $H-2I-A^k$ permet une endocytose considérable des liposomes dans les lymphocytes B, quelle que soit la région reconnue par les anticorps utilisés (Fig. 3-8A). Il n'en est pas de même avec les anticorps dirigés vers des sites distincts de la molécule $H-2I-E^k$ portée par les cellules B (Fig. 3-8B). En effet, un groupe d'anticorps (définissant le « cluster » III de la molécule) permet d'engendrer une forte inhibition de l'incorporation de la déoxyuridine tritiée.

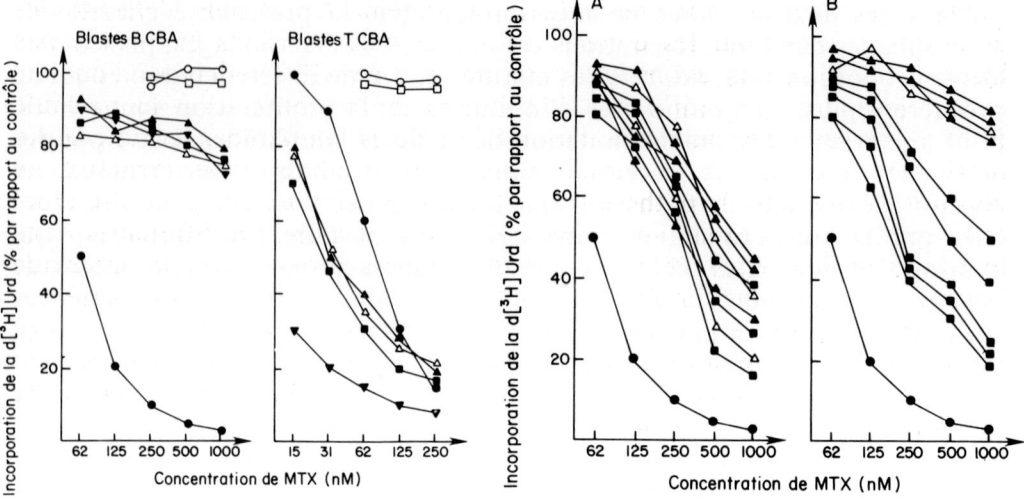

Fig. 3-7 Internalisation des liposomes dirigés vers des parties distinctes des molécules de classe I du CMH par des lymphocytes B et T. Les lymphocytes spléniques murins B et T de la souche CBA sont enrichis et stimulés par le LPS pour les lymphocytes B et la Con.A pour les lymphocytes T pendant 40 heures avant d'être répartis dans des puits de culture à raison de 2×10^5 cellules par puits. Les cellules sont incubées pendant 1 heure à 4 °C avec différents anticorps monoclonaux, puis lavées avant d'être incubées avec différentes concentrations de MTX libre ou encapsulé dans des liposomes couplés à la protéine A. Au bout de 3 heures d'incubation à 37 °C, on ajoute 0,5 µCi de d[^{3}H]Urd. La radioactivité incorporée par les cellules est mesurée après 16 heures d'incubation. ●, MTX libre ; ▲, ■, ▼, cellules préincubées avec 3 anticorps monoclonaux anti-H-2K^k, reconnaissant différents épitopes de la molécule cible ; △, cellules préincubées avec un anticorps anti-H-2D^k ; □, cellules préincubées avec un anticorps anti-β2 microglobuline humaine (contrôle) ; ○, cellules non préincubées avec un anticorps (contrôle) ; CMH, complexe majeur d'histocompatibilité ; LPS, lipopolysaccharide ; Con.A, concanavaline A ; MTX, méthotrexate ; d[^{3}H]Urd, déoxyuridine tritiée. D'après Machy et coll. [151].

Fig. 3-8 Internalisation des liposomes dirigés vers des parties distinctes des molécules de classe II du CMH par des lymphocytes B. Les lymphocytes spléniques murins B et T de la souche CBA sont enrichis et stimulés par le LPS pendant 40 heures avant d'être répartis dans des puits de culture à raison de 2×10^5 cellules par puits. Les cellules sont incubées pendant 1 heure à 4 °C avec différents anticorps monoclonaux, puis lavées avant d'être incubées avec différentes concentrations de MTX libre ou encapsulé dans des liposomes couplés à la protéine A. Au bout de 3 heures d'incubation à 37 °C, on ajoute 0,5 µCi de d[^{3}H]Urd. La radioactivité incorporée par les cellules est mesurée après 16 heures d'incubation. ●, MTX libre ; A : MTX contenu dans des liposomes couplés à la protéine A, incubés avec des cellules préincubées avec des anticorps anti-H-2IA^k reconnaissant les clusters I (△), II (■) et III (▲) de la molécule cible. B : MTX contenu dans des liposomes couplés à la protéine A, incubés avec des cellules préincubées avec des anticorps anti-H-2IE^k reconnaissant les clusters I (▲), II (△) et III (■) de la molécule cible. CMH, complexe majeur d'histocompatibilité ; LPS, lipopolysaccharide ; MTX, méthotrexate ; d[^{3}H]Urd, déoxyuridine tritiée. D'après Machy et coll. [151].

Par contre, les anticorps dirigés vers le « cluster » I et l'unique anticorps dirigé vers le « cluster » II de cette molécule sont moins efficaces pour le transfert de la drogue. Cette différence n'est pas due à une fixation plus faible des liposomes sur la cellule, puisque toutes les immunoglobulines sont des IgG2a, capables de fixer de la même manière la protéine A. De plus, l'affinité des anticorps utilisés pour les déterminants antigéniques cibles ne semble pas intervenir [51]. Nous avons donc pensé que certains anticorps d'un site particulier pourraient induire un changement conformationnel de la molécule H-2I-E ou prévenir, ou non, l'association de la molécule avec une autre molécule nécessaire à l'internalisation. Les résultats expérimentaux ne confirment pas cette hypothèse [151]. L'autre possibilité, qui peut être alors envisagée, est qu'il existe au moins deux molécules H-2I-E différentes dans leur pouvoir d'internalisation. Cette possibilité est d'autant plus probable que l'existence de plusieurs molécules H-2I-E a été démontrée [43, 130, 168].

En conclusion, les molécules de classe I (H-2K et H-2D) du complexe majeur d'histocompatibilité permettent l'endocytose des liposomes par les cellules T et pas par les cellules B. D'autre part, les molécules de classe II (H-2I-E et H-2I-A) sont de bonnes cibles pour l'endocytose des liposomes par les cellules B, sauf dans certains cas pour H-2I-E où l'internalisation dépend de l'épitope de la molécule cible. L'équipe de Pernis [181, 237] indique que les molécules de classe I sont internalisées de façon constitutive par les cellules T et pas par les cellules B et que les molécules de classe II sont internalisées par les cellules B. Ces résultats confirment parfaitement les nôtres.

Le groupe de Papahadjopoulos montre que des anticorps anti-glycophorine couplés à des liposomes contenant une drogue se fixent spécifiquement sur une cellule humaine K562 et inhibent sa prolifération [28]. Néanmoins, dans ce système, des anticorps « irrelevants » engendrent aussi le même effet. Comme la drogue utilisée n'entre pas dans les cellules lorsqu'elle est sous forme libre (méthotrexate-γ-aspartate), il est possible que les liposomes « irrelevants » soient internalisés par cette cellule grâce au récepteur Fc. En effet, la fixation des liposomes aux cellules est inhibée par l'anticorps anti-glycophorine libre mais aussi par des IgG totales humaines, bien que partiellement [27]. D'autre part, ce laboratoire a utilisé, jusqu'à présent, de grands liposomes unilamellaires dont le volume d'encapsulation de la phase aqueuse est important, dans l'espoir de pouvoir délivrer une plus grande quantité de matériel dans la cellule. En fait, cela n'est pas confirmé par les résultats expérimentaux. Les résultats exposés jusqu'ici, qui démontrent une endocytose des liposomes plutôt qu'une fusion, n'ont jamais mentionné l'importance de la taille des liposomes. Nous avons toujours utilisé des petits liposomes unilamellaires formés par sonication prolongée. La question que nous nous sommes posée est de savoir si la cellule cible est capable d'internaliser par endocytose des vésicules plus grandes que celles utilisées jusqu'à présent. Il est clairement démontré que les grands liposomes sont moins bien internalisés que les petits liposomes par les cellules [147, 148]. Nous avons employé trois préparations de liposomes unilamellaires dont la taille moyenne est de 800 Å (liposomes soniqués), 2 000 Å et 4 000 Å de diamètre (liposomes préparés par évaporation du solvant en phase réverse et calibrés par filtration sur des membranes de polycarbonate). L'analyse chromatographique des différents types de liposomes sur colonne de Séphacryl S-1000 confirme l'homogénéité de taille des différents liposomes [147]. Lorsque ces liposomes contiennent de la carboxyfluorescéine et du méthotrexate et qu'ils sont fixés spécifiquement sur la cellule, il est vrai que pour une même concentration de matériel

Tableau 3-VI Fixation des liposomes de différentes tailles, couplés à la protéine A sur des cellules préincubées avec un anticorps anti-H2K^k. 4×10^5 cellules sont incubées 30 minutes à 4 °C avec un anticorps anti-H-2K^k (40 µg/ml final) puis lavées. Les cellules sont ensuite incubées avec les liposomes couplés à la protéine A à une concentration de carboxyfluorescéine de 213 picomoles. Dans certaines expériences la protéine A libre en solution est incubée 5 minutes avec les cellules à une concentration de 80 µg/ml, après l'incubation avec l'anticorps et avant l'introduction des liposomes. La concentration des liposomes, exprimée en quantité de lipides totaux, est de 82,5 µM pour ceux de 80 nm, 23,7 µM pour ceux de 200 nm et 15,4 µM pour ceux de 400 nm de diamètre. D'après Machy et Leserman [147].

Cellules	Anticorps	Protéine A libre en solution	Carboxyfluorescéine associée aux cellules (picomoles)		
			Liposomes de 80 nm de diamètre	Liposomes de 200 nm de diamètre	Liposomes de 400 nm de diamètre
RDM4	+	−	8,0 ± 1,5	37,6 ± 2,0	35,0 ± 1,5
	+	+	0,2 ± 0,03	0,3 ± 0,1	0,3 ± 1,5
	−	−	0,8 ± 0,2	1,0 ± 0,5	1,2 ± 0,05
Lymphoblastes	+	−	10,5 ± 1,4	28,9 ± 0,7	20,4 ± 2,0
	+	+	0,3 ± 0,05	0,3 ± 0,07	0,5 ± 0,02
	−	−	0,7 ± 0,3	0,8 ± 0,2	1,1 ± 0,3
Fibroblastes	+	−	16,0 ± 2,0	32,0 ± 1,5	26,7 ± 1,2
	+	+	0,5 ± 0,05	0,4 ± 0,1	0,5 ± 0,05
	−	−	0,8 ± 0,4	0,8 ± 0,6	1,3 ± 0,5

biologique introduite pendant l'incubation, les grands liposomes apportent davantage de soluté encapsulé par rapport aux petits liposomes sur la surface cellulaire (tableau 3-VI). Cependant, le transfert du contenu des liposomes dans la cellule est beaucoup moins efficace avec les grandes vésicules qu'avec les petits liposomes, surtout pour des cellules non phagocytaires telles que des thymomes (tumeur RDM4) ou des lymphoblastes (Fig. 3-9). De plus, sur des fibroblastes qui sont des cellules phagocytaires, il existe une endocytose aussi bien des petits que des grands liposomes mais qui est néanmoins dépendante de la taille des vésicules à internaliser (Fig. 3-9). Comme ces résultats sont comparatifs pour une même molécule sur une même cellule, nous pouvons définitivement conclure que l'internalisation des liposomes se fait principalement par endocytose et non par fusion [147]. D'autre part, que ce soit par « coated pits » ou par « uncoated vesicles », la taille des vacuoles d'endocytose, caractérisée dans les études d'internalisation de divers récepteurs membranaires (environ 2 000 Å de diamètre), confirme que seuls les petits liposomes de 800 Å de diamètre peuvent pénétrer dans la cellule par un tel mécanisme. Par contre, les vésicules de 2 000 et 4 000 Å sont trop grandes pour pouvoir être internalisées intactes dans les vacuoles d'endocytose. Nous avons par ailleurs vérifié, par microscopie de fluorescence, que les grands liposomes restent localisés sur la membrane plasmique contrairement aux petits liposomes qui induisent une fluorescence cytoplasmique par libération de la carboxyfluorescéine encapsulée.

En conclusion, il est vrai que la quantité de matériel fixé sur les cellules est plus importante avec les grands liposomes unilamellaires qu'avec les petits

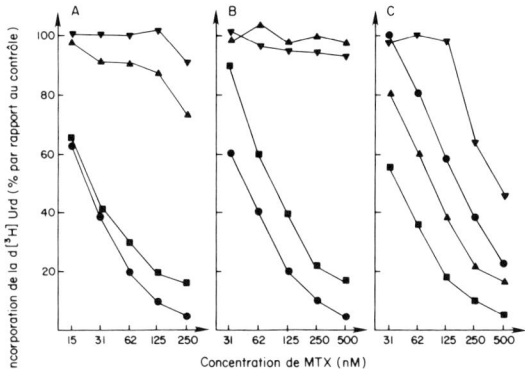

Fig. 3-9 Effet de la taille des liposomes sur leur internalisation par les cellules. Les cellules (10^5) sont incubées avec un anticorps monoclonal anti-H-$2K^k$ pendant une heure à 4 °C puis lavées. Différentes concentrations de MTX libre ou encapsulé dans des liposomes couplés à la protéine A sont ensuite ajoutées dans les cultures cellulaires. Au bout de 3 heures d'incubation à 37 °C, on ajoute 0,5 µCi de d[^{3}H]Urd. La radioactivité incorporée par les cellules est mesurée après 16 heures d'incubation. ●, MTX libre ; ■, MTX contenu dans des liposomes de 80 nm ; ▲, de 200 nm ou ▼ de 400 nm de diamètre, couplés à la protéine A. A : thymome murin RDM4. B : lymphoblastes d'origine T (cellules spléniques T stimulées par la Con.A). C : cellules L (fibroblastes). MTX, méthotrexate ; d[^{3}H]Urd, déoxyuridine tritiée ; Con.A, concanavaline A. D'après Machy et Leserman [147].

liposomes unilamellaires. Les grandes vésicules ont, en effet, un volume d'encapsulation de la phase aqueuse de plusieurs fois supérieur à celui des petits liposomes (voir page 7). Cependant, l'internalisation des liposomes est inversement proportionnelle à leur taille et prouve nettement que la fusion des liposomes avec les cellules n'est pas un mécanisme qui prédomine. Les grands liposomes, certainement trop volumineux pour les vacuoles d'endocytose, ne peuvent donc pénétrer dans la cellule [147]. On notera enfin que Matthay et coll. [160], Heath et coll. [97] obtiennent également de tels résultats. Finalement, Straubinger, dans le même laboratoire, indique, par des analyses de microscopie électronique, que seuls les petits liposomes sont capables de pénétrer tels quels dans la cellule par « coated pits » [218].

En considérant que c'est l'endocytose qui est prédominante pour l'entrée des liposomes intacts dans la cellule, il est normal de s'intéresser à leur devenir. Des travaux réalisés sur des lignées tumorales phagocytaires du type macrophage montrent que des liposomes opsonisés, dirigés vers le récepteur Fc, pénètrent dans la cellule jusque dans les lysosomes [139, 141].

Il peut en être de même pour d'autres structures. Il semble que les liposomes passent dans des vacuoles d'endocytose acides (endosomes) puis dans les lysosomes pour y être dégradés. Le chlorure d'ammonium (NH_4Cl) et la chloroquine qui sont des agents lysosomotropiques, augmentent le pH (acide) des endosomes et des lysosomes. Avec ces composés, le pH des endosomes (qui s'acidifie normalement suivant un gradient) [68, 70] et celui des lysosomes (pH 4,5), atteignent une valeur d'environ 6 [69, 166]. Lorsque les cellules sont incubées avec une concentration déterminée (non toxique) de NH_4Cl, il est possible d'inhiber le transfert du méthotrexate dans le cytoplasme cellulaire à

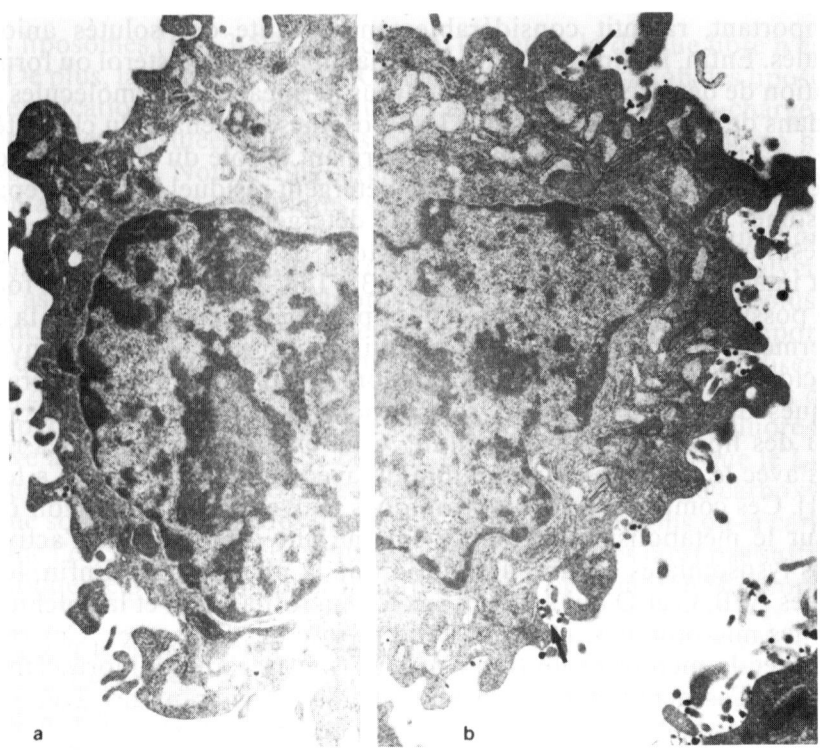

Fig. 3-11 Visualisation de la fixation des liposomes par microscopie électronique. Les cellules L (fibroblastes) sont incubées en présence d'un anticorps monoclonal anti-H-2K^k pendant 1 heure à 4 °C, lavées puis incubées pendant 2 heures à 4 °C avec une suspension de liposomes couplés à la protéine A et contenant l'enzyme peroxydase. Après lavage, les cellules sont fixées et traitées avec la diaminobenzidine (substrat de la peroxydase dont le produit forme des précipités denses aux électrons). a : cellules non préincubées avec l'anticorps anti-H-2K^k ou préincubées en présence d'un anticorps irrelevant. b : cellules préincubées avec l'anticorps anti-H-2K^k et portant les liposomes (flèches). Grossissement : 17 400 ×. D'après Machy et coll. (manuscrit soumis pour publication).

a été encapsulée dans des petits liposomes formés par élimination extensive de détergent. Dans un premier temps, notre système modèle a été basé sur l'internalisation des liposomes couplés à la protéine A, dirigés contre la molécule H-2K^k du complexe majeur d'histocompatibilité portée par des fibroblastes (cellules L) grâce à l'intermédiaire d'un anticorps monoclonal anti-H-2K^k. L'enzyme peroxydase forme des précipités denses aux électrons après réaction avec le substrat 3,3'-diaminobenzidine. Encore une fois, la fixation des liposomes aux cellules est spécifique : seules les cellules ayant été préincubées avec l'anticorps peuvent fixer les liposomes (Fig. 3-11). Lorsque les cellules sont incubées à 37 °C, l'internalisation des liposomes commence rapidement (1 à 2 minutes) (Fig. 3-12a) ; elle s'effectue par endocytose dans des vésicules lisses et non par « coated pits ». Les liposomes internalisés sont intacts démontrant définitivement qu'ils ne fusionnent pas avec la membrane cellulaire après leur fixation spécifique. Après un temps plus long, les liposomes internalisés sont regroupés dans les vacuoles acides plus grandes (mar-

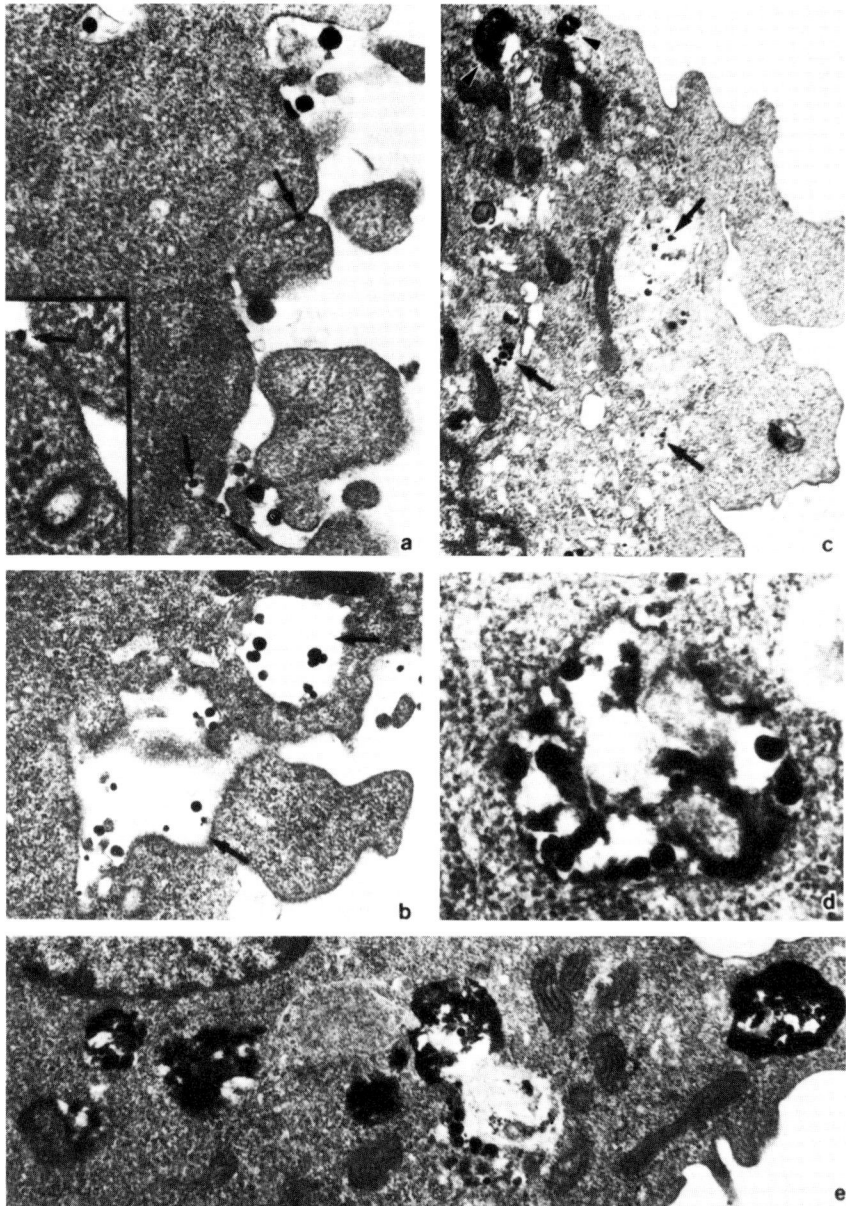

Fig. 3-12 Processus d'endocytose et localisation des liposomes dans la cellule par microscopie électronique. Les cellules L (fibroblastes) sont traitées comme décrit dans la figure 11 puis incubées à 37 °C pendant différents temps avant d'être fixées et traitées pour la visualisation en microscopie électronique.

a : au bout d'une minute d'incubation à 37 °C, les liposomes commencent à pénétrer, intacts, dans la cellule par un mécanisme faisant intervenir des vésicules lisses et des invaginations tubulaires (flèches). Grossissement : 57 000 ×. Insert : un « coated pit » présent sur les cellules L. Grossissement : 120 000 ×. b : au bout de 15 minutes, les liposomes se concentrent dans des vacuoles plus grandes d'internalisation (flèches). Grossissement : 30 000 ×. c : au bout d'une heure, les liposomes commencent à être détruits dans les lysosomes après fusion des vacuoles d'endocytose avec les lysosomes (marquage diffus), alors que d'autres ne le sont pas encore (marquage ponctuel) (flèches). Grossissement : 21 600 ×. d : grossissement d'un lysosome contenant des liposomes encore intacts et des liposomes détruits. Grossissement : 87 000 ×. e : au bout de 4 heures, les liposomes sont tous internalisés, beaucoup d'entre eux sont détruits dans les lysosomes, d'autres sont encore intacts. Grossissement : 24 600 ×.
D'après Machy et coll. (manuscrit soumis pour publication).

quage ponctuel) (Fig. 3-12b) avant d'être détruits par les enzymes lysosomiales (marquage diffus) lorsque les grandes vacuoles d'endocytose fusionnent avec les lysosomes (Fig. 3-12c, d). Après 4 heures d'incubation à 37 °C, la totalité des liposomes fixés sur les cellules est internalisée et une grande partie d'entre eux est dégradée dans les lysosomes (Fig. 3-12e) (Machy et coll. manuscrit soumis pour publication).

L'un des avantages de l'utilisation des liposomes en microscopie électronique est que, contrairement aux autres ligands couramment utilisés, les liposomes peuvent être dégradés dans les lysosomes et libérer leur contenu. Il en résulte un marquage diffus provenant des liposomes détruits et un marquage ponctuel dû aux liposomes encore intacts dans la cellule. Une « simple » observation microscopique permet alors de conclure à la dégradation d'un ligand dans les lysosomes ; conclusion impossible à formuler sans marquage spécifique des organelles ou sans fractionnement cellulaire, lorsque d'autres marqueurs (or colloïdal ou enzymes couplées aux anticorps) sont utilisés. Straubinger et coll. [218] montrent quant à eux que de petits liposomes chargés négativement adhèrent aux cellules et sont internalisés par « coated pits ». Dans ce système, le marqueur dense aux électrons est l'or colloïdal [105], un marqueur dont l'encapsulation dans de petits liposomes est difficile à réaliser. De plus, les liposomes utilisés ne sont pas dirigés spécifiquement vers un déterminant membranaire déterminé. Néanmoins, les liposomes arrivent là encore, dans les lysosomes.

L'internalisation de la molécule membranaire cible H-2K a été étudiée en détail. Cette molécule n'est pas internalisée constitutivement par les fibroblastes. Son internalisation est induite en incubant les cellules avec des réactifs multivalents tels que des antisérums anti-immunoglobulines ou des liposomes couplés à la protéine A. L'anticorps anti-H-2K à lui seul ne provoque pas l'internalisation de la molécule (Machy et coll. manuscrit soumis pour publication). D'autre part, si l'on considère que l'internalisation des liposomes reflète l'internalisation de la molécule cible, celle-ci n'est pas internalisée par « coated pits » par les fibroblastes. Nos résultats confirment ceux de Huet et coll. [113] et de Pernis et Tse [182].

Avec les lymphocytes T chez lesquels la molécule H-2K permet l'internalisation des liposomes, nos expériences préliminaires indiquent que l'endocytose de cette molécule est spontanée et très rapide ; cette vitesse ainsi que la proportion des molécules internalisées (de l'ordre de 20 à 40 % en 5-6 heures) ne sont pas affectées par des ligands multivalents. Ces résultats sont en accord avec ceux de Tse et Pernis [237]. De plus, dans ces cellules, une certaine proportion des molécules H-2K est internalisée par « coated pits ». Le processus d'endocytose semble donc être complètement différent de celui que nous observons avec les fibroblastes, pour la même molécule. Enfin, chez des lymphocytes B où la molécule H-2K ne permet que très peu l'internalisation des liposomes, la molécule reste sur la surface cellulaire et les ligands multivalents n'induisent pas son internalisation. Au bout d'une heure, on observe une « agrégation » et seul un très faible pourcentage du ligand multivalent se retrouve dans un petit nombre de cellules.

Ces études en microscopie électronique démontrent définitivement la différence de comportement d'une même molécule pour trois types différents de cellules et confirment les résultats obtenus avec le méthotrexate délivré aux cellules par les liposomes.

Il est évident que la drogue encapsulée (méthotrexate) qui nous permet de constater l'endocytose des liposomes, agit plusieurs heures après son introduction dans la culture cellulaire. De plus, cette drogue qui a le désavantage de passer par un certain nombre d'étapes inconnues du processus métabolique conduisant à l'inhibition de l'incorporation de la déoxyuridine dans l'ADN, n'agit que sur des cellules en prolifération et sensibles à la drogue. Il est donc difficile de mesurer la vitesse de l'endocytose des liposomes par l'intermédiaire d'un effet du méthotrexate, surtout sur des cellules où l'action de cette drogue n'est que peu efficace. Par contre, la propriété qu'ont certains fluorophores, tels que la carboxyfluorescéine, de n'émettre qu'une faible intensité de fluorescence après excitation lorsqu'ils sont concentrés et inversement lorsqu'ils sont dilués [246], peut être mise à profit pour mesurer l'entrée des liposomes dans une cellule cible. En effet, lorsque l'endocytose est rapide comme dans le cas des macrophages, la carboxyfluorescéine, encapsulée à forte concentration dans des liposomes opsonisés vers le récepteur Fc par des anticorps [139], diffuse dans le cytoplasme cellulaire qui devient alors très fluorescent, en raison de la dilution de la carboxyfluorescéine. Nous avons expérimenté ce système pour diverses molécules membranaires cibles à l'aide d'une mesure fluorimétrique des cellules (fluorimétrie ou cytofluorigraphie). La cinétique de l'internalisation des liposomes par différents déterminants membranaires a été étudiée grâce à des anticorps monoclonaux et à des liposomes couplés à la protéine A contenant de la carboxyfluorescéine. Quand les liposomes sont fixés sur des cellules et qu'ils sont internalisés par endocytose, ils libèrent dans le cytoplasme la carboxyfluorescéine qui a été encapsulée à forte concentration (fluorescence faible). La carboxyfluorescéine se retrouve alors diluée dans le cytoplasme et la fluorescence cellulaire augmente [235]. L'expérience montre que la libération de la carboxyfluorescéine des liposomes dans la cellule, probablement par acidification du contenu des liposomes dans des endosomes acides, est facilement quantifiable en fonction du temps. On observe cependant que la vitesse et la magnitude du signal fluorescent dépendent de la molécule membranaire cible (Fig. 3-13). Comme dans le cas de la molécule H-2I-E^k sur les lymphoblastes B (voir Fig. 3-8b), la molécule HLA, présente sur des fibroblastes murins transfectés, engendre une endocytose des liposomes différente suivant l'anticorps utilisé (Fig. 3-13) [234]. Dans ce cas, comme il est impossible que cette molécule membranaire puisse exister sous plus d'une forme moléculaire, il est probable que les mécanismes qui gouvernent l'endocytose diffèrent suivant le site reconnu par les anticorps ou leur affinité. Plusieurs formes moléculaires pouvant éventuellement exister, il est probable que les mécanismes qui régissent l'endocytose soient différents suivant la molécule reconnue par les anticorps. Ce type d'analyse a été expérimenté sur des lymphoblastes d'origine B. On remarque que la vitesse de libération de la carboxyfluorescéine dans la cellule à partir des liposomes est plus importante en présence d'un anticorps anti-cluster III de la molécule H-2I-E^k qu'en présence d'anticorps anti-cluster I de cette même molécule ou d'un anticorps anti-H-2K^k [143]. Cela confirme les résultats obtenus avec le méthotrexate sur ce type de cellule. Contrairement à ce que nous observons

Fig. 3-13 Mesure de la vitesse d'endocytose des déterminants membranaires par fluorimétrie. Les cellules murines L, transfectées par un gène HLA (humain) sont incubées avec des anticorps monoclonaux pendant 45 minutes à 4 °C, lavées et incubées pendant 1,5 heure à 4 °C avec une suspension de liposomes couplés à la protéine A et contenant une solution de carboxyfluorescéine (80 mM). Les cellules sont ensuite lavées et incubées à 37 °C pendant des temps différents. La fluorescence est mesurée par fluorimétrie grâce à un spectrofluorimètre. Après 4 heures d'incubation, les cellules et les liposomes sont lysés par le Triton X-100 et les valeurs de fluorescence obtenues pendant l'incubation sont rapportées à la valeur obtenue après lyse (100 %). ■, cellules incubées avec un anticorps anti-HLA ; ▲, cellules incubées avec un second anticorps, reconnaissant une autre partie de la molécule HLA ; ●, cellules incubées avec un anticorps anti-H-2K ; ○, cellules incubées avec un anticorps quelconque. D'après Truneh et coll. [234].

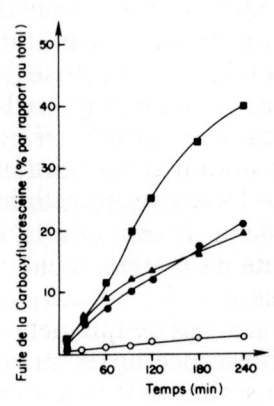

pour les molécules H-2K et H-2D sur les fibroblastes, Pernis [181, 237] indique que ces molécules ne sont pas internalisées par ces cellules. Par contre, lorsque ces molécules sont agrégées par l'utilisation d'anticorps multivalents (premier anticorps anti-H-2K ou H-2D plus un second anticorps dirigé contre le premier anticorps), il y a une endocytose de ces molécules. Nous avons pu vérifier sur les fibroblastes que les liposomes couplés à la protéine A favorisent le passage de l'anticorps anti-H-2K^k radiomarqué et donc probablement de la molécule cible elle-même, dans la cellule ([235], Machy et coll. manuscrit soumis pour publication).

Cependant, la libération du contenu des liposomes résultant de plusieurs mécanismes complexes, il est possible que les mesures fluorimétriques, qui nous permettent de confirmer les effets obtenus avec le méthotrexate encapsulé, ne soient pas directement représentatives de la vitesse d'internalisation des déterminants membranaires étudiés. Cette étude permet néanmoins d'espérer que les liposomes pourront être utilisés comme sonde de l'endocytose des molécules membranaires. Par exemple, certains cas pathologiques ont pour origine un défaut de l'internalisation du récepteur d'une molécule donnée (notamment du récepteur des LDL [23, 131, 226]). L'utilisation d'anticorps monoclonaux dirigés contre un récepteur membranaire particulier pourraient permettre de visualiser son endocytose ou non, par l'intermédiaire des liposomes bourrés de carboxyfluorescéine. Cela peut représenter une possibilité pour diagnostiquer de telles pathologies.

Jusqu'à présent nous avons caractérisé l'importance des déterminants membranaires et des cellules qui les expriment, dans l'endocytose des liposomes. Les résultats obtenus avec le méthotrexate (MTX) ou la carboxyfluorescéine démontrent que le contenu des liposomes peut être acheminé spécifiquement dans une cellule donnée quand la structure membranaire cible le permet. Néanmoins, l'inhibition de l'incorporation de la déoxyuridine tritiée, due à la drogue encapsulée n'a jamais permis de conclure qu'il est possible de tuer effectivement une sous-population cellulaire.

Cette possibilité a récemment été démontrée sur des populations cellulaires tumorales cibles pour des liposomes contenant du méthotrexate [149] ou du méthotrexate-γ-aspartate [100]. Le méthotrexate est une drogue cytostatique qui inhibe la synthèse des protéines et la prolifération cellulaire. A terme, son effet est létal (Fig. 3-3). Nous nous sommes posé la question suivante : les liposomes dirigés sélectivement vers un déterminant internalisable d'une sous-population cellulaire cible permettent-ils d'éliminer cette sous-population lorsqu'ils contiennent le MTX ?

Nous avons donc encapsulé le MTX dans des liposomes couplés à la protéine A, puis incubé ces liposomes avec un mélange de cellules pré-incubées avec des anticorps monoclonaux. Le MTX, encapsulé dans des liposomes dirigés spécifiquement vers un type cellulaire grâce aux anticorps, permet d'éliminer effectivement la population cellulaire cible (Fig. 3-14). Lorsque les liposomes sont employés sur un mélange cellulaire, les cellules non cibles ne sont pas affectées et se multiplient normalement, alors que la sous-population fixant spécifiquement les liposomes est détruite [149, 150].

D'autre part, avec une seule étape de sélection, il est possible d'obtenir des variants qui n'expriment que très peu, ou plus du tout, la molécule membranaire contre laquelle les liposomes sont dirigés [149, 150]. Ce système permet donc aussi d'enrichir une sous-population cellulaire. Si la sélection et l'isole-

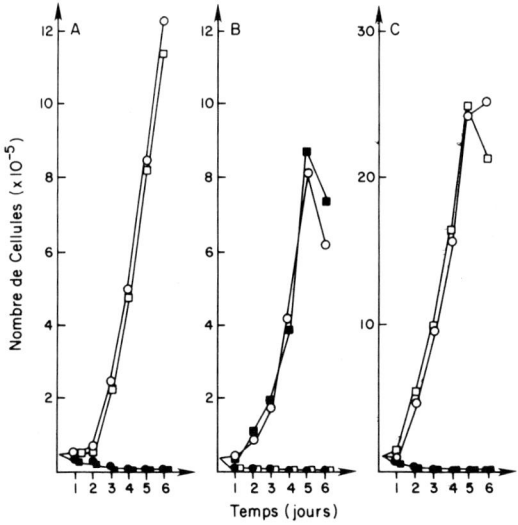

Fig. 3-14 Sélection négative des cellules. 5×10^5 cellules sont incubées dans 0,5 ml de milieu de culture pendant 2 jours avec (●) ou sans (○) MTX libre ou avec des liposomes contenant le MTX et couplés à la protéine A. Les liposomes sont incubés avec des cellules préincubées avec un anticorps anti-H-2K^k (■) ou anti-HLA (□). Les cellules qui survivent sont comptées jour après jour. A : cellules L (fibroblastes murins). La concentration de MTX libre ou encapsulé dans les liposomes, introduite dans les cultures, est de 500 nM. B : cellules humaines A431. La concentration de MTX libre ou encapsulé dans les liposomes, introduite dans le milieu de culture, est de 250 nM. C : cellules murines RDM4. La concentration de MTX libre ou encapsulé dans les liposomes, introduite dans le milieu de culture, est de 62,5 nM. MTX, méthotrexate. D'après Machy et Leserman [149].

ment de ces variants tumoraux, démontrent clairement que le méthotrexate encapsulé ne fuit pas hors des liposomes dans les conditions physiologiques de culture et l'efficacité du système grâce à sa spécificité, ils démontrent aussi que de telles cellules variantes, n'exprimant plus le déterminant cible dans une population tumorale, existent réellement. Cela représente un handicap, pour toute forme de thérapie dirigée, qu'il ne faut pas oublier.

Dans un autre ordre d'idées, il est possible de protéger les cellules de l'action d'une drogue par le produit dont elle inhibe la synthèse. C'est le cas pour le MTX dont l'effet toxique peut être inhibé par le tétrahydrofolate (THF), produit métabolique dont la synthèse est inhibée par le MTX [52, 120] (Fig. 3-3). Heath et coll. [100] indiquent que l'acide folinique (tétrahydrofolate) prévient l'action du méthotrexate-γ-aspartate, encapsulé dans des liposomes, sur des cellules cibles. Une autre possibilité consiste à encapsuler le tétrahydrofolate dans les liposomes ; il devient alors possible de protéger les cellules cibles de l'effet du MTX libre contenu dans le milieu de culture en quantité suffisante pour tuer les cellules (Fig. 3-15). Lorsque ces liposomes sont incubés avec un mélange de populations cellulaires, les cellules non cibles meurent,

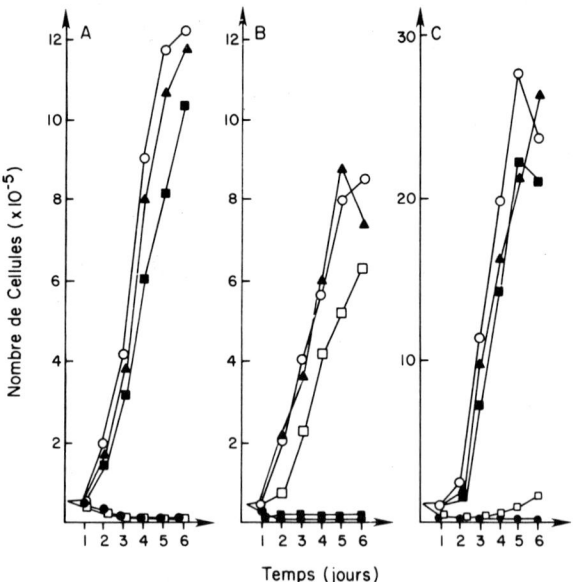

Fig. 3-15 Sélection positive des cellules. 5×10^5 cellules sont incubées dans 0,5 ml de milieu de culture sans MTX (●), avec le MTX libre (○), avec le MTX libre plus le THF libre (▲), avec le MTX libre plus le THF contenu dans des liposomes dirigés vers la molécule H-2K^k (■), ou vers la molécule HLA (□), par des anticorps monoclonaux. Les cellules qui survivent sont comptées jour après jour.
A : cellules murines L. La concentration de MTX libre dans le milieu de culture est de 500 nM et celle du THF libre ou encapsulé dans les liposomes, introduite dans les cultures cellulaires, est de 4 µM. B : cellules humaines A431. La concentration de MTX libre dans le milieu de culture est de 250 nM et celle du THF libre ou contenu dans les liposomes, introduite dans les cultures cellulaires, est de 4 µM. C : cellules murines RDM4. La concentration de MTX libre dans le milieu de culture est de 62,5 nM et celle du THF libre ou contenu dans les liposomes, introduite dans les cultures cellulaires, est de 2 µM. MTX, méthotrexate ; THF, tétrahydrofolate. D'après Machy et Leserman [149].

alors que les cellules cibles sont protégées et se multiplient normalement, même si au départ elles ne représentent qu'un très faible pourcentage du nombre total de cellules (de l'ordre d'une cellule sur 100 000) [149, 150]. Cette technique qui confirme la spécificité des liposomes, permet de sélectionner un petit nombre de cellules dans un mélange cellulaire. D'autre part, elle permet d'enrichir une sous-population cellulaire qui exprime un déterminant membranaire à plus forte densité que la population originale [149, 150]. Notons que le chlorure d'ammonium inhibe l'effet du THF encapsulé et pas celui du THF libre ; comme dans le cas du méthotrexate, ce résultat confirme l'endocytose des liposomes intacts par la cellule [150].

On peut donc envisager, grâce à ce système, de protéger des tissus qui seraient sensibles à des drogues éventuellement libérées des liposomes dirigés vers d'autres cellules in vivo. Bayard et coll. [16] proposent d'utiliser les produits de l'activation de l'interféron tels que le 2-5A ou des analogues. Ces produits, incapables de pénétrer dans les cellules, protègent celles-ci d'une infection virale lorsqu'ils sont délivrés par des liposomes couplés à un anticorps reconnaissant un déterminant membranaire cible sur ces cellules.

Enfin, les drogues lorsqu'elles sont encapsulées (MTX ou THF), sont aussi efficaces que lorsqu'elles sont administrées, à la même concentration, sous forme libre dans le milieu de culture. Cette dernière remarque est contraire à ce qu'observent Wu et coll. [255] avec un couplage direct de ces molécules sur des transporteurs macromoléculaires. Cela tend à prouver que l'encapsulation de petites molécules hydrosolubles n'altère en rien leur activité biologique, alors que le couplage par réaction chimique dénature et inhibe probablement une partie de ces molécules.

Plus récemment, nos efforts ont porté sur l'étude des variants sélectionnés avec des liposomes contenant le méthotrexate. Pour des buts thérapeutiques ainsi que de recherche fondamentale en biologie cellulaire, il est essentiel de comprendre comment une cellule n'exprime plus un déterminant membranaire et surtout de voir comment il est possible de moduler l'apparition de la molécule déficiente afin d'essayer d'en comprendre le mécanisme d'expression.

Dans le cas présent, la molécule membranaire concernée est une molécule de classe I ($H-2K^k$) codée par le complexe majeur d'histocompatibilité. Or, de nombreuses études indiquent que les lymphocytes T cytotoxiques reconnaissent les cellules tumorales lorsque celles-ci expriment des antigènes « étrangers » (provenant d'un virus infectant, par exemple) associés aux molécules de classe I [50]. Bien que d'autres mécanismes existent pour éliminer les cellules tumorales n'exprimant pas de déterminant du complexe majeur d'histocompatibilité [260], l'expression de ces molécules favorise une réponse immune optimale vis-à-vis de ces cellules. Donc, le manque d'expression des molécules de classe I peut conférer un avantage sélectif au développement d'une tumeur [6, 197]. Nous avons montré que de tels variants existent, car ils ne sont pas affectés par le traitement avec des liposomes toxiques. Ces variants, obtenus à partir du thymome murin RDM4, n'expriment que très peu de molécules H-2K et échappent au traitement chimiothérapique (drogue contenue dans les liposomes spécifiquement dirigés contre la molécule H-2K par un anticorps monoclonal anti-H-2K) [149]. Par ailleurs, il est connu que les interférons induisent, entre autre, l'expression des molécules du complexe majeur d'histocompatibilité [142].

Cet effet a permis d'envisager d'utiliser les interférons en thérapeutique pour augmenter la réponse immune anti-tumorale. Nous avons évalué l'habilité des interférons γ, α et β à rendre cette population cellulaire (RDM4 exprimant de faibles quantités de H-2K) sensible à l'effet du MTX encapsulé dans des liposomes dirigés contre la molécule H-2K. Deux types de variants sont en fait obtenus : 1) des cellules « répondeuses » qui réexpriment la molécule H-2K (Fig. 3-16a) et qui sont éliminées par le ciblage avec les liposomes, 2) des cellules « non-répondeuses » qui ne réexpriment pas la molécule H-2K (Fig. 3-16b) et qui restent résistantes à l'effet de la drogue encapsulée [144, 145]. Toutefois, la régulation de l'expression, ou non, de la molécule H-2K est indépendante de celle qu'exercent les interférons sur d'autres molécules codées ou non par le même chromosome et cette régulation agit au niveau de la transcription de l'ADN en ARN messager [145].

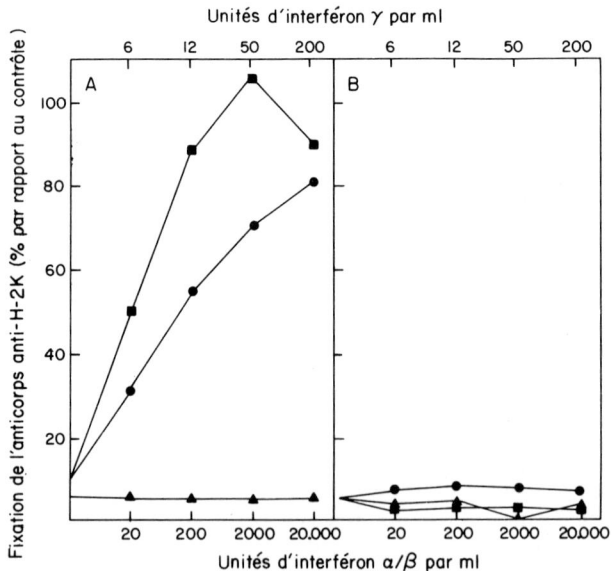

Fig. 3-16 Effet des interférons sur la réexpression de la molécule H-2K par des mutants H-2K^k négatifs sélectionnés à partir de la lignée RDM4. Les cellules RDM4 H-2K négatives, obtenues par sélection négative [149], sont incubées en présence de différentes concentrations d'interféron. Après 48 heures d'incubation à 37 °C, les cellules sont incubées avec un anticorps anti-H2K^k radiomarqué à l'iode 125 (■, ●) ou avec un anticorps irrelevant anti-HLA (▲). Au bout d'une heure d'incubation à 4 °C, la radioactivité associée aux cellules, est mesurée après lavage. Le pourcentage se réfère à la valeur obtenue sur les cellules RDM4 originales (H-2K positives) non incubées en présence d'interféron.
A : variant RDM4 n'exprimant pas la molécule H-2K et sensible aux interférons pour la réexpression de la molécule. B : variant RDM4 n'exprimant pas la molécule H-2K et insensibles aux interférons pour la réexpression de la molécule. ●, incubation en présence d'interféron γ ; ■, incubation en présence d'interféron α/β.

Ces résultats montrent clairement que même si les interférons favorisent l'efficacité d'une chimiothérapie dirigée, ils ne préviennent pas le développement de mutants « non-répondeurs » n'exprimant pas la molécule cible.

References

1. Almeida, J. D., Brand, C. M., Edwards, D. C., Heath, T. D.: Formation of virosomes from influenza virus subunits and liposomes. *Lancet*, 1975, **II**: 899–901.
2. Aloj, S. M., Kohn, L. D., Lee, G., Meldolesi, M. F.: The binding of thyrotropin to liposomes containing gangliosides. *Biochem. Biophys. Res. Commun.*, 1977, **74**: 1053–1059.
3. Alving, C. R., Richards, R. L.: Immunologic aspects of liposomes. In *Liposomes*, Ostro, M. J. Ed., New York and Basel: Marcel Dekker, Inc., 1983, pp. 209–287.
4. Alving, C. R., Schneider, I., Swartz, G. M., Jr., Steck, E. A.: Sporozoite-induced malaria: therapeutic effects of glycolipids in liposomes. *Science*, 1979, **205**: 1142–1144.
5. Aragnol, D., Leserman, L. D.: Immune clearance of liposomes inhibited by anti-Fc receptor antibody *in vivo*. *Proc. Natl. Acad. Sci. USA*, 1986, **83**: 2699–2703.
6. Arce-Gomez, B., Jones, E. A., Barnstable, C. J., Salomon, E., Bodmer, W. F.: The genetic control of HLA-A and B antigens in somatic cell hybrids: requirement for beta 2-microglobulin. *Tissue Antigens*, 1978, **11**: 96–112.
7. Arvinte, T., Hildenbrand, K., Wahl, P., Nicolau, C.: Lysozyme-induced fusion of liposomes with erythrocyte ghosts at acidic pH. *Proc. Natl. Acad. Sci. USA*, 1986, **83**: 962–966.
8. Bachhawat, B. K., Das, P. K., Ghosh, P.: Preparation of glycoside-bearing liposomes for targeting. In *Liposome Technology*, Gregoriadis, G. Ed., Boca Raton: CRC Press, 1984, Vol. 3: pp. 117–126.
9. Barbet, J., Machy, P., Leserman, L. D.: Monoclonal antibody covalently coupled to liposomes: specific targeting to cells. *J. Supramol. Struct. Cell. Biochem.*, 1981, **16**: 243–258.
10. Barbet, J., Machy, P., Leserman, L. D.: Le pilotage des liposomes. Dans *Les Liposomes: Applications Thérapeutiques*, Puisieux, F. et Delattre, J. Eds, Paris: Technique et Documentation, 1985, pp. 189–204.
11. Barbet, J., Machy, P., Truneh, A., Leserman, L. D.: Endocytosis of monoclonal antibody-bearing liposomes. *Biol. Cell.*, 1982, **45**: 368.
12. Barbet, J., Machy, P., Truneh, A., Leserman, L. D.: Weak acid-induced release of liposome-encapsulated carboxyfluorescein. *Biochim. Biophys. Acta*, 1984, **772**: 347–356.
13. Barratt, G. M., Ryman, B. E., Chester, K. A., Begent, R. H. J.: Liposomes as aids to tumour detection. *Biochem. Soc. Trans.*, 1984, **12**: 348–349.
14. Barratt, D. G., Sharom, F. J., Thede, A. E., Grant, C. W. M.: Isolation and incorporation into lipid vesicles of concanavalin A receptor from human erythrocytes. *Biochim. Biophys. Acta*, 1977, **465**: 191–197.
15. Batzri, S., Korn, E. D.: Interaction of phospholipid vesicles with cells. *J. Cell. Biol.*, 1975, **66**: 621–634.
16. Bayard, B., Leserman, L. D., Bisbal, C., Lebleu, B.: Antiviral activity in L1210 cells of antibody-targeted liposomes containing (2'–5') oligo(adenylate) analogues. *Eur. J. Biochem.*, 1985, **151**: 319–325.
17. Bayer, E. A., Rivnay, B., Skutelsky, E.: On the mode of liposome-cell interactions. Biotin-conjugated lipids as ultrastructural probes. *Biochim. Biophys. Acta*, 1979, **550**: 464–473.
18. Bayer, E. A., Wilchek, M.: The use of avidin-biotin complex as a tool in molecular biology. In *Methods of Biochemical Analysis*, Glick, D. Ed., New York: John Wiley and Sons, 1980, Vol. **26**: pp. 1–45.
19. Bayer, E. A., Wilchek, M.: Methodology involved in biotin-conjugated phospholipids, glycolipids, and gangliosides. In *Liposome Technology*, Gregoriadis, G. Ed., Boca Raton: CRC Press, 1984, Vol. III: pp. 127–135.
20. Begent, R. H. J., Keep, P. A., Green, A. J., Searle, F., Bagshawe, K. D., Jewkes, R. F., Jones, B. E., Barratt, G. M., Ryman, B. E.: Liposomally entrapped second antibody improves tumour imaging with radiolabelled (first) antitumour antibody. *Lancet*, 1982, **II**: 739–742.

21 Begent, R. H., Searle, F., Stanway, G., Jewkes, R. F., Jones, B. E., Vernon, P., Bagshawe, K. D.: Radioimmunolocalization of tumours by external scintigraphy after administration of ^{131}I antibody to human chorionic gonadotrophin. *J. Roy. Soc. Med.*, 1980, **73**: 624–630.
22 Beigel, M., Eytan, G., Loyter, A.: Reconstituted Sendai virus envelopes as a vehicle for the introduction of soluble macromolecules and membrane components into animal cells. In *Targeting of Drugs*, Gregoriadis, G., Senior, J. and Trouet, A. Eds, New York: Plenum Press, 1982, Vol. **47**: pp. 125–143.
23 Beisiegel, U., Schneider, W. J., Goldstein, J. L., Anderson, R. G. W., Brown, M. S.: Monoclonal antibodies to the low density lipoprotein receptor as probes for study of receptor-mediated endocytosis and the genetics of familial hypercholesterolemia. *J. Biol. Chem.*, 1981, **256**: 11923–11931.
24 Blumenthal, R., Ralston, E., Dragsten, P., Leserman, L. D., Weinstein, J. N.: Lipid vesicle-cell interactions: An anlysis of a model for transfer of contents from adsorbed vesicles to cells. *Membrane Biochem.*, 1982, **4**: 283–303.
25 Blumenthal, R., Weinstein, J. N., Sharrow, S. O., Henkart, P.: Liposome-lymphocyte interaction: saturable sites for transfer and intracellular release of liposome contents. *Proc. Natl. Acad. Sci. USA*, 1977, **74**: 5603–5607.
26 Bonventre, P. F., Gregoriadis, G.: Killing of intraphagocytic *Staphylococcus aureus* by dihydrostreptomycin entrapped within liposomes. *Antimicrobiol. Agents Chemother.*, 1978, **13**: 1049–1051.
27 Bragman, K. S., Heath, T. D., Papahadjopoulos, D.: Simultaneous interaction of monoclonal antibody-targeted liposomes with two receptors on K562 cells. *Biochim. Biophys. Acta*, 1983, **730**: 187–195.
28 Bragman, K. S., Heath, T. D., Papahadjopoulos, D.: Cytotoxicity of antibody-directed liposomes that recognize two receptors on K562 cells. *J. Natl. Cancer Inst.*, 1984, **73**: 127–131.
29 Budker, V. G. Mustaev, A. A., Pressman, E. K., Roschke, V. V., Vakhrusheva, T. E.: Adsorption of non-membrane proteins on the surface of model phospholipid membranes. *Biochim. Biophys. Acta*, 1982, **688**: 541–546.
30 Bussian, R. N., Wriston, J. C., Jr.: Influence of incorporated cerebrosides on the interaction of liposomes with HeLa cells. *Biochim. Biophys Acta.*, 1977, **471**: 336–340.
31 Cabantchik, Z. I., Volsky, D. J., Ginsberg, H., Loyter, A.: Reconstitution of erythrocyte anion transport system: *in vitro* and *in vivo* approaches. *Ann. NY Acad. Sci.*, 1981, **341**: 444–454.
32 Campbell, P. I., Harding, N. G. L., Ryman, B. E., Tyrrell, D. A.: Redistribution of altered excretion of digoxin in rats receiving digoxin antibodies incorporated in liposomes. *Eur. J. Biochem.*, 1980, **109**: 87–92.
33 Caride, V. J.: Liposomes in diagnostic radiology. *Biochem. Soc. Trans.*, 1984, **12**: 346–347.
34 Caride, V. J.: Liposomes as carriers of imaging agents. *CRC. Crit. Rev. Ther. Drug Car Systems*, 1985, **1**: 121–153.
35 Caride, V. J., Twickler, J., Zaret, B. L.: Liposome kinetics in infarcted canine myocardium. *J. Cardio. Pharmacol.*, 1984, **6**: 996–1005.
36 Caride, V. J., Zaret, B. L.: Liposome accumulation in regions of experimental myocardial infarction. *Science*, 1977, **198**: 735–737.
37 Carlsson, J., Drevin, H., Axen, R.: Protein thiolation and reversible protein-protein conjugation. N-succinimidyl 3-(2-pyridyldithio) propionate, a new heterobifunctional reagent. *Biochem. J.*, 1978, **173**: 723–737.
38 Cohen, C. M., Weissman, G., Hoffstein, S., Awasthi, Y. C., Srivastava, S. K.: Introduction of purified hexosaminidase A into Tay-Sachs leucocytes by means of immunoglobulin-coated liposomes. *Biochemistry*, 1976, **15**: 452–460.
39 Connor, J., Huang, L.: Efficient cytoplasmic delivery of a fluorescent dye by pH-sensitive immunoliposomes. *J. Cell. Biol.*, 1985, **101**: 582–589.
40 Connor, J., Sullivan, S., Huang, L.: Monoclonal antibody and liposomes. *Pharmac. and Ther.*, 1985, **28**: 341–365.
41 Curatolo, W., Yau, A. O., Small, D. M., Sears, B.: Lectin-induced agglutination of phospholipid/glycolipid vesicles. *Biochemistry*, 1978, **17**: 5740–5744.
42 Dahlgren, C., Kihlstrom, E., Magnusson, K.-E., Stendahl, O., Tagesson, C.: Interaction of liposomes with polymorphonuclear leucocytes. II. Studies on the consequences of interaction. *Exp. Cell. Res.*, 1977, **108**: 175–184.
43 Delovitch, T. D., Barber, B. H.: Evidence for two homologous, but non identical Ia molecules determined by I-E/C subregion. *J. Exp. Med.*, 1979, **150**: 100–107.

44 Derksen, J. T. P., Scherphof, G. L.: An improved method for the covalent coupling of proteins to liposomes. *Biochim. Biophys. Acta*, 1985, **814**: 151–155.
45 Dijkstra, J., Van Galen, W. J. M., Hulstaert, C. E., Kalicharan, D., Roerdink, F. H., Scherphof, G. L.: Interaction of liposomes with Kupffer cells *in vitro*. *Exp. Cell Res.*, 1984, **150**: 111–176.
46 Dijkstra, J., Van Galen, M., Regis, D., Scherphof, G.: Uptake and processing of liposomal phospholipids by Kupffer cells *in vitro*. *Eur. J. Biochem.*, 1985, **148**: 391–397.
47 Dijkstra, J., Van Galen, M., Scherphof, G. L.: Effects of ammonium chloride and chloroquine on endocytic uptake of liposomes by Kupffer cells *in vitro*. *Biochim. Biophys. Acta*, 1984, **804**: 58–67.
48 Dijkstra, J., Van Galen, M., Scherphof, G.: Effects of (dihydro)cytochalasin B, colchicine, monensin and trifluoperazine on uptake and processing of liposomes by Kupffer cells in culture. *Biochim. Biophys. Acta*, 1985, **845**: 34–42.
49 Dijkstra, J., Van Galen, M., Scherphof, G.: Influence of liposome charge on the association of liposomes with Kupffer cells *in vitro*. Effects of divalent cations and competition with latex particles. *Biochim. Biophys. Acta*, 1985, **813**: 287–297.
50 Doherty, P. C., Knowles, B. B., Wettstein, P. J.: Immunological surveillance of tumors in the context of major histocompatibility complex restriction of T cell function. *Adv. Cancer Res.*, 1984, **42**: 1–66.
51 Dubreuil, P.: Etude à l'aide d'anticorps monoclonaux et de clones lymphocytaires T du rôle des antigènes Ia dans la coopération cellulaire. Thèse de Doctorat de 3è cycle en Immunologie. Université d'Aix-Marseille II, Faculté des Sciences de Luminy, 1981.
52 Dudman, N. P. B., Siowiaczek, P., Tattersall, M. H. N.: Methotrexate rescue by 5-methyltetrahydrofolate or 5-formyltetrahydrofolate in lymphoblast cell lines. *Cancer Res.*, 1982, **42**: 502–507.
53 Dunnick, J. K., Badger, R. S., Takeda, Y., Kriss, J. P.: Vesicle interactions with antibody and peptide hormone: role of vesicle composition. *J. Nucl. Med.*, 1976, **17**: 1073–1076.
54 Dunnick, J. K., McDougall, I. R., Aragon, S., Goris, M. L., Kriss, J. P.: Vesicle interactions with polyaminoacids and antibody. *J. Nucl. Med.*, 1975, **16**: 483–487.
55 Endoh, H., Hàshimoto, Y., Kawashima, Y., Suzuki, Y.: Agglutination microassay of hapten or protein modified liposomes using a multiple cell culture harvester. *J. Immunol. Methods*, 1980, **36**: 185–195.
56 Endoh, H., Suzuki, Y., Hashimoto, Y.: Antibody coating of liposomes with 1-ethyl-3-(3-dimethyl-aminopropyl) carbodiimide and the effect on target specificity. *J. Immunol. Methods*, 1981, **44**: 79–86.
57 Eriksson, H., Baldetorp, B., Mattiasson, B., Sjogren, H-O.: A sensitive method to introduce membrane-bound proteins into recipient cells based on affinity enrichment of lipid vesicles to the recipient cell prior to fusion. *Biochim. Biophys. Acta*, 1985, **815**: 417–425.
58 Eriksson, H., Mattiasson, B., Sjogren, H-O.: Lectin-mediated binding of liposome-inserted membrane proteins to red blood cells. A method to detect binding of antibodies to purified rat histocompatibility antigen or binding of insulin to the insulin receptor. *J. Immunol. Methods*, 1984, **75**: 167–179.
59 Fidler, I. J., Hart, I. R., Raz, A., Fogler, W. E., Kirsh, R., Poste, G.: Activation of tumoricidal properties in macrophages by liposome-encapsulated lymphokines: *in vivo* studies. In *Liposomes and Immunobiology*, Tom, B. H. and Six, H. R. Eds, New York, Amsterdam: Elsevier/North Holland, 1980, pp. 109–118.
60 Finkelstein, M. C., Kuhn, S. H., Schieren, H., Weissmann, G., Hoffstein, S.: Selectivity in the uptake of liposomes by human leucocytes: A comparison of monocytes, lymphocytes and polymorphonuclear leukocytes. In *Liposomes and Immunobiology*, Tom. B. H. and Six, H. R. Eds, New York, Amsterdam: Elsevier/North Holland, 1980, pp. 255–270.
61 Finkelstein, M. C., Kuhn, S. H., Schieren, H., Weissmann, G., Hoffstein, S.: Liposome uptake by human leukocytes: enhancement of entry mediated by human serum and aggregated immunoglobulins. *Biochim. Biophys. Acta*, 1981, **673**: 286–302.
62 Finkelstein, M. C., Weissmann, G.: Targetting of liposomes. In *Liposomes: from Physical Structure to Therapeutic Application*, Knight, C. G. Ed., Amsterdam, New York: Elsevier/North Holland, 1981, Vol. 7: pp. 443–464.
63 Fishman, P. H., Moss, J., Richards, R. L., Brady, R. O., Alving, C. R.: Liposomes as model membranes for ligand-receptor interactions: studies with choleragen and glycolipids. *Biochemistry*, 1979, **18**: 2562–2567.
64 Fraley, R., Papahadjopoulos, D.: New generation of liposomes. The engineering of an efficient vehicle for intracellular delivery of nucleic acids. *Trends in Biochem. Sci.*, 1981, **6**: 77–80.

65 Fry, D. W., Goldman, I. D.: Further studies on the charge-related alterations of methotrexate transport in Ehrlich ascites tumor cells by ionic liposomes: correlation with liposome-cell association. *J. Membr. Biol.*, 1982, **66**: 87–95.
66 Fry, D. W., White, J. C., Goldman, I. D.: Alterations of the carrier-mediated transport of an anionic solute, methotrexate, by charged liposomes in Ehrlich ascites tumor cells. *J. Membr. Biol.*, 1979, **50**: 123–140.
67 Geiger, B., Gitler, C., Calef, E., Arnon, R.: Dynamics of antibody and lectin-mediated endocytosis of hapten containing liposomes by murine macrophages. *Eur. J. Immunol.*, 1981, **11**: 710–716.
68 Geisow, M. J.: Fluorescein conjugates as indicators of subcellular pH: a critical evaluation. *Exp. Cell Res.*, 1984, **150**: 29–35.
69 Geisow, M. J., D'Arcy Hart, P., Young, R.: Temporal changes of lysosome and phagosome pH during phagolysosome formation in macrophages: studies by fluorescence spectroscopy. *J. Cell. Biol.*, 1981, **89**: 645–652.
70 Geisow, M. J., Evans, W. H.: pH in endosome: measurements during pinocytosis and receptor-mediated endocytosis. *Exp. Cell Res.*, 1984, **150**: 36–46.
71 Ghosh, P., Das, P. K., Bachhawat, B. K.: Selective uptake of liposomes by different cell types of liver through the involvement of liposomal surface glycosides. *Biochem. Soc. Trans.*, 1981, **9**: 512–514.
72 Ghosh, P., Das, P. K., Bachhawat, B. K.: Targeting of liposomes towards different cell types of rat liver through the involvement of liposomal surface glycosides. *Arch. Biochem. Biophys.*, 1982, **213**: 266–270.
73 Gilbreath, M. J., Nacy, C-A, Hoover, D. L., Alving, C. R., Swartz, Jr. G. M., Meltzer, M. S.: Macrophage activation for microbicidal activity against *Leishmania major*: inhibition of lymphokine activation by phosphatidylcholine-phosphatidylserine liposomes. *J. Immunol.*, 1985, **134**: 3420–3425.
74 Godfrey, W., Doe, B., Wallace, E. F., Bredt, B., Wofsy, L.: Affinity targeting of membrane vesicles to cell surfaces. *Exp. Cell Res.*, 1981, **135**: 137–145.
75 Godfrey, W., Doe, B., Wofsy, L.: Immunospecific vesicle targeting facilitates microinjection into lymphocytes. *Proc. Natl. Acad. Sci. USA*, 1983, **80**: 2267–2271.
76 Goldenberg, D. M., Deland, F., Kim, E. E., Bennett, S. J., Primus, F. J., Van Nagell, J. R., Jr., Estes, N., De Simone, P., Rayburn, P.: Use of radiolabelled antibodies to carcinoembryonic antigen for detection and localisation of diverse cancers by external photoscanning. *New Engl. J. Med.*, 1978, **298**: 1384–1388.
77 Goundalkar, A., Ghose, T., Mezei, M.: Covalent binding of antibodies to liposomes using a novel lipid derivative. *J. Pharm. Pharmacol.*, 1984, **36**: 465–466.
78 Grant, G., McConnell, H. M.: Fusion of phospholipid vesicles with viable *Acholeplasma laidlawii*. *Proc. Natl. Acad. Sci. USA*, 1973, **70**: 1238–1240.
79 Grant, S. J., Babbitt, B. P., Huang, L.: Covalent coupling of α-bungarotoxin with palmitic acid. *Fed. Proc.*, 1980, **39**: 1618.
80 Gregoriadis, G.: Recent progress in liposome research. In *Liposomes in Biological Systems*, Gregoriadis, G. and Allison, A. C. Eds, Chichester, New York: John Wiley and Sons, 1980, pp. 377–398.
81 Gregoriadis, G.: Use of monoclonal antibodies and liposomes to improve drug delivery: present status and future implications. *Drugs*, 1982, **24**: 261–266.
82 Gregoriadis, G. (Ed): *Liposome Technology*, CRC Press Inc., 1984, Vol. I, II, III.
83 Gregoriadis, G., Allison, A. C. (Eds): *Liposomes in Biological Systems*, Chichester, New York: John Wiley and Sons, 1980.
84 Gregoriadis, G., Buckland, R. A.: Enzyme-containing liposomes alleviate a model for storage diseases. *Nature*, 1973, **244**: 170–172.
85 Gregoriadis, G., Neerunjun, E. D.: Homing of liposomes to target cells. *Biochem. Biophys. Res. Commun.*, 1975, **65**: 537–544.
86 Gregoriadis, G., Nerrunjun, D. E., Hunt, R.: Fate of liposome-associated agents injected into normal and tumour-bearing rodents: attempts to improve localization in tumour lines. *Life Sci.*, 1977, **21**: 357–370.
87 Gregoriadis, G., Senior, J.: Targeting of small unilamellar liposomes to the galactose receptor *in vivo*. *Biochem. Soc. Trans.*, 1984, **12**: 337–339.
88 Grosse, E., Kieda, C., Nicolau, C.: Flow cytofluorometric investigation of the uptake by hepatocytes and spleen cells of targeted and untargeted liposomes injected intravenously into mice. *Biochim. Biophys. Acta*, 1984, **805**: 354–361.

89 Guyden, J., Godfrey, W., Doe, B., Ousley, F., Wofsy, L.: Immunospecific vesicle targeting facilitates fusion with selected cell populations. Cell fusion. Pitman Books, London (Ciba foundation symposium **103**), 1984, 239–253.
90 Haffman, D. G., Lewis, J. T., McConnell, H. M.: Triggering of the macrophage and neutrophil respiratory burst by antibody bound to a spin label phospholipid hapten in model lipid membranes. *Biochemistry*, 1980, **19**: 5387–5394.
91 Haffman, D. G., Parce, J. W., McConnell, H. M.: Specific antibody-dependent activation of neutrophils by liposomes containing spin-label lipid haptens. *Biochem. Biophys. Res. Commun.*, 1979, **86**: 522–528.
92 Hagins, W. A., Yoshikami, S.: In Vertebrate Photoreception, Barlow, H. B. and Fatt, P. Eds, New York: Academic Press, 1978, pp. 97–139.
93 Harsch, M., Walter, P., Weder, H. G., Hengartner, H.: Targeting of monoclonal antibody-coated liposomes to sheep red blood cells. *Biochem. Biophys. Res. Comun.*, 1981, **103**: 1069–1076.
94 Hashimoto, Y., Sugawara, M., Endoh, H.: Coating of liposomes with subunits of monoclonal IgM antibody and targeting of the liposomes. *J. Immunol. Methods*, 1983, **62**: 155–162.
95 Heath, T. D., Fraley, R. T., Bentz, J., Voss, E. W. Jr., Herron, J. N., Papahadjopoulos, D.: Antibody-directed liposomes: Determination of affinity constants for soluble and liposome-bound antifluorescein. *Biochim. Bophys, Acta*, 1984, **770**: 148–158.
96 Heath, T. D., Fraley, R. T., Papahodjopoulos, D.: Antibody targeting of liposomes: cell specificity obtained by conjugation of F(ab') to vesicle surfaces. *Science*, 1981, **210**: 539–541.
97 Heath, T. D., Lopez, N. G., Papahodjopoulos, D.: The effects of liposome size and surface charge on liposome-mediated delivery of methotrexate-γ-aspartate to cells *in vitro*. *Biochim. Biophys. Acta*, 1985, **820**: 74–84.
98 Heath, T. D., Macher, B. A., Papahadjopoulos, D.: Covalent attachment of immunoglobulins to liposomes via glycosphingolipids. *Biochim. Biophys. Acta*, 1981, **640**: 66–81.
99 Heath, T. D., Martin, F. J., Macher, B. A.: Association of ganglioside-protein conjugates into cell and Sendai virus: requirement for the HN subunit in viral fusion. *Exp. Cell Res.*, 1983, **149**: 163–175.
100 Heath, T. D., Montgomery, J. A., Piper, J. R., Papahadjopoulos, D.: Antibody-targeted liposomes: increase in specific toxicity of methotrexate-γ-aspartate. *Proc. Natl. Acad. Sci. USA*, 1983, **80**: 1377–1381.
101 Heath, T. D., Robertson, D., Birbeck, M. S. C., Davies, A. J. S.: Covalent attachment of horseradish peroxidase to the outer surface of liposomes. *Biochim. Biophys. Acta*, 1980, **599**: 42–62.
102 Helenius, A., Morein, B., Fries, E., Simmons, K., Robinson, P., Schirrmacher, V., Terhorst, C., Strominger, J. L.: Human (HLA-A and HLA-B) and murine (H-2K and H-2D) histocompatibility antigens are cell surface receptors for Semliki Forest virus. *Proc. Natl. Acad. Sci. USA*, 1978, **75**: 3846–3850.
103 Hernandez-Yago, J., Knecht, E., Martinez-Ramon, A., Grisolia, S.: Autophagy of ferritin incorporated into the cytosol of Hela cells by liposomes. *Cell Tissue Res.*, 1980, **205**: 303–309.
104 Ho, R. J. Y., Huang, L.: Interaction of antigen-sensitized liposomes with immobilized antibody: an homogeneous solid-phase immunoliposome assay. *J. Immunol.*, 1985, **134**: 4035–4040.
105 Hong, K., Friend, D. S., Glabe, C. G., Papahadjopoulos, D.: Liposomes containing colloidal gold are a useful probe of liposome-cell interactions. *Biochim. Biophys. Acta*, 1983, **732**: 320–323.
106 Huang, A., Huang, L., Kennel, S. J.: Monoclonal antibody covalently coupled with fatty acid. *J. Biol. Chem.*, 1980, **255**: 8015–8018.
107 Huang, A., Kennel, S. J., Huang, L.: Immune liposome labelling: a sensitive and specific method for cell-surface labelling. *J. Immunol. Methods*, 1981, **46**: 141–151.
108 Huang, A., Kennel, S., Huang, L.: Interactions of immunoliposomes with target cells. *J. Biol. Chem.*, 1983, **258**: 14034–14040.
109 Huang, A., Tsao, Y. S., Kennel, S. J., Huang, L.: Characterization of antibody covalently coupled to liposomes. *Biochim. Biophys. Acta*, 1982, **716**: 140–150.
110 Huang, L., Kennel, S. J.: Binding of immunoglobulin G to phospholipid vesicles by sonication. *Biochemistry*, 1979, **18**: 1702–1707.
111 Huang, L., Pagano, R. E.: Interaction of phospholipid vesicles with cultured mammalian cells. I. Characteristics of uptake. *J. Cell Biol.*, 1975, **67**: 38–48.
112 Huang, R. T. C.: Cell adhesion mediated by glycolipids. *Nature*, 1978, **276**: 624–626.

113 Huet, C., Ash, J. F., Singer, S. J.: The antibody-induced clustering and endocytosis of HLA antigens on cultured human fibroblasts. *Cell*, 1980, **21**: 429–438.
114 Hunt, G. R. A.: A comparison of Triton X-100 and the bile salt taurocholate as micellar ionophores or fusogens in phospholipid vesicular membranes. *FEBS Lett.*, 1980, **119**: 132–136.
115 Ishimori, Y., Yasuda, T., Tsumita, T., Notsuki, M., Koyama, M., Tadakuma, T.: Liposome immune lysis assay (LILA): a simple method to measure anti-protein antibody using protein antigen-bearing liposomes. *J. Immunol. Methods*, 1984, **75**: 351–360.
116 Ismail, G., Boxer, L. A., Bachner, R. L.: Utilization of liposomes for correction of the metabolic and bactericidal deficiencies in chronic granulomatous disease. *Pediatr. Res.*, 1979, **13**: 769–773.
117 Jansons, V. K.: Preparation and analysis of antibody-targeted liposomes. In *Liposome Technology*, Gregoriadis, G. Ed., Boca Raton: CRC Press, 1984, Vol. III: pp. 63–73.
118 Jansons, V. K., Mallett, P. L.: Targeted liposomes: a method for preparation and analysis. *Analyt. Biochem.*, 1981, **111**: 54–59.
119 Johnson, D. C., Wittels, M., Spear, P. G.: Binding to cells of virosomes containing Herpes simplex virus Type 1 glycoproteins and evidence for fusion. *J. Virol.*, 1984, **52**: 238–247.
120 Jolivet, J., Cowan, K. H., Curt, G. A., Clendeninn, N. J., Chabner, B. A.: Medical progress: the pharmacology and clinical use of methotrexate. *New Engl. J. Med.*, 1983, **309**: 1094–1104.
121 Jonah, M. M., Cerny, E. A., Rahman, Y. E.: Tissue distribution of EDTA encapsulated within liposomes containing glycolipids or brain phospholipids. *Biochim. Biophys. Acta*, 1978, **541**: 321–333.
122 Juliano, R. L., Stamp, D.: Lectin-mediated attachment of glycoprotein-bearing liposomes to cells. *Nature*, 1976, **261**: 235–238.
123 Khaw, B. A., Fallon, J. T., Strauss, H. W., Haber, E.: Myocardial infarct imaging of antibodies to canine cardiac myosin with indium-111-diethylenetriamine pentaacetic acid. *Science*, 1980, **209**: 295–297.
124 Kimelberg, H. K.: Liposomes as carriers for methotrexate. In *Liposomes in Biological Systems*, Gregoriadis, G. and Allison, A. C. Eds, Chichester, New York: John Wiley and Sons, 1980, pp. 219–248.
125 Kinsky, S. C.: Immunogenicity of liposomal model membranes. *Ann. NY Acad. Sci.*, 1978, **308**: 111–123.
126 Kinsky, S. C., Hashimoto, K., Loader, J. E., Benson, A. L.: Synthesis of N-hydroxysuccinimide esters of phosphatidylethanolamine and some properties of liposomes containing these derivatives. *Biochim. Biophys. Acta*, 1984, **769**: 543–550.
127 Kinsky, S. C., Loader, J. E., Benson, A. L.: An alternative procedure for the preparation of immunogenic liposomal model membranes. *J. Immunol. Methods*, 1985, **65**: 295–306.
128 Kinsky, S. C., Nicolotti, R. A.: Immunological properties of model membranes. *Ann. Rev. Biochem.*, 1977, **46**: 49–67.
129 Kung, V. T., Maxim, P. E., Veltri, R. W., Martin, F. J.: Antibody-bearing liposomes improve agglutination of latex particles used in clinical diagnostic assays. *Biochim. Biophys. Acta*, 1985, **839**: 105–109.
130 Lafuse, W. M., Corser, P. S., David, C. S.: Biochemical evidence for multiple I-E Ia molecules. *Immunogenetics*, 1982, **15**: 365–375.
131 Lehrman, M. A., Goldstein, J. L., Brown, M. S., Russell, D. W., Schneider, W. J.: Internalization-defective LDL receptors produced by genes with nonsense and frame shift mutations that truncate the cytoplasmic domain. *Cell*, 1985, **41**: 735–743.
132 Leserman, L. D.: Immunologic targeting of liposomes. In *Liposomes, Drugs and Immunocompetent Cell Functions*, Nicolau, C. and Paraf, A. Eds, London, New York: Academic Press, 1981, pp. 109–122.
133 Leserman, L. D., Barbet, J., Kourilsky, F. M., Weinstein, J. N.: Targeting to cells of fluorescent liposomes covalently coupled with monoclonal antibody or protein A. *Nature*, 1980, **288**: 602–604.
134 Leserman, L. D., Barbet, J., Machy, P.: Model systems for studies of liposome-cell interaction. In *Liposome Methodology*, Leserman, L. D. and Barbet, J. Eds, Paris: Editions INSERM, 1982, Vol. 107: pp. 39–47.
135 Leserman, L. D., Machy, P., Barbet, J.: Cell-specific drug transfer from liposomes bearing monoclonal antibodies. *Nature*, 1981, **293**: 226–228.
136 Leserman, L. D., Machy, P., Barbet, J.: Covalent coupling of monoclonal antibodies and protein A to liposomes: specific interaction with cells *in vitro* and *in vivo*. In *Liposome Technology*, Gregoriadis, G. Ed., Boca Raton: CRC Press, 1984, Vol. III: pp. 29–40.

137 Leserman, L. D., Weinstein, J. N.: Receptor mediated binding and endocytosis of drug-containing liposomes by tumor cells. In *Liposomes and Immunobiology*, Tom, B. H. and Six, H. R. Eds, New York, Amsterdam: Elsevier/North Holland, 1980, pp. 241–251.

138 Leserman, L. D., Weinstein, J. N., Blumenthal, R., Sharrow, S. O., Terry, W. D.: Binding of antigen-bearing fluorescent liposomes to the murine myeloma tumor MOPC 315. *J. Immunol.*, 1979, **122**: 585–591.

139 Leserman, L. D., Weinstein, J. N., Blumenthal, R., Terry, W. D.: Receptor-mediated endocytosis of antibody opsonized liposomes by tumor cells. *Proc. Natl. Acad. Sci. USA*, 1980, **77**: 4089–4093.

140 Leserman, L. D., Weinstein, J. N., Moore, J. J., Terry, W. D.: Specific interaction of myeloma tumor cells with hapten-bearing liposomes containing methotrexate and carboxyfluorescein. *Cancer Res.*, 1980, **40**: 4768–4774.

141 Lewis, J. T., Hafeman, D. G., McConnell, H. M.: Kinetics of antibody-dependent binding of haptenated phospholipid vesicles to a macrophage-related cell line. *Biochemistry*, 1980, **19**: 5376–5386.

142 Lindahl, P., Levy, P., Gresser, I.: Enhancement by interferon of the expression of surface antigens on murine leukemia L1210 cells. *Proc. Natl. Acad. Sci. USA*, 1973, **70**: 2785–2788.

143 Machy, P.: Interactions spécifiques entre cellules lymphoïdes et liposomes couplés de façon covalente à des anticorps monoclonaux ou à la protéine A. Thèse de Doctorat de 3ème cycle en Immunologie, Université d'Aix-Marseille II, Faculté des Sciences de Luminy, 1982.

144 Machy, P., Arnold, B., Alino, S., Dalton, B., Leserman, L. D.: Interferon responsive and non-responsive MHC variants of a murine thymoma. In *Advances in gene technology: molecular biology of the endocrine system*, Puett, D., Ahmad, F., Black, S., Lopez, D. M., Melner, M. H., Scott, W. A. and Whelan, W. J. Eds, ISCU short reports, 1986, Vol. **4**: pp. 384–385.

145 Machy, P., Arnold, B., Alino, S., Leserman, L. D.: Interferon sensitive and insensitive MHC variants of a murine thymoma differentially resistant to methotrexate-containing antibody-directed liposomes and immunotoxin. *J. Immunol.*, 1986, **136**: 3110–3115.

146 Machy, P., Barbet, J., Leserman, L. D.: Differential endocytosis of T and B lymphocyte surface molecules evaluated with antibody-bearing fluorescent liposomes containing methotrexate. *Proc. Natl. Acad. Sci. USA*, 1982, **79**: 4148–4152.

147 Machy, P., Leserman, L. D.: Small liposomes are better than large liposomes for specific drug delivery *in vitro*. *Biochem. Biophys. Acta*, 1983, **730**: 313–320.

148 Machy, P., Leserman, L. D.: Freezing of liposomes. In *Liposome Technology*, Gregoriadis, G. Ed., Boca Raton: CRC Press, 1984, Vol. I: pp. 221–233.

149 Machy, P., Leserman, L. D.: Elimination or rescue of cells in culture by specifically targeted liposomes containing methotrexate or formyl-tetrahydrofolate. *EMBO J.*, 1984, **3**: 1971–1977.

150 Machy, P., Leserman, L. D.: Liposomes for negative or positive cell selection. Actualité de Chimie Thérapeutique, 12e série, 1985, pp. 169–181.

151 Machy, P., Pierres, M., Barbet, J., Leserman, L. D.: Drug transfer into lymphoblasts mediated by liposomes bound to distinct sites on H-2 encoded I-A, I-E and K molecules. *J. Immunol.*, 1982, **129**: 2098–2102.

152 Magee, W. E., Cronenberger, J. H., Thor, D. E.: Marked stimulation of lymphocyte-mediated attack on tumor cells by target-directed liposomes containing immune RNA. *Cancer Res.*, 1978, **38**: 1173–1176.

153 Magee, W. E., Goff, C. W., Schoknecht, J., Smith, M. D., Cherian, K.: The interaction of actionic liposomes containing entrapped horseradish peroxidase with cells in culture. *J. Cell. Biol.*, 1974, **63**: 492–504.

154 Margolis, L. B., Bergelson, L. D.: Lipid-cell interactions. Induction of microvilli on the cell surface by liposomes. *Exp. Cell Res.*, 1979, **119**: 145–150.

155 Margolis, L. B., Dorfman, N. A.: Preparation of liposomes processing immunologic specificity. *Biull. Eksp. Biol. Med.*, 1977, **83**: 53–57.

156 Martin, F. J., Hubbell, L., Papahadjopoulos, D.: Immunospecific targeting of liposomes to cells: a novel and efficient method for covalent attachment of Fab' fragments via disulfide bonds. *Biochemistry*, 1981, **20**: 4229–4238.

157 Martin, F. J., McDonald, R. C.: Lipid vesicle-cell interactions. III. Introduction of a new antigenic determinant into erythrocyte membranes. *J. Cell. Biol.*, 1976, **70**: 515–526.

158 Martin, F. J., Papahadjopoulos, D.: Irreversible coupling of immunoglobulin fragments to preformed vesicles. *J. Biol. Chem.*, 1982, **257**: 286–288.

159 Mattenberger-Kreber, L., Auderset, G., Schneider, M., Louis-Broillet, A., Benedetti, M. S., Malnoe, A.: Phagocytosis of liposomes by mouse peritoneal macrophages. *Experientia*, 1976, **32**: 1522–1524.

160 Matthay, K. K., Heath, T. D., Papahadjopoulos, D.: Specific enhancement of drug delivery to AKR lymphoma by antibody-targeted small unilamellar vesicles. *Cancer Res.*, 1984, **44**: 1880–1886.

161 Mauk, M. R., Gamble, R. C., Baldeschwieler, J. D.: Vesicle targeting: timed release and specificity for leucocytes in mice by subcutaneous injection. *Science*, 1980, **207**: 309–311.

162 Mauk, M. R., Gamble, R. C., Baldeschwieler, J. D.: Targeting of lipid vesicles: specificity of carbohydrate receptor analogues for leucocytes in mice. *Proc. Natl. Acad. Sci. USA*, 1980, **77**: 4430–4434.

163 Morein, B., Barz, D., Koszinowski, U., Schirrmacher, U.: Integration of a virus membrane protein into the lipid bilayer of target cells as a prerequisite for immune cytolysis. Specific cytolysis after virosome-target cell fusion. *J. Exp. Med.*, 1979, **150**: 1383–1398.

164 Nicolau, C.: Liposomes for gene transfer and expression *in vivo*. *Biochem. Soc. Trans.*, 1984, **12**: 349–350.

165 Norman Palmer, T., Caldecourt, M. A., Kingary, R. O.: Liposomal drug delivery in chronic ischaemia. *Biochem. Soc. Trans.*, 1984, **12**, 344–345.

166 Ohkuma, S., Poole, B .: Fluorescence probe measurement of the intralysosomal pH in living cells and the perturbation of pH by various agents. *Proc. Natl. Acad. Sci. USA*, 1978, **75**: 3327–3331.

167 Ozato, K., Huang, L., Pagano, R. E.: Interactions of phospholipid vesicles with murine lymphocytes. II. Correlation between altered surface properties and enhanced proliferation response. *Membr. Biochem.*, 1978, **1**: 27–42.

168 Ozato, K., Sachs, D. H.: Detection of at least two distinct mouse I-E antigen molecules by the use of monoclonal antibodies. *J. Immunol.*, 1982, **128**: 807–810.

169 Pagano, R. E., Huang, L.: Interaction of phospholipid vesicles with cultured mammalian cells. II. Studies of mechanism. *J. Cell. Biol.*, 1975, **67**: 49–60.

170 Pagano, R. E., Huang, L., Wey, C.: Interaction of phospholipid vesicles with cultured mammalian cells. *Nature*, 1974, **252**: 166–167.

171 Pagano, R. E., Martin, O. C., Schroit, A. J., Struck, D. K.: Formation of asymmetric phospholipid membranes via spontaneous transfer of fluorescent lipid analogues between vesicle populations. *Biochemistry*, 1981, **20**: 4920–4927.

172 Pagano, R. E., Sandra, A., Takeichi, M.: Interactions of phospholipid vesicles with mammalian cells. *Ann. N.Y. Acad. Sci.*, 1978, **308**: 185–199.

173 Pagano, R. E., Schroit, A. J., Stuck, D. K.: Interactions of phospholipid vesicles with mammalian cells *in vitro*: studies of mechanism. In *Liposomes: from Physical Structure to Therapeutic Applications*, Knight, C. G. Ed., Amsterdam, New York: Elsevier/North Holland, 1981, Vol. 7: pp. 324–348.

174 Pagano, R. E., Takeichi, M.: Adhesion of phospholipid vesicles to Chinese hamster fibroblasts: role of cell surface proteins. *J. Cell Biol.*, 1977, **74**: 531–546.

175 Pagano, R. E., Weinstein, J. N.: Interaction of liposomes with mammalian cells. *Ann. Rev. Biophys. Bioeng.*, 1978, **7**: 435–468.

176 Papahadjopoulos, D., Heath, T., Bragman, K., Matthay, K.: New methodology for liposome targeting to specific cells. *Ann. N.Y. Acad. Sci.*, 1986, **446**: 341–348.

177 Papahadjopoulos, D., Heath, T., Martin, F., Fraley, R., Straubinger, R.: Development of liposomes as an efficient carrier system: new methodology for cell targeting and intracellular delivery of drugs and DNA. In *Targeting of Drugs*, Gregoriadis, G., Senior, J. and Trouet, A. Eds, New York: Plenum Press, 1982, Vol. 47: pp. 375–391.

178 Papahadjopoulos, D., Mayhew, E., Poste, G., Smith, S., Vail, W. I.: Incorporation of lipid vesicles by mammalian cells provides a potential method for modifying cell behaviour. *Nature*, 1974, **252**: 163–166.

179 Patel, H. M.: Liposomes: bags of challenge. *Biochem. Soc. Trans.*, 1984, **12**: 333–335.

180 Patel, H. M., Ryman, B. E.: Systemic and oral administration of liposomes. In *Liposomes: from Physical Structure to Therapeutic Applications*, Knight, C. G. Ed., Amsterdam, New York: Elsevier/North Holland, 1981, Vol. 7: pp. 409–441.

181 Pernis, B.: Internalization of lymphocyte membrane components. *Immunol. Today*, 1985, **6**: 45–49.

182 Pernis, B., Tse, D. B.: Dynamics of MHC molecules in lymphoid cells: facts and speculations. In *Cell biology of the major histocompatibility complex*, Pernis, B. and Vogel, H. J. Eds, New York, Academic Press, 1985, pp. 152–164.
183 Petri, W. A., Wagner, R. R.: Reconstitution into liposomes of the glycoprotein of Vesicular Stomatitis virus by detergent dialysis. *J. Biol. Chem.*, 1979, **254**: 4313–4316.
184 Petty, H., R. Hafeman, D. G., McConnell, H. M.: Disappearance of macrophage surface folds after antibody-dependent phagocytosis. *J. Cell. Biol.*, 1981, **89**: 223–229.
185 Piper, J. R., Montgomery, J. A., Sirotnak, F. M., Chello, P. L.: Synthesis of α- and γ-substituted amides, peptides, and esters of methotrexate and their evaluation as inhibitors of folate metabolism. *J. Med. Chem.*, 1982, **25**: 182–187.
186 Ponpipom, M. M., Shen, T. Y., Baldeschwieler, J. D., Wu, P. S.: Modification of liposome surface properties by synthetic glycolipids. In *Liposome Technology*, Gregoriadis, G. Ed., Boca Raton: CRC Press, 1984, Vol. 3: pp. 95–115.
187 Poste, G., Kirsh, R., Fogler, W. E., Fidler, I. J.: Activation of tumoricidal properties in mouse macrophages by lymphokines encapsulated in liposomes. *Cancer Res.*, 1979, **39**: 881–892.
188 Poste, G., Kirsh; R., Raz, A., Sone, S., Bucana, C., Fogler, W., Fidler, I. J.: Activation of tumoricidal properties in macrophages by liposome-encapsulated lymphokines: *in vitro* studies. In *Liposomes and Immunobiology*, Tom, B. H. and Six, H. R. Eds, New York, Amsterdam: Elsevier/North Holland, 1980, pp. 93–107.
189 Poste, G., Papahadjopoulos, D.: Lipid vesicles as carriers for introducing materials into cultured cells: influence of vesicle lipid composition on mechanism(s) of vesicle incorporation into cells. *Proc. Natl. Acad. Sci. USA*, 1976, **73**: 1603–1607.
190 Ralston, E., Hjelmeland, L. M., Klausner, R. D., Weinstein, J. N., Blumenthal, R.: Carboxyfluorescein as a probe for liposome-cell interactions: effect of impurities, and purification of the dye. *Biochim. Biophys. Acta*, 1981, **649**: 133–137.
191 Rando, R. R., Bangerter, F. W.: Threshold effects on the lectin-mediated aggregation of synthetic glycolipid-containing liposomes. *J. Supramol. Struct.*, 1979, **11**: 295–309.
192 Redwood, W. R., Polefka, T. G.: Interaction of wheat germ agglutinin with phosphatidylcholine liposomes containing incorporated monosialoganglioside. *Biochim. Biophys. Acta*, 1976, **455**: 631–643.
193 Reisine, T., Rougon, G., Barbet, J.: Liposomes delivery of cyclic AMP-Dependent protein kinase inhibitor into intact cells: specific blockade of cyclic AMP-mediated adrenocorticotropin release from mouse anterior pituitary tumor cells. *J. Cell Biol.*, 1986, **102**: 1630–1637.
194 Reisine, T., Rougon, G., Barbet, J., Affolter, H. U.: Corticotropin-releasing factor-induced adrenocorticotropin hormone release and synthesis is blocked by incorporation of the inhibitor of cyclic AMP-dependent protein kinase into anterior pituitary tumor cells by liposomes. *Proc. Natl. Acad. Sci. USA*, 1985, **82**: 8261–8265.
195 Roerdink, F. H., Dijkstra, J., Spanjer, H. H., Scherphof, G. L. Interaction of liposomes with hepatocytes and Kupffer cells *in vivo* and *in vitro*. *Biochem. Soc. Trans.*, 1984, **12**: 335–336.
196 Roessner, C. A., Struck, D. K., Ihler, G. M.: Injection of DNA into liposomes by bacteriophage λ. *J. Biol. Chem.*, 1983, **258**: 643–648.
197 Sanderson, A. R., Beverley, P. C. L.: Interferon, β2-microglobulin and immunoselection in the pathway to malignancy. *Immunol. Today*, 1983, **4**: 211–213.
198 Sandra, A., Pagano, R. E.: Liposome-cell interactions. Studies of lipid transfer using isotopically asymmetric vesicles. *J. Biol. Chem.*, 1979, **254**: 2244–2249.
199 Schaefer-Ridder, M., Wang, Y., Hofschneider, P. H.: Liposomes as gene carrier: efficient transformation of mouse L cells by thymidine kinase gene. *Science*, 1982, **215**: 166–168.
200 Schieren, H.: The interaction of native and aggregated immunoglobulin with multilamellar vesicles, large unilamellar vesicles and spin-labelled steric acid. Ph.D. dissertation, New York University, 1980.
201 Schieren, H., Weissmann, G., Seligman, M., Coleman, P.: Interaction of immunoglobulins with liposomes: an ESR and diffusion study demonstrating protection by hydrocortisone. *Biochem. Biophys. Res. Commun.*, 1978, **82**: 1160–1167.
202 Sharkey, R. M., Primus, F. J., Goldenberg, D. M.: Second antibody clearance of radiolabelled antibody in cancer radioimmunodetection. *Proc. Natl. Acad. Sci. USA*, 1984, **81**: 2843–2846.
203 Sheehy, R. E., Lurquin, P. F.: Targeting of large liposomes with lectins increases their binding to plant protoplasts. *Plant Physiol.*, 1983, **72**: 386–390.
204 Shek, P. N., Heath, T. D.: Immune response mediated by liposome-associated protein antigens.

III. Immunogenicity of bovine serum albumin covalently coupled to vesicle surface. *Immunology*, 1983, **50**: 101–106.
205 Shen, D. F., Huang, A., Huang, L.: An improved method for covalent attachment of antibody to liposomes. *Biochim. Biophys. Acta*, 1982, **689**: 31–37.
206 Sinha, D., Karush, F.: Attachment to membranes of exogenous immunoglobulin conjugated to a hydrophobic anchor. *Biochem. Biophys. Res. Commun.*, 1979, **90**: 554–560.
207 Sinha, D., Karush, F.: Conjugation of a hydrophobic anchor to rabbit Fab' and its attachment to liposomal membranes. *Fed. Proc.*, 1980, **39**: 1761.
208 Sinha, D., Karush, F.: Specific reactivity of lipid vesicles conjugated with oriented anti-lactose antibody fragments. *Biochim. Biophys. Acta*, 1982, **684**: 187–194.
209 Sjodahl, J.: Structural studies on the four repetitive Fc-binding regions in protein A from *Staphylococcus aureus*. *Eur. J. Biochem.*, 1977, **78**: 471–490.
210 Slama, J. S., Rando, R. R.: Lectin-mediated aggregation of liposome containing glycolipids with variable hydrophilic spacer arms. *Biochemistry*, 1980, **19**: 4595–4600.
211 Sleight, R. G., Pagano, R. E.: Transport of a fluorescent phosphatidylcholine analog from the plasma membrane to the Golgi apparatus. *J. Cell. Biol.*, 1984, **99**: 742–751.
212 Sleight, R. G., Pagano, R. E.: Transbilayer movement of a fluorescent phosphatidylethanolamine analogue across the plasma membranes of cultured mammalian cells. *J. Biol. Chem.*, 1985, **260**: 1146–1154.
213 Sly, W. S. In *Structure and Function of the Gangliosides*, Stennerholm, L., Mandel, P., Dreyfus, H. and Urban, P. G. Eds, New York: Plenum Publishing Co., 1980, pp. 433–451.
214 Soriano, P., Dijkstra, J., Legrand, A., Spanjer, H., Londos-Gagliardi, D. Roerdink, F., Scherphof, G., Nicolau, C.: Targeted and nontargeted liposomes for *in vivo* transfer to rat liver cells of a plasmid containing the preproinsulin I gene. *Proc. Natl. Acad. Sci. USA*, 1983, **80**: 7128–7131.
215 Spanjer, H. H., Scherphof, G. L.: Targeting of lactosylceramide-containing liposomes to hepatocytes *in vivo*. *Biochim. Biophys. Acta*, 1983, **734**: 40–47.
216 Spiegel, S., Skutelsky, E., Bayer, E. A., Wilchek, M.: A novel approach for the topographical localization of glycolipids on the cell surface. *Biochim. Biophys. Acta*, 1982, **687**: 27–34.
217 Stendhal, O., Tagesson, C.: Interaction of liposomes with polymorphonuclear leukocytes. I. Studies on the mode of interaction. *Exp. Cell. Res.*, 1977, **108**: 167–174.
218 Straubinger, R. M., Hong, K., Friend, D., Papahadjopoulos, D.: Endocytosis of liposomes and intracellular fate of encapsulated molecules: encounter with a low pH compartment after internalization in coated vesicles. *Cell*, 1983, **32**: 1069–1079.
219 Struck, D. K., Pagano, R. E.: Insertion of fluorescent phospholipids into the plasma membrane of a mammalian cell. *J. Biol. Chem.*, 1980, **255**: 5404–5410.
220 Surolia, A., Bachhawat, B. K.: Monosialoganglioside liposome-entrapped enzyme uptake by hepatic cells. *Biochim. Biophys. Acta*, 1977, **497**: 760–765.
221 Szoka, F., Jacobson, K., Derzko, Z.: Phospholipid vesicle-cell interactions studied by fluorescence techniques. *Ann. N.Y. Acad. Sci.*, 1978, **308**: 437.
222 Szoka, F., Jacobson, K., Derzko, Z., Papahadjopoulos, D.: Fluorescence studies on the mechanism of liposome-cell interactions *in vitro*. *Biochim. Biophys. Acta*, 1980, **600**: 1–18.
223 Szoka, F., Magnusson, K. E., Wojcieszyn, J., Hou, Y., Derzko, Z., Jacobson, K.: Use of lectins and polyethylene glycol for fusion of glycolipid-containing liposomes with eucaryotic cells. *Proc. Natl. Acad. Sci. USA*, 1981, **78**: 1685–1689.
224 Takada, M., Yuzuriha, T. Katayama, K. Iwamoto, K., Sunamoto, J.: Increased lung uptake of liposomes coated with polysaccharides. *Biochim. Biophys. Acta*, 1984, **802**: 237–244.
225 Teradaira, R., Kolb-Bachofen, V., Schlepper-Schaffer, J., Kolb, H.: Galactose-particle receptor on liver macrophages. Quantitation of particle uptake. *Biochim. Biophys. Acta*, 1983, **759**: 306–310.
226 Tolleshaug, H., Hobgood, K. K., Brown, M., Goldstein, J. L.: The LDL receptor locus in familial hypercholesterolemia: multiple mutations disrupt transport and processing of a membrane receptor. *Cell*, 1983, **32**: 941–951.
227 Tom, B. H., Six, H. R. (Eds): *Liposomes and Immunobiology*, New York, Amsterdam: Elsevier/North Holland, 1980.
228 Torchilin, V. P.: Liposomes as targetable drug carriers. *CRC Crit. Rev. Ther. Drug. Cat. Systems*, 1984, **2**: 65–115.

229 Torchilin, V. P. Berdichevsky, V. R., Baruskov, A. A., Smirnov, V. N.: Coating of liposomes with protein decreases their capture by macrophages. *FEBS Lett.*, 1980, **111**: 184–188.
230 Torchilin, V. P., Goldmacher, V. S., Smirnov, V. N.: Comparative study on covalent and noncovalent immobilization of enzymes on the surface of liposomes. *Biochem. Biophys. Res. Comm.*, 1978, **85**: 983–990.
231 Torchilin, V. P., Khaw, B. A., Berdichevsky, V. R., Barsukov, A. A., Klibanov, A. L., Smirnov, V. N., Haber, E.: Complexes of liposomes with immunoglobulins and sialoglycoproteins. *Bull. Exp. Biol. Med.*, 1983, **65**: 51–65.
232 Torchilin, V. P., Khaw, B. A., Smirnov, V. N., Haber, E.: Preservation of antimyosin antibody activity after covalent coupling to liposomes. *Biochem. Biophys. Res. Commun.*, 1979, **89**: 1114–1119.
233 Torchilin, V. P. Klibanov, A. L., Smirnov, V. N.: Phosphatidylinositol may serve as a hydrophobic anchor for immobilization of protein on liposome surface. *FEBS Lett.*, 1982, **138**: 117–120.
234 Truneh, A., Machy, P., Barbet, J., Mishal, Z., Lemonnier, F. A., Leserman, L. D.: Endocytosis of HLA and H–2 molecules on transformed murine cells measured by fluorescence dequenching of liposome-encapsulated carboxyfluorescein. *EMBO J.*, 1983, **2**: 2285–2291.
235 Truneh, A., Mishal, Z., Barbet, J., Machy, P., Leserman, L. D.: Endocytosis of liposomes bound to cell surface proteins measured by flow cytofluorometry. *Biochem. J.*, 1983, **214**: 189–194.
236 Truneh, A., Mishal, Z., Leserman, L. D.: A calmodulin antagonist increases the rate of endocytosis of liposomes bound to MHC molecules via monoclonal antibodies. *Exp. Cell. Res.*, 1984, **155**: 50–63.
237 Tse, D. B., Pernis, B.: Spontaneous internalization of class I major histocompatibility complex molecules in T lymphoid cells. *J. Exp. Med.*, 1984, **159**: 193–207.
238 Uchida, T., Kim, J., Yamaizumi, M., Miyake, Y., Okada, Y.: Reconstitution of lipid vesicles associated with HVJ (Sendai virus) spikes. Purification and some properties of vesicles containing non toxic fragment A of Diphtheria toxin. *J. Cell. Biol.*, 1979, **80**: 10–20.
239 Uemura, K., Kinsky, S. C.: Active vs passive sensitization of liposomes toward antibody and complement by dinitrophenylated derivatives of phosphatidylethanolamine. *Biochemistry*, 1972, **11**: 4085–4094.
240 Urdal, D. L., Hakomori, S.-I.: Tumor-associated ganglio-N-triosylceramide: target for antibody-dependent avidin-mediated drug killing of tumor cells. *J. Biol. Chem.*, 1980, **255**: 10509–10516.
241 Van Berkel, T. J. C., Kruijt, J. K., Spanjer, H. H., Nagelkerke, J. F., Harkes, L., Kempen, H-J. M.: The effect of a water-soluble tris-galactoside-terminated cholesterol derivative of the fate of low density lipoproteins and liposomes. *J. Biol. Chem.*, 1985, **260**: 2694–2699.
242 Van Der Bosch, J., McConnell, H. M.: Fusion of dipalmitoyl phosphatidylcholine vesicle membranes induced by *concanavalin A*. *Proc. Natl. Acad. Sci. USA*, 1975, **72**: 4409–4413.
243 Vidal, M., Sainte Marie, J., Philippot, J. R., Bienvenue, A.: LDL-mediated targeting of liposomes to leukemic lymphocytes *in vitro*. *EMBO J.*, 1985, **4**: 2461–2467.
244 Weinstein, J. N., Blumenthal, R., Sharrow, S. O., Henkart, P. A.: Antibody-mediated targeting of liposomes: binding to lymphocytes does not ensure incorporation of vesicle contents into the cells. *Biochim. Biophys. Acta*, 1978, **509**: 272–288.
245 Weinstein, J. N., Leserman, L. D.: Liposomes as drug carriers in cancer chemotherapy. *Pharmacol. Therapeut.*, 1984, **24**: 207–233.
246 Weinstein, J. N., Yoshikami, S., Henkart, P. A., Blumenthal, R., Hagins, W. A.: Liposome-cell interaction: transfer and intracellular release of a trapped fluorescent marker. *Science*, 1977, **195**: 489.
247 Weissmann, G., Bloomgarden, D., Kaplan, R., Cohen, C., Hoffstein, S., Collins, T., Gottlieb, A., Nagle, D.: A general method for the introduction of enzyme by means of immunoglobulin-coated liposomes, into lysosomes of deficient cells. *Proc. Natl. Acad. Sci. USA*, 1975, **72**: 88–92.
248 Weissmann, G., Brand, A., Franklin, E. C.: Interaction of immunoglobulins with liposomes. *J. Clin. Invest.*, 1974, **53**, 536–543.
249 Weissmann, G., Cohen, C., Hoffstein, S.: Introduction of enzymes, by means of liposomes, into non-phagocytic human cells *in vitro*. *Biochim. Biophys. Acta*, 1977, **498**: 375–385.
250 Weissmann, G., Korchak, H., Finkelstein, M., Smolen, J., Hoffstein, S.: Uptake of enzyme-laden liposomes by animal cells *in vitro* and *in vivo*. *Ann. N.Y. Acad. Sci.*, 1978, **308**: 235–249.

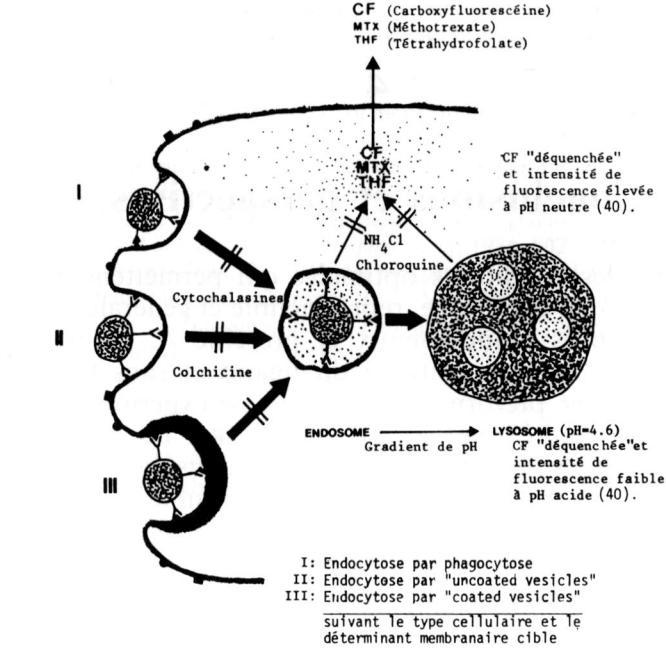

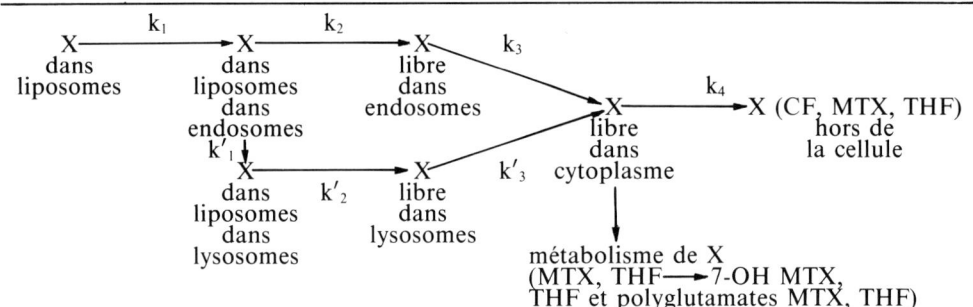

Fig. 4-1 Représentation schématique du transfert du contenu des liposomes dans une cellule cible par endocytose.

12) lorsque les antagonistes des drogues sont encapsulés, il devient possible de sélectionner des cellules représentées en très petit nombre, car celles-ci se trouvent protégées de l'effet de la drogue libre contenue dans le milieu de culture en quantité suffisante pour tuer les autres cellules non visées ;

13) les drogues encapsulées gardent toute leur activité, contrairement à ces mêmes drogues modifiées chimiquement par une réaction de couplage avec un transporteur ;

14) les liposomes représentent donc un outil de choix pour étudier l'endocytose des déterminants membranaires et sélectionner des variants cellulaires qui n'expriment plus ou peu de molécules cibles ou encore d'enrichir une sous-population faiblement représentées portant la molécule cible.

A la suite du travail exposé dans cet ouvrage, l'une des questions qui reste posée est de savoir pourquoi deux types cellulaires distincts, les cellules lymphoïdes B et T en particulier, qui a priori possèdent les mêmes molécules de surface (molécules de classe I du complexe majeur d'histocompatibilité et LFA1 par exemple), ne se comportent-elles pas de la même façon sur le plan de l'endocytose des liposomes ? Dans le même ordre d'idée, pourquoi une même cellule internalise-t-elle différemment certaines molécules membranaires par rapport à d'autres (exemple : molécule de classe II du complexe majeur d'histocompatibilité par rapport aux molécules de classe I pour les cellules lymphoïdes B) ? Il est probable que des analyses pharmacologiques et en microscopie électronique, plus détaillées, permettront de déterminer par quels mécanismes s'effectuent l'endocytose des liposomes et surtout celle des déterminants membranaires. Des études biochimiques permettront aussi d'expliquer l'endocytose différentielle de ces molécules. D'autre part, la biologie moléculaire et le clonage des gènes codant pour ces molécules, devraient aider à répondre à la question soulevée ci-dessus et à établir plus précisément le rôle de ces molécules dans les interactions cellulaires, la signification physiologique et la base moléculaire de leur endocytose différentielle [3, 20, 31, 32].

Les liposomes modifiés par couplage covalent à des ligands spécifiques d'une structure déterminée (notamment à des anticorps monoclonaux) représentent, sans doute, un outil de choix pour évaluer l'endocytose des déterminants membranaires, qu'ils soient constitutifs d'une cellule ou exogènes, après une transfection par de l'ADN par exemple, par analogie à des travaux expérimentaux réalisés avec des virus [4, 11, 29] ou des anticorps monoclonaux dans la modulation antigénique [5, 6, 35, 36].

Il est alors intéressant d'étudier, en outre, la possibilité d'endocytose d'une molécule exogène dans un environnement étranger. A cet égard, la transfection d'une cellule par un gène cloné « natif » ou « modifié » devrait permettre de reconnaître sur la molécule les différents domaines responsables ou non de son internalisation afin d'en étudier le mécanisme d'endocytose [23].

Il est clair cependant que les liposomes offrent désormais une possibilité élégante d'acheminement sélectif de matériels biologiques qui ne sont pas d'ordinaire captés par les cellules ou qui sont incorporés à des concentrations trop faibles pour pouvoir moduler une fonction cellulaire. Nous prendrons comme exemple particulier l'encapsulation d'acides nucléiques dans les liposomes.

La transfection des cellules par de l'ADN cloné (ou non) est généralement un processus peu efficace. Les quelques techniques conventionnelles employées sont peu performantes sur des cellules lymphoïdes, dans lesquelles l'introduction d'ADN « muté » ou « étranger » est intéressante pour étudier les relations entre structure et fonction. De plus, il peut être avantageux de pouvoir délivrer des gènes clonés dans des cellules déficientes en un gène particulier, à des fins thérapeutiques. Les techniques décrites jusqu'à présent pour encapsuler de l'ADN dans des liposomes aboutissent généralement à sa destruction, en quantité non négligeable. Des méthodes récentes [27, 28] permettent d'encapsuler dans des liposomes de gros fragments d'ADN sans altérer leur structure. Ces nouvelles méthodologies devraient, en principe, apporter des possibilités alternatives de transfection des cellules autres que celles du type phagocytaire. Cependant, l'encapsulation des macromolécules se fait obligatoirement dans de grands liposomes unilamellaires, qui, comme nous l'avons démontré, ne sont pas internalisés par des lymphocytes, non phagocytaires. Nous nous proposons donc d'améliorer la libération du contenu de ces grands liposomes dans une cellule cible, par une fusion directe entre la membrane des liposomes et la membrane plasmique. Pour cela, plusieurs possibilités sont offertes, comme l'emploi d'agents fusiogènes (polyéthylène glycol, glycérol, polyvinyl alcool, etc.) [12-14], l'utilisation de mélanges de lipides sensibles au pH [8-10, 38], l'application d'un champ électrique (électrofusion : [2, 24, 39] ; électroporation : [30, 33]) ou encore, le couplage de protéines fusiogènes (du virus Sandaï par exemple) sur la surface des liposomes, en plus de l'anticorps ou d'un autre ligand qui assure la fixation des liposomes aux cellules. Ce procédé permettrait, entre autre, d'éviter des dégradations éventuelles de certains composés après leur passage dans les endosomes et les lysosomes.

Toujours pour des études fondamentales en biologie cellulaire, l'isolement de mutants induits ou spontanés, ou de cellules exprimant des produits de gènes transfectés, représente un objectif important. Cette sélection se fait en règle générale à l'aide d'anticorps fluorescents et d'un trieur de cellules. Le désavantage majeur de l'appareil, outre sa disponibilité réduite, est que la sélection se fait uniquement sur l'expression phénotypique. L'approche que nous envisageons avec les liposomes apporte en plus une pression sélective à l'expression ou non d'une molécule. Comme dans le cas des immunotoxines [7] ou des toxines couplées à d'autres molécules spécifiques d'un récepteur membranaire [34], cette nouvelle méthodologie permet de sélectionner des variants, ne possédant plus, ou que très peu, la molécule cible de surface. Par ailleurs, notons que certaines molécules sont réexprimables par l'action des interférons (γ, α/β). Là encore, avec une telle pression de sélection, il est possible d'obtenir des variants qui ne répondent plus aux interférons [25, 26]. D'autre part, avec des liposomes « protecteurs » (liposomes contenant le formyl tétrahydrofolate) nous avons pu sélectionner, pour un déterminant particulier, des cellules transfectées (résultats non publiés). Contrairement à d'autres techniques, jusque-là peu performantes, les liposomes apportent la preuve de leur utilité en biologie cellulaire.

Du point de vue thérapeutique, les liposomes et leur couplage covalent à des ligands devront être expérimentés in vivo. Des analyses préliminaires indiquent que les liposomes porteurs d'anticorps monoclonaux pourraient se fixer sur leur cible cellulaire in vivo [1, 21, 22, 41]. Le nombre croissant des anticorps monoclonaux, dirigés contre des déterminants spécifiques de tumeurs, en particulier, devrait permettre de développer les applications potentielles attendues avec les liposomes dans le domaine thérapeutique. Plusieurs problèmes doivent alors être considérés tels que la stabilité des liposomes, leur capture par les cellules du système réticuloendothélial (foie notamment) et le franchissement des barrières endothéliales. Les progrès réalisés dans ces domaines montrent que la stabilité des liposomes peut être considérablement accrue par le jeu de la nature des phospholipides utilisés et par la présence de cholestérol. La rétention hépatique peut être minimisée en bloquant le système réticuloendothélial (voir page 46) et en utilisant préférentiellement des petits liposomes dont la composition lipidique leur permet de résister à la dégradation par les lipoprotéines sériques [16, 19].

Néanmoins, pour de telles applications il faut s'assurer que les ligands portés sur la surface des liposomes ne favorisent pas une rétention de ceux-ci par le foie ou par d'autres organes non cibles. De même, les liposomes étant dans certains cas immunogènes, il est possible que la réponse immunitaire engendrée contre le ligand par des injections répétées de liposomes, empêche l'adhésion des liposomes sur leur cible. Cependant, si cela peut être avantageux pour des tentatives de vaccinations chez l'homme, afin d'éviter les problèmes dus aux adjuvants classiques tels que l'adjuvant de Freund et les précipités d'hydroxyde d'alumine (toxiques pour l'homme) [15], on pourrait attendre une inhibition importante de la réponse immune vis-à-vis du ligand fixé aux liposomes lorsque ceux-ci renferment des drogues. L'accessibilité des liposomes, comme de tout complexe macromoléculaire, aux cellules cibles est un problème difficile à résoudre puisque la perméabilité des membranes endothéliales, non fenestrées, est très restreinte. Initialement l'exploitation des liposomes en thérapeutique pourrait donc se limiter aux cellules du système lymphoïde (circulation et ganglions lymphatiques). Ainsi, l'utilisation des liposomes in vivo pourrait être efficace en les dirigeant spécifiquement vers des sous-populations lymphocytaires, afin de moduler une fonction immunomodulatrice ou d'augmenter les possibilités de traitements thérapeutiques des désordres lymphoprolifératifs (leucémies) et des métastases. D'une manière alternative, le choix de la voie d'administration (injection sous-cutanée par exemple) peut circonvenir le franchissement des barrières endothéliales pour atteindre des tissus non accessibles par la circulation sanguine. Une connaissance plus précise des facteurs qui contrôlent la perméabilité vasculaire [18, 37] devrait également permettre de moduler le passage des liposomes de la circulation dans les tissus.

Les résultats récents de notre laboratoire démontrent qu'il est possible de tuer et donc d'éliminer une sous-population cellulaire d'un mélange in vitro. Une anticipation de ces résultats pour des applications cliniques potentielles serait de traiter ex-vivo des moelles osseuses afin d'en éliminer les cellules T cytotoxiques, responsables des réactions de greffon contre l'hôte, ou des cellules tumorales résiduelles, avant de les transplanter dans un hôte atteint de leucémie, par exemple. Dans le même ordre d'idée, la technologie des liposomes permet d'encapsuler un mélange de réactifs hydrosolubles. Pour une sélection « négative » plusieurs drogues peuvent être encapsulées afin de prévenir l'apparition de clones cellulaires résistants à une drogue particulière. De façon identique, plusieurs anticorps peuvent être utilisés contre des déterminants antigéniques différents d'une même cellule pour éliminer toutes les cellules, même celles qui auraient perdu par mutation l'expression d'une partie ou de la totalité d'une molécule cible.

D'un autre point de vue, les liposomes contenant de la carboxyfluoroscéine peuvent être utilisés avec espoir comme sondes de l'endocytose, ou non, des molécules membranaires. Par exemple, certains cas pathologiques sont la cause d'une déficience de l'internalisation d'un récepteur pour une molécule donnée (récepteur du LDL par exemple dans le cas d'hypercholestérolémie).

L'utilisation des anticorps monoclonaux dirigés contre un récepteur membranaire pourrait permettre de visualiser son endocytose, ou non, par l'intermédiaire des liposomes chargés de carboxyfluoroscéine et donc, de diagnostiquer de telles pathologies.

Enfin, si ces perspectives sont prometteuses, le concept nécessite que les liposomes puissent être internalisés par les cellules et que le composé encapsulé reste actif après son introduction dans celles-ci. Ceci implique donc que des études sur l'endocytose des liposomes et leur devenir dans les organelles cellulaires fassent l'objet d'une recherche consistante in vitro afin de pouvoir éventuellement moduler l'effet potentiel attendu avec les liposomes dans le domaine de la thérapeutique.

En résumé, les études réalisées in vitro démontrent que le couplage covalent d'anticorps monoclonaux (ou de la protéine A) sur la surface des liposomes leur confèrent une spécificité immunologique. Il devient alors possible de transférer le contenu de ces liposomes dans une cellule cible. Néanmoins, l'endocytose des liposomes, qui représente le mécanisme prédominant de leur internalisation, dépend de la taille des liposomes, du déterminant membranaire cible et de la cellule qui l'exprime. Il est donc nécessaire de tenir compte de ces paramètres pour des buts thérapeutiques. D'autre part, la variabilité de la vitesse d'internalisation observée pour différentes molécules est probablement liée à un rôle physiologique de celles-ci. Dans cette optique, l'utilisation d'un tel système, en tant que sonde des molécules de surface, apparaît comme une possibilité intéressante d'étude fonctionnelle de l'endocytose. De plus, l'introduction de composés biologiquement actifs dans des cellules ainsi que la sélection « négative » ou « positive » de sous-populations cellulaires, permet de concevoir les liposomes couplés de façon covalente à des protéines (anticorps, hormones, etc.) comme un outil privilégié en biologie cellulaire.

« In summary, whilst many problems have yet to be solved before targeted liposomes can be used clinically, we are optimistic that the study of liposomes will contribute significantly to the development of drug delivery systems ».
Heath et coll. [17].

References

1 Barbet, J., Machy, P., Leserman, L. D.: Le pilotage des liposomes. Dans *Les Liposomes: Applications Thérapeutiques*, Puisieux, F. et Delattre, J. Eds. Paris: Technique et Documentation, 1985, pp. 189–204.
2 Blangero, C.: Electrofusion de cellules eucaryotes: approche biophysicochimique des mécanismes dans le cas des CHO. Thèse de Doctorat de 3ème cycle en biologie moléculaire et cellulaire, option biophysique, Université Paul Sabatier de Toulouse (Sciences), 1984.
3 Brodsky, F. M.: The intracellular traffic of immunologically active molecules. *Immunol. Today*, 1984, **5**: 350–357.
4 Canning, W. M., Fields, B. N.: Ammonium chloride prevents lytic growth of reovirus and helps to establish persistent infection in mouse L cells. *Science*, 1983, **219**: 987–988.
5 Carrel, S., Heumann, D., Sekaly, R. P., Zaech, P., Buchegger, F., Girardet, C.: Characterization of a monoclonal antibody (A12) that defines a human acute lymphoblastic leukemia-associated differentiation antigen. *Hybridoma*, 1983, **2**: 149–160.

6 Chatenoud, L., Bach, J. F.: Antigenic modulation — a major mechanism of antibody action. *Immunol. Today*, 1984, **5**: 20–25.

7 Colombatti, M., Nabholz, M., Gros, O., Bron, C.: Selective killing of target cells by antibody-ricin A chain or antibody-gelonin hybrid molecules: comparison of cytotoxic potency and use in immunoselection procedures. *J. Immunol.*, 1983, **131**: 3091–3095.

8 Connor, J., Huang, L.: Efficient cytoplasmic delivery of a fluorescent dye by pH-sensitive immunoliposomes. *J. Cell Biol.*, 1985, **101**: 582–589.

9 Connor, J., Yatvin, M. B., Huang, L.: pH-sensitive liposomes. Acid-induced liposome fusion. *Proc. Natl. Acad. Sci. USA*, 1984, **81**: 1715–1718.

10 Düzgünes, N., Straubinger, R. M., Baldwin, P. A., Friend, D. S., Papahadjopoulos, D.: Proton-induced fusion of oleic acid-phosphatidylethanolamine liposomes. *Biochemistry*, 1985, **24**: 3091–3098.

11 Fitzgerald, D. J. P., Padmanabhan, R., Pastan, I., Willingham, M. C.: Adenovirus-induced release of epidermal growth factor and pseudomanas towin into the cytosol of KB cells during receptor-mediated endocytosis. *Cell*, 1983, **32**: 607–617.

12 Fraley, R. T., Dellaporta, S. L., Papahadjopoulos, D.: Liposome-mediated delivery of tobacco mosaic virus RNA into tobacco protoplasts: a sensitive assay for monitoring liposome-protoplast interactions. *Proc. Natl. Acad. Sci. USA*, 1982, **79**: 1859–1863.

13 Fraley, R., Straubinger, R. M., Rule, G., Springer, E. L., Papahadjopoulos, D.: Liposome-mediated delivery of deoxyribonucleic acid to cells: enhanced efficiency of delivery related to lipid composition and incubation conditions. *Biochemistry*, 1981, **20**: 6978–6987.

14 Fraley, R., Subramani, S., Berg, P., Papahadjopoulos, D.: Introduction of liposome-encapsulated SV40 DNA into cells. *J. Biol. Chem.*, 1980, **255**: 10431–10435.

15 Gregoriadis, G.: Liposomes for drugs and vaccines. *Trends in Biotechnology*, 1985, **3**: 235–241.

16 Gregoriadis, G., Senior, J.: The phospholipid component of small unilamellar liposomes controls the rate of clearance of entrapped solutes from the circulation. *FEBS Lett.*, 1980, **119**: 43–46.

17 Heath, T. D., Bragnam, K. S., Matthay, K. K., Lopez-Straubinger, N. G., Papahadjopoulos, D.: Antibody-directed liposomes: the development of a cell-specific cytotoxic agent. *Biochem. Soc. Trans.*, 1984, **12**: 340–342.

18 Heltranu, C., Simionescu, M., Simionescu, N.: Histamine receptors of the microvascular endothelium revealed *in situ* with a histamine-ferritin conjugate: characteristic high-affinity binding sites in venules. *J. Cell Biol.*, 1982, **93**: 357–364.

19 Hwang, K. J., Luk, K. F., Beaumier, P. L.: Volume of distribution and transcapillary passage of small unilamellar vesicles. *Life Sci.*, 1982, **31**: 949–955.

20 Leserman, L. D.: The introversion of the immune response: a hypothesis for T-B interaction. *Immunol. Today*, 1985, **6**: 352–355.

21 Leserman, L. D., Machy, P., Barbet, J.: Covalent coupling of monoclonal antibodies and protein A to liposomes: specific interaction with cells *in vitro* and *in vivo*. In *Liposome Technology*, Gregoriadis, G. Ed. Boca Raton: CRC Press. 1984, Vol. III: pp. 29–40.

22 Leserman, L. D., Machy, P., Devaux, C., Barbet, J.: Antibody-bearing liposomes: targeting *in vivo*. *Biol. Cell.*, 1983, **47**: 111–116.

23 Leserman, L. D., Machy, P., Truneh, A., Zuniga, M.: Endocytosis of MHC molecules evaluated by specifically targeted liposomes. In *Cell biology of the major histocompatibility complex*, Pernis, B. and Vogel, A. J. Eds. New York, Academic Press, 1985, pp. 73–79.

24 Lo, M. M. S., Tsong, T. Y., Conrad, M. K., Strittmatter, S. M., Hester, L. D., Snyder, S. H.: Monoclonal antibody production by receptor-mediated electrically induced cell fusion. *Nature*, 1984, **310**: 792–794.

25 Machy, P., Arnold, B., Alino, S., Dalton, B., Leserman, L. D.: Interferon responsive and non-responsive MHC variants of a murine thymoma. In *Advances in gene technology: molecular biology of the endocrine system*, Puett, D., Ahmad, F., Black, S., Lopez, D. M., Melner, M. H., Scott, W. A. and Whelan, W. J. Eds. ISCU short reports, 1986, Vol. 4: pp. 384–385.

26 Machy, P., Arnold, B., Alino, S., Leserman, L. D.: Interferon sensitive and insensitive MHC variants of a murine thymoma differentially resistant to methotrexate-containing antibody-directed liposomes and immunotoxin. *J. Immunol.*, 1986, **136**: 3110–3115.

27 Machy, P., Leserman, L. D.: Small liposomes are better than large liposomes for specific drug delivery *in vitro*. *Biochem. Biophys. Acta*, 1983, **730**: 313–320.

28 Machy, P., Leserman, L. D.: Freezing of liposomes. In *Liposome Technology*, Gregoriadis, G. Ed. Boca Raton: CRC Press, 1984, Vol. I: pp. 221–233.
29 Marsh, M., Bolzau, E., Helenius, A.: Penetration of Semliki Forest virus from acidic prelysosomal vacuoles. *Cell*, 1983, **32**: 931–940.
30 Neumann, E., Schaefer-Ridder, M., Wang, Y., Hofschneider, P. H.: Gene transfer into mouse lyoma cells by electroporation in high electric fields. *EMBO J.*, 1982, **1**: 841–845.
31 Pernis, B.: Internalization of lymphocyte membrane components. *Immunol. Today*, 1985, **6**: 45–49.
32 Pernis, B., Axel, R.: A one and half receptor model for MHC-restricted antigen recognition by T lymphocytes. *Cell*, 1985, **41**: 13–16.
33 Potter, H., Weir, L., Leder, P.: Enhancer-dependent expression of human κ immunoglobulin genes introduced into mouse pre-B lymphocytes by electroporation. *Proc. Natl. Acad. Sci. USA*, 1984, **81**: 7161–7165.
34 Raso, V., Basala, M.: A highly cytotoxic human transferrin-ricin A chain conjugate used to select receptor-modified cells. *J. Biol. Chem.*, 1984, **259**: 1143–1149.
35 Rinnooy Kan, E. A., Wang, C. Y., Wang, L. C., Evans, R. L.: Noncovalently bonded subunits of 22 and 28 Kd are rapidly internalized by T cells reacted with anti-Leu-4 antibody. *J. Immunol.*, 1983, **131**: 536–539.
36 Ritz, J., Pesando, J. M., Notis-McConarty, J., Schlossman, S. F.: Modulation of human actue lymphoblastic leukemia antigen induced by monoclonal antibody in vitro. *J. Immunol.*, 1980, **125**: 1506–1514.
37 Simionescu, N., Simionescu, M., Palade, G. E.: Open junctions in the endothelium of the post capillary venules of the diaphragm. *J. Cell. Biol.*, 1978, **79**: 27–44.
38 Straubinger, R. M., Duzgunes, N., Papahadjopoulos, D.: pH-sensitive liposomes mediate cytoplasmic delivery of encapsulated macromolecules. *FEBS Letters*, 1985, **179**: 148–154.
39 Teissie, J., Tsong, T. Y.: Electric field induced transient pores in phospholipid bilayer vesicles. *Biochemistry*, 1981, **20**, 1548–1554.
40 Weinstein, J. N., Ralston, E., Leserman, L. D., Klausner, R. D., Dragsten, P., Henkart, P., Blumenthal, R.: Self-quenching of carboxyfluorescein fluorescence: uses in studying liposome stability and liposome-cell interaction. In *Liposome Technology*, Gregoriadis, G. Ed. Targeted Drug Delivery and Biological Interaction. CRC Press. 1984, Vol. III: pp. 183–204.
41 Wolff, B., Gregoriadis, G.: The use of monoclonal anti-Thy 1 IgGl for the targeting of liposomes to AKR-A cells *in vitro* and *in vivo*. *Biochim. Biophys. Acta*, 1984, **802**: 259–273.

Index

Acanthamoeba castellani 101
N. Acétylglucosamine 105
Acholeplasma laidlawi 102
Acide(s) folinique 152
    phosphatidiques 9
Acrylique, microsphère 31
Actinomycine D 51, 55, 58
Adénosine desaminase (déficit en) 38
Adjuvants 66
ADN 9, 11, 31, 45, 67
    inhibition de la synthèse 37
    microinjection 68
    du virus SV40 69
Adriamycine 41, 50
Agrobacterium tumefaciens 70
Albumine, microsphères 31
Alkylation (réactifs pour) 130
β-Amanitine 37
Aminonaphtalène 3,6,8-trisulfonate 111
4-Amino-pyrazolo-(3,4d) pyrimidine 44
Amphotéricine B 41, 50
Anticorps 30, 32
    monoclonaux 33, 36, 122
Anticorps-complément, système 35
Antigènes d'histocompatibilité 66
    portés par les liposomes 110
1-β-D-Arabinofuranosylcytosine 56, 62
ARN 9, 67
    immun 55, 117
    25S 11
Asialo-érythrocytes 31
Asialo-glycoprotéines 30, 36
Asialo-LDL 30
L-Asparaginase 41, 51, 63
Aspergillus niger 48
ATP-ase calcium-magnésium
    dépendante 16
8-Azagnanine 56

Bléomycine 46, 51, 117
Brucellose 49
Bungarotoxine 130

Calcéine 103
Calcium (fusion par le) 9
    phosphate 68
Candida albicans 50
Carbodiimide 123
Carboxyfluorescéine 103, 117, 132, 144, 149
Cardiolipides 46, 104
Castanospermines 47

Céphalines 5
Céramides 106
Chimiothérapie anticancéreuse 50
Chloroquine 45, 102, 143
Chlorure d'ammonium 45, 102, 143, 152
Cholate (élimination du) 14
Choléra, toxine 67
Cholestérol 2, 6, 43, 56, 145
    dérivés 6-aminomannose du 47
    — sucrés et sucres aminés 106
Cholestérol/phospholipide 11
Cholestérol-tris-galactoside 31
Chymotrypsine 123
Clathrine 10
Clostridium perfringens 48
« Coated pits » 103, 143, 146
Colchicine 102, 145
Complexe(s) immun(s) 30, 121
Complexe majeur d'histocompatibilité, protéines 105, 108, 114, 134, 139, 153
Concanavaline A 30, 105, 117
Cortisol, palmitate 63
    phosphate 63
Cytochalasines 102, 145
Cytolyse anticorps-dépendante 33
    complément-dépendante 33
Cyclophosphamide 50
Cytosine arabinoside 36, 56, 63
    — monophosphate 36
    — triphosphate 50
    — tritiée 46

Daunomycine 37, 50
Daunorubicine 37, 50
DEAE-dextrane 69
Déoxycholate (élimination du) 14
Détergents, élimination 14, 145
Dextrane 31
    sulfate 47
Dicétyl phosphate 9
Diéthyl éther 11
Diisopropyléther 11
Diméthyl subérimidate 123
Dinitrophényl (DNP) 67, 117, 119
Dipalmitoyl phosphatidylcholine 56, 64
    phosphatidylglycérol 64
Diphényl hexatriène 108
Distéaroyl phosphatidylcholine 41, 44
DNase 49
Doxorubicine 37, 41
Drogues encapsulées dans les liposomes 51

EGF (voir Epidermal growth factor)
Electroporation 68, 170
Endocytose 36, 99, 135, 141
    (inhibition de l') 145
Endosomes 35
Epidermal growth factor (EGF) 30
Érythrocytes 38
Escherichia coli 69
    — lipopolysaccharide 134

Facteur VIII 62
Ferritine 101, 116
Fétuine 109
Fluorescence, marqueurs de (voir Carboxy-
    fluorescéine)
    photobleaching 16
5-Fluorodéoxyuridine 37
Fluorouracile 51
    radiomarqué 58
Fluorophores 144
    (voir aussi Carboxyfluorescéine)
French (presse de) 15
Fusion 99, 141
    par le calcium 9

Galactocérébroside 109
D-Galactosamine 113
Gaucher (maladie de), type I 37, 47
Gélonine 52
Génie génétique et liposomes 67
Gentamycine 62
α-globuline 43
β-globuline 43
β-D-glucoronidase 30, 115
Glutaraldéhyde 123
Glycérocéramides 46
Glycérol, stimulation de l'endocytose 70, 104
Glycogène (maladie d'accumulation du) 48
Glycolipides 106, 108
Glycoprotéines 106-108
Gonadotropine 30

Haptènes (voir Antigènes)
HDL (*High density lipoproteins*) 6, 44
Hépatite B induite par virus 67
    induite chimiquement 113
Hépatomégalie 47
Herpes simplex 55, 108, 114
β-Hexosaminidase 30, 100
N-Hydroxysuccinimide 130
Hypercholestérolémie 36
Hyperthermie 6
Hypoxanthine-guanine phosphoribosyl
    transférase 38

α-L Iduronidase 30
Illudine 51, 56
Immunoglobulines 114
Immunotoxines 34, 52

Influenza, virus 67, 114
Insuline 30, 56
Insuline + liposomes, absorption intestinale 61
Interféron 55, 152
Inuline 102
Iodo-DLPEA 130

β-lactamase 69
Lactogène placentaire humain 30
Lactosylcéramide 106, 112
Latex, microsphères 31, 47
LDL (*Low density lipoproteins*) 30, 36
Lécithines 5
Lectine(s) 105
    WGA 105
Lectine de Wistaria floribunda 30
Leishmaniose 49
Lèpre 49
Lipopolysaccharide d'Escherichia coli 134
Liposomes
    antigènes portés par 110
    divers types 7
    drogues encapsulées dans 51
        — absorption intestinale 61
    endocytose 99
    fusion 99
    immunogénicité 66
    vides 104
Lucifer yellow 144
Lymphocytes T cytotoxiques 34
Lysophosphatidylcholine 102
Lysosomes 35, 100

α-Macroglobulines 43
MAF (Macrophage activating factor) 54, 100
Maladies auto-immunes 121
Malaria 36, 49, 67, 112
Maltobionamides 106
Mélanomes 54
Mélanotropine 30
6-Mercaptopurine 51
Méthotrexate 46, 51, 56, 104, 119, 149
    radiomarqué 64
Méthotrexate-γ-aspartate 134, 141, 151
Micelles inversées 16
Microsphères acryliques 31
    d'albumine 31
    de polystyrène 32
Monophosphopentamannose 31
Muramyl dipeptide (MDP) 54
Mustelus canis 115

Néoglycoprotéines 30
Neuraminidase 113

Orosomucoïdes 113

PAF (Platelet activating factor) 55
Phosphatidylcholine 44, 104
Phosphatidyléthanolamine 123

Phosphatidylglycérol 4, 9
Phosphatidylinositol 47
Phosphatidylsérine 4, 9, 104
Phospholipases 45
Phospholipides 4, 44
Phytohémagglutinines 105
Plasmide d'Escherichia coli 70
   pBR 322 69
   Ti d'Agrobacterium tumefaciens 70
Plasmine 37
Plasminogène 37
Plasmodium berghei 112
   falciparum 67
Polyacroléine, microsphères 31
Polyglutaraldéhyde, microsphères 31
Polylactose-LDL 30
Polylysine 31
Polynucléotides 54, 57
Polyvinylpyrrolidone 45, 56
Prednisolone 63
Préproinsuline I 107, 112
Primaquine 36
Protéine(s) A du Staphylococcus aureus 124, 130, 132, 139
   bactérienne LamB 108, 114
   couplées aux liposomes, principales méthodes 124-129
   F, 114
   virales 113
Pseudovirus 31
Purine nucléoside phosphorylase (déficit en) 38
Bis-pyridinium-p-xylène 111

Radioimmunodétection 121
Récepteur Fc 47, 114, 123
Réceptosomes 103
REV (Reverse phase evaporation vesicles) 11
Rhodopsine 12
Rhumatismes articulaires chroniques 63
Ricine 34
Ricinus communis agglutinine I 106
Rubéole, virus 67

Salmonella enteritidis 50
Semliki forest, virus 108, 114
Sendai, virus 108, 114
Sérumalbumine 37
Sialogangliosides 46
Sphyngomyéline 41, 44, 66
Splénomégalie 47
Staphylococcus aureus 123
Stéarylamine 10, 56, 103
Stéroïdes 63
SV-40, virus 69
Swainsonine 47

Tay-Sachs, maladie 115
Tétanos 35
Thrombocytopénie 39
Thymidine kinase 38, 69
Thyrotropine 109
Toxine cholérique 51, 67, 109
   diphérique 35, 51, 108
   du Pseudomonas 35
   tétanique 35
Trachome 49
Transferrine 30
Transporteurs cellulaires 38
Trifluorothymidine 36
Trinitrobenzène sulfonate 119
Trinotrophényl 119
Trypanosomiases 49
Tubocurarine 62

Vésicules
   multilamellaires (MLV) 7, 43
   unilamellaires géantes (GUV) 17
   — grandes (LUV) 8
   — petites (SUV) 12, 43
Vinblastine 39, 51
Vincristine 51
Virosomes 104
Virus (voir au nom des)